编审委员会

主　任　侯建国

副主任　窦贤康　陈初升
　　　　　张淑林　朱长飞

委　员（按姓氏笔画排序）

方兆本	史济怀	古继宝	伍小平
刘　斌	刘万东	朱长飞	孙立广
汤书昆	向守平	李曙光	苏　淳
陆夕云	杨金龙	张淑林	陈发来
陈华平	陈初升	陈国良	陈晓非
周学海	胡化凯	胡友秋	俞书勤
侯建国	施蕴渝	郭光灿	郭庆祥
奚宏生	钱逸泰	徐善驾	盛六四
龚兴龙	程福臻	蒋　一	窦贤康
褚家如	滕脉坤	霍剑青	

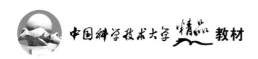

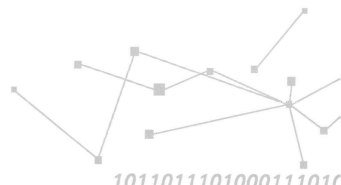

谢兴生 / 编著

The Principles and Applications of Modern Operating Systems

现代操作系统原理与应用

中国科学技术大学出版社

内容简介

本书介绍计算机系统中最重要的系统软件——操作系统。全书共分 9 章:第 1 章以直观、模型化方式,概要介绍计算机系统及操作系统的基本知识。第 2 章概要介绍计算机程序的机器(汇编)层级表示的知识,它是读者深入理解计算机系统底层工作机制的基础。第 3~5 章阐述进程/线程的概念、调度机制以及同步与通信机制,这部分是操作系统课程学习的重点,也是难点。第 6 章介绍存储管理,第 7 章介绍设备管理,第 8 章介绍文件管理,第 9 章介绍一个具体的著名文件系统——Linux 文件系统。

本书力图以简明、准确、图文并茂的方式介绍各章节内容,同时,参考历年全国各院校研究生入学命题要求,为各章精心选配了课后习题,以满足高等院校计算机和计算机应用相关专业教学的需求。本书也可作为从事计算机工作的科技人员学习操作系统的参考书。

图书在版编目(CIP)数据

现代操作系统原理与应用/谢兴生编著. —合肥:中国科学技术大学出版社,2016.6

(中国科学技术大学精品教材)
ISBN 978-7-312-03906-5

Ⅰ. 现⋯ Ⅱ. 谢⋯ Ⅲ. 操作系统 Ⅳ. TP316

中国版本图书馆 CIP 数据核字(2016)第 137310 号

中国科学技术大学出版社出版发行
安徽省合肥市金寨路 96 号,230026
http://press.ustc.edu.cn
合肥市宏基印刷有限公司印刷
全国新华书店经销

开本:710 mm×960 mm　1/16　印张:21.75　插页:2　字数:412 千
2016 年 6 月第 1 版　2016 年 6 月第 1 次印刷
印数:1—3000 册
定价:43.00 元

总　　序

2008年,为庆祝中国科学技术大学建校五十周年,反映建校以来的办学理念和特色,集中展示教材建设的成果,学校决定组织编写出版代表中国科学技术大学教学水平的精品教材系列。在各方的共同努力下,共组织选题281种,经过多轮、严格的评审,最后确定50种入选精品教材系列。

五十周年校庆精品教材系列于2008年9月纪念建校五十周年之际陆续出版,共出书50种,在学生、教师、校友以及高校同行中引起了很好的反响,并整体进入国家新闻出版总署的"十一五"国家重点图书出版规划。为继续鼓励教师积极开展教学研究与教学建设,结合自己的教学与科研积累编写高水平的教材,学校决定,将精品教材出版作为常规工作,以《中国科学技术大学精品教材》系列的形式长期出版,并设立专项基金给予支持。国家新闻出版总署也将该精品教材系列继续列入"十二五"国家重点图书出版规划。

1958年学校成立之时,教员大部分来自中国科学院的各个研究所。作为各个研究所的科研人员,他们到学校后保持了教学的同时又作研究的传统。同时,根据"全院办校,所系结合"的原则,科学院各个研究所在科研第一线工作的杰出科学家也参与学校的教学,为本科生授课,将最新的科研成果融入到教学中。虽然现在外界环境和内在条件都发生了很大变化,但学校以教学为主、教学与科研相结合的方针没有变。正因为坚持了科学与技术相结合、理论与实践相结合、教学与科研相结合的方针,并形成了优良的传统,才培养出了一批又一批高质量的人才。

学校非常重视基础课和专业基础课教学的传统,也是她特别成功的原因之一。当今社会,科技发展突飞猛进、科技成果日新月异,没有扎实的基础知识,很难在科学技术研究中作出重大贡献。建校之初,华罗庚、吴有训、严济慈等老一辈科学家、教育家就身体力行,亲自为本科生讲授基础课。他们以渊博的学识、精湛的讲课艺术、高尚的师德,带出一批又一批杰出的年轻教员,培养了一届又一届优秀学生。入选精品教材系列的绝大部分是基础课或专业基础课的教材,其作者大多直接或间接受到过这些老一辈科学家、教育家的教诲和影响,因此在教材中也贯穿着这些先辈的教育教学理念与科学探索精神。

改革开放之初,学校最先选派青年骨干教师赴西方国家交流、学习,他们在带回先进科学技术的同时,也把西方先进的教育理念、教学方法、教学内容等带回到中国科学技术大学,并以极大的热情进行教学实践,使"科学与技术相结合、理论与实践相结合、教学与科研相结合"的方针得到进一步深化,取得了非常好的效果,培养的学生得到全社会的认可。这些教学改革影响深远,直到今天仍然受到学生的欢迎,并辐射到其他高校。在入选的精品教材中,这种理念与尝试也都有充分的体现。

中国科学技术大学自建校以来就形成的又一传统是根据学生的特点,用创新的精神编写教材。进入我校学习的都是基础扎实、学业优秀、求知欲强、勇于探索和追求的学生,针对他们的具体情况编写教材,才能更加有利于培养他们的创新精神。教师们坚持教学与科研的结合,根据自己的科研体会,借鉴目前国外相关专业有关课程的经验,注意理论与实际应用的结合,基础知识与最新发展的结合,课堂教学与课外实践的结合,精心组织材料、认真编写教材,使学生在掌握扎实的理论基础的同时,了解最新的研究方法,掌握实际应用的技术。

入选的这些精品教材,既是教学一线教师长期教学积累的成果,也是学校教学传统的体现,反映了中国科学技术大学的教学理念、教学特色和教学改革成果。希望该精品教材系列的出版,能对我们继续探索科教紧密结合培养拔尖创新人才,进一步提高教育教学质量有所帮助,为高等教育事业作出我们的贡献。

侯建国

中国科学院院士
第三世界科学院院士

前　言

操作系统是现代计算机系统不可缺少的基本系统软件,它主要用来控制和管理整个计算机系统的硬件资源和软件资源,并为用户提供一个方便灵活、安全可靠的计算机工作环境。

本书作者从事操作系统教学和研究多年,对多种操作系统,包括 DOS、Windows、MINIX、UNIX 和 Linux,进行了较系统的研究,剖析了部分源码,并在查阅了大量国内外有关资料和教材的基础上,遵循该课程的教学要求,编写了本教材。全书内容共分为 9 章:

第 1 章:计算机系统导论。准确理解操作系统需要一些微机原理方面的基础,但限于篇幅很难详细补充这方面的知识。本章作为导论,首先以简明、直观和模型化方式,综述读者需要具备的微机原理知识。在此基础上,给出关于操作系统的定义、主要功能、分类和抽象结构模型的描述。

第 2 章:程序的机器层级表示。理解汇编语言以及它如何与 C 代码对应,从汇编程序员视点"看"机器层级工作模式,也是理解计算机系统如何执行程序及底层工作机制的关键,对理解操作系统至关重要。补充学习操作系统必要的微机原理知识和简明的汇编知识,是本书的一个创新性尝试。

第 3 章:内核与进程控制。在综述操作系统内核结构模式,并增加选读部分"CPU 分段保护模式"的基础上,自然地引入现代操作系统最重要的概念——"进程"。本章也遵循经典操作系统教科书编排,介绍了进程定义、进程特征、进程控制块、进程状态与转换,以及进程控制原语方面的知识。

第 4 章:调度与死锁处理。本章主要介绍了调度机制、基本调度算法和死锁处理等方面知识;内容难度不大,力图简明、准确,并结合例题应用进行叙述。本章中还补充了 Windows 和 Linux 两个主流操作系统的调度程序分析,作为读者的选读部分;这对读者理解抽象的调度机制和算法,以及如何在实际系统中应用是很有益的。

第5章：进程同步与通信。本章主要介绍多进程并发运行环境下，进程之间的互斥、同步协调，以及相互通信等知识；是操作系统课程学习的重点和难点。作者力图做到描述简明准确、算法说明清晰，并通过适当增加例题、习题，采用与应用结合的策略来安排本章内容。

第6章：存储管理。本章主要介绍了计算机存储器的分配、回收、保护、共享和虚拟扩充等方面的知识；内容难度适中，但内容稍多。作者力图以简明、条理层次明晰的方式介绍这部分知识。

可执行程序的结构及其链接、加载，也是存储管理的一部分，对理解操作系统如何使用和管理存储空间非常重要。但现有操作系统教科书对这部分内容大都仅限于概念性介绍。作为本书的另一个创新性尝试，本章中除加强了对这部分知识的拓展介绍外，还增加了针对实际操作系统 Linux 的存储管理介绍。

第7章：设备管理。本章主要介绍计算机外部设备管理方面的知识；内容难度适中。

第8章：文件管理。本章主要介绍磁盘文件管理方面的知识；内容难度不大。考虑到内容相关性，本书将磁盘设备知识安排在本章。为强化与应用结合，本章还介绍了 FAT、NTFS、EXT2 和 MINIX 等常用文件系统的卷布局，强化了针对目录搜索成本的理解。而在文件保护部分，补充了公共密钥密码 RSA 技术原理、数字证书原理等近年来热点新技术的介绍。

第9章：Linux 文件系统。文件系统是操作系统应用的最重要部分，深入理解文件系统对提升读者对操作系统的理解和实际应用能力非常重要。为此，在第8章介绍的文件系统基本知识的基础上，本章进一步安排了针对具体文件系统 Linux 的介绍。本章内容翔实、具体，相对容易理解，便于自学阅读。

本书内容深浅适中，安排系统合理。在反映操作系统概念和原理的基础上，也注意反映操作系统发展新动向，以及与应用的结合，力求做到理论联系实际。在每一章都精心选配了习题，选题参考了历年全国各院校研究生入学命题要求，既可帮助读者巩固所学知识，也有助于部分读者准备操作系统类专业考试。

本书计划讲授60学时。不同院校或专业可根据需要选择部分内容，将课时压缩到40学时。其中,标题带"*"部分和第9章是为读者深化理解相关内容而增设的课外选读内容。

尽管作者讲授该课程多年,并试图编好本书,但由于水平有限,书中难免存在不足和错误之处,敬请读者和同行批评指正。

作 者
2016年2月

目　　次

总序 ……………………………………………………………………（ i ）
前言 ……………………………………………………………………（ iii ）
第1章　计算机系统导论 ……………………………………………（ 1 ）
　1.1　计算机系统硬件组织结构 …………………………………（ 1 ）
　　1.1.1　计算机主要配件及其组装结构 ………………………（ 1 ）
　　1.1.2　计算机系统的逻辑组织结构 …………………………（ 1 ）
　　1.1.3　Intel 8086的存储器组织模型 …………………………（ 5 ）
　　1.1.4　堆栈的组织模型 ………………………………………（ 5 ）
　　1.1.5　32位微处理器 …………………………………………（ 7 ）
　　1.1.6　保护模式下的全局段描述符 …………………………（ 9 ）
　　1.1.7　保护模式下的寻址方式 ………………………………（ 10 ）
　1.2　中断机制 ……………………………………………………（ 11 ）
　1.3　指令、机器语言与汇编语言 ………………………………（ 12 ）
　　1.3.1　指令 ……………………………………………………（ 12 ）
　　1.3.2　机器语言与汇编语言 …………………………………（ 13 ）
　　1.3.3　Intel 8086指令系统 ……………………………………（ 13 ）
　1.4　形成层次结构的存储设备 …………………………………（ 18 ）
　1.5　利用操作系统管理计算机硬件、软件资源 ………………（ 19 ）
　　1.5.1　操作系统综述 …………………………………………（ 19 ）
　　1.5.2　操作系统抽象 …………………………………………（ 23 ）
　习题 ………………………………………………………………（ 26 ）
　上机实践 …………………………………………………………（ 27 ）

第 2 章 程序的机器层级表示 （28）
2.1 程序汇编与机器编码 （28）
2.1.1 机器代码 （29）
2.1.2 指令与数据格式 （32）
2.1.3 访问信息 （32）
2.1.4 数据传送指令 （34）
2.2 算术和逻辑操作 （35）
2.3 控制 （36）
2.3.1 条件码 （36）
2.3.2 应用条件码 （36）
2.3.3 循环 （38）
2.4 过程调用 （39）
2.4.1 栈帧结构 （39）
2.4.2 转移控制 （40）
2.4.3 寄存器使用惯例 （40）
2.4.4 过程应用示例 （40）
习题 （42）
上机实践 （45）

第 3 章 内核与进程控制 （46）
3.1 内核控制 （46）
3.1.1 内核的结构模式 （46）
3.1.2 内核的体系结构 （48）
3.2 CPU 的分段保护工作模式* （52）
3.2.1 保护机制综述 （52）
3.2.2 使用调用门进行控制转移 （54）
3.2.3 使用中断门或陷阱门进行控制转移 （55）
3.2.4 支持分段保护的硬件设施及内核数据结构 （56）
3.2.5 任务状态段 TSS 及其结构 （57）
3.3 利用进程实现并发多任务 （58）
3.3.1 进程概念的引入 （58）
3.3.2 进程的定义 （62）
3.3.3 进程控制块 （63）

3.4 进程状态及转换 …………………………………………………………………（65）
3.5 进程控制 ……………………………………………………………………………（66）
   3.5.1 创建新进程 …………………………………………………………………（67）
   3.5.2 终止进程 ……………………………………………………………………（69）
3.6 线程控制 ……………………………………………………………………………（70）
   3.6.1 线程的概念 …………………………………………………………………（70）
   3.6.2 线程的实现 …………………………………………………………………（70）
   3.6.3 线程与进程的比较 …………………………………………………………（70）
   3.6.4 Linux 的线程机制* …………………………………………………………（71）
   3.6.5 Windows 的线程机制* ………………………………………………………（72）
习题 ………………………………………………………………………………………（72）
上机实践 …………………………………………………………………………………（74）

第 4 章 调度与死锁处理 ……………………………………………………………（75）

4.1 调度技术基础 ………………………………………………………………………（75）
   4.1.1 调度策略 ……………………………………………………………………（76）
   4.1.2 调度器的触发时机 …………………………………………………………（76）
   4.1.3 上下文切换 …………………………………………………………………（78）
   4.1.4 CPU 调度的主要类型 ………………………………………………………（78）
   4.1.5 衡量调度性能的原则 ………………………………………………………（79）
4.2 常规调度算法 ………………………………………………………………………（80）
   4.2.1 先到先服务算法 ……………………………………………………………（80）
   4.2.2 最短作业优先算法 …………………………………………………………（81）
   4.2.3 时间片轮转调度算法 ………………………………………………………（82）
   4.2.4 优先权调度算法 ……………………………………………………………（82）
   4.2.5 多级反馈队列调度算法 ……………………………………………………（84）
   4.2.6 最高响应比优先调度算法 …………………………………………………（85）
   4.2.7 实时系统及其调度算法 ……………………………………………………（86）
4.3 Linux 及 Windows 系统调度程序分析* …………………………………………（86）
   4.3.1 Linux 系统调度程序分析 ……………………………………………………（87）
   4.3.2 Windows 系统调度程序分析 ………………………………………………（90）
4.4 多处理机调度 ………………………………………………………………………（93）
   4.4.1 多处理机环境下的进程调度概述 …………………………………………（93）

- 4.4.2 自调度技术 (94)
- 4.5 死锁及其处理 (96)
  - 4.5.1 死锁及其产生原因 (96)
  - 4.5.2 产生死锁的必要条件和死锁处理方法 (97)
  - 4.5.3 利用银行家算法避免死锁 (98)
  - 4.5.4 死锁的检测和解除 (102)
- 习题 (103)

第5章 进程同步与通信 (108)

- 5.1 多进程计算环境下的潜在问题 (108)
  - 5.1.1 多进程计算环境下的资源及其特性 (108)
  - 5.1.2 多进程并发可能引发的潜在问题 (109)
  - 5.1.3 问题的复杂性、困难性和应对策略 (110)
- 5.2 临界区同步问题 (110)
  - 5.2.1 什么是临界区 (110)
  - 5.2.2 临界区问题的引出 (111)
  - 5.2.3 临界区问题处理方法分析 (111)
  - 5.2.4 几种临界区问题的初步解决方案及有效性分析 (112)
- 5.3 用信号量机制实现同步 (117)
  - 5.3.1 信号量原理与定义 (117)
  - 5.3.2 信号量分类与用途 (119)
  - 5.3.3 信号量实现 (120)
  - 5.3.4 用信号量解决几个经典同步问题 (122)
  - 5.3.5 Windows 的信号量实现及其应用* (128)
  - 5.3.6 Linux 的信号量实现及其应用* (131)
- 5.4 进程间通信 (135)
  - 5.4.1 进程间通信概述 (135)
  - 5.4.2 共享内存区 (136)
  - 5.4.3 管道通信 (136)
  - 5.4.4 基于消息块传递的进程间通信 (138)
  - 5.4.5 一种基于端口的消息通信机制(实现模型)* (140)
- 习题 (144)
- 上机实践 (148)

第6章 存储管理 ·· (149)
6.1 存储管理概述 ·· (149)
6.1.1 计算机的存储器组织 ··· (149)
6.1.2 存储管理的主要功能与目标 ··································· (153)
6.1.3 传统的存储管理技术体系 ······································ (153)
6.2 基于连续分配的存储管理技术 ·· (154)
6.2.1 单一分区连续分配管理 ·· (154)
6.2.2 固定分区连续分配管理 ·· (154)
6.2.3 可变分区连续分配管理 ·· (155)
6.3 基于离散分配的存储管理技术 ·· (158)
6.3.1 内存地址分类 ·· (158)
6.3.2 段式存储分配管理 ·· (159)
6.3.3 页式存储分配管理 ·· (162)
6.3.4 段页式存储分配管理 ··· (170)
6.4 虚拟存储管理技术 ·· (171)
6.4.1 虚拟存储器技术概述 ··· (171)
6.4.2 基于请求分页的虚拟存储管理技术 ··························· (175)
6.4.3 页面调度管理 ·· (177)
6.4.4 物理页框管理 ·· (184)
6.5 程序的编译、链接与加载 ··· (184)
6.5.1 ELF 可重定位目标文件组织格式 ······························ (186)
6.5.2 ELF 可执行目标文件组织格式 ································· (189)
6.5.3 链接器工作原理分析 ··· (192)
6.5.4 动态链接 ·· (196)
6.5.5 映射可执行文件到存储器 ······································· (199)
6.5.6 小结 ·· (201)
6.6 Linux 存储管理* ·· (203)
6.6.1 Linux 虚拟空间管理的主要数据结构 ························· (203)
6.6.2 Linux 的虚拟空间映射方案 ····································· (204)
6.6.3 Linux 的分段机制 ··· (206)
6.6.4 Linux 的分页机制 ··· (208)
6.6.5 Linux 的存储器映射 ·· (208)
6.6.6 Linux 的物理内存管理 ··· (209)

习题 ·· (214)

上机实践 ·· (221)

第7章 设备管理 ··· (222)

7.1 设备管理概述 ·· (222)

7.1.1 I/O系统的组织与结构 ··· (222)

7.1.2 I/O硬件及其控制基础知识 ·· (224)

7.1.3 设备管理的基本目标与功能 ··· (226)

7.2 设备I/O控制 ··· (226)

7.2.1 程序直接控制方式 ·· (227)

7.2.2 中断驱动的I/O控制方式 ·· (227)

7.2.3 DMA控制方式 ·· (228)

7.2.4 通道控制方式 ··· (229)

7.3 设备缓冲技术 ·· (230)

7.3.1 专用缓冲 ·· (231)

7.3.2 公共缓冲池 ··· (233)

7.3.3 字符设备的公共缓冲池 ·· (235)

7.3.4 磁盘高速缓冲 ··· (236)

7.4 设备使用与设备驱动程序 ··· (237)

7.4.1 设备的三种使用方法 ··· (237)

7.4.2 设备驱动程序 ··· (241)

7.5 设备分配与处理 ·· (248)

7.5.1 设备分配 ·· (248)

7.5.2 设备处理 ·· (251)

7.5.3 设备独立性的表现与优势 ··· (254)

习题 ·· (255)

上机实践 ·· (257)

第8章 文件管理 ··· (259)

8.1 文件系统 ·· (259)

8.1.1 文件的概念 ··· (259)

8.1.2 文件的组织结构 ··· (261)

8.1.3 文件系统综述 ··· (261)

8.2 文件存储空间布局与管理 ··· (265)

8.2.1　磁盘及其相关知识 ……………………………………………… (266)
　　8.2.2　几种常见的文件系统及其卷布局 ……………………………… (270)
　　8.2.3　文件存储空间的管理 …………………………………………… (274)
　　8.2.4　磁盘空闲空间的管理 …………………………………………… (275)
8.3　目录管理 …………………………………………………………………… (278)
　　8.3.1　目录管理概述 …………………………………………………… (278)
　　8.3.2　目录的结构与操作 ……………………………………………… (279)
　　8.3.3　索引节点 ………………………………………………………… (283)
8.4　文件使用与控制 …………………………………………………………… (284)
　　8.4.1　基本文件操作及实现机制 ……………………………………… (284)
　　8.4.2　利用虚存映射机制读写文件 …………………………………… (287)
8.5　文件共享 …………………………………………………………………… (288)
　　8.5.1　早期实现文件共享的方法 ……………………………………… (288)
　　8.5.2　基于索引节点的共享方式(硬链接) …………………………… (289)
　　8.5.3　利用符号链实现共享(软链接) ………………………………… (290)
8.6　文件保护 …………………………………………………………………… (291)
　　8.6.1　文件的口令保护 ………………………………………………… (292)
　　8.6.2　文件的密码保护 ………………………………………………… (292)
　　8.6.3　基于数字证书的用户身份认证* ………………………………… (293)
　　8.6.4　访问控制 ………………………………………………………… (293)
　　8.6.5　分级安全管理 …………………………………………………… (295)
习题 ……………………………………………………………………………… (296)

第9章　Linux 文件系统 …………………………………………………… (300)

9.1　Linux 标准文件系统 EXT2 ………………………………………………… (300)
　　9.1.1　EXT2 分区存储布局概述 ……………………………………… (300)
　　9.1.2　EXT2 分区存储布局结构分析 ………………………………… (301)
9.2　VFS 接口 …………………………………………………………………… (310)
　　9.2.1　VFS 的工作原理 ………………………………………………… (310)
　　9.2.2　VFS 的四种基本对象 …………………………………………… (313)
　　9.2.3　与进程访问文件相关的数据结构 ……………………………… (318)
9.3　文件系统注册、安装与卸载 ……………………………………………… (320)
　　9.3.1　文件系统注册 …………………………………………………… (320)

9.3.2 文件系统安装 …………………………………………………… (321)
　　9.3.3 文件系统卸载 …………………………………………………… (322)
9.4 编写文件系统驱动程序 ……………………………………………………… (323)
　　9.4.1 文件系统驱动程序实现的要素 …………………………………… (323)
　　9.4.2 文件系统驱动程序实现框架示例 ………………………………… (324)
习题 ……………………………………………………………………………………… (329)
上机实践 ………………………………………………………………………………… (331)

参考文献 ……………………………………………………………………………… (332)

第1章 计算机系统导论

计算机系统由硬件和软件组成,它们通过共同工作来运行应用程序。理解底层计算机系统和它如何影响应用程序,将有利于理解操作系统的本质以及进行深度的计算机应用。

1.1 计算机系统硬件组织结构

1.1.1 计算机主要配件及其组装结构

图 1.1 给出了经典台式兼容机的组装配件实物视图。

1.1.2 计算机系统的逻辑组织结构

为帮助读者加深对计算机系统硬件结构的理解,下面我们将从两种不同的视角进行抽象,给出计算机系统的逻辑组织结构模型。建议读者记住这两个模型,哪怕暂时不理解。

图 1.2 给出了微机硬件组成结构的一种低层次逻辑抽象模型。通过该图可帮助我们理解计算机的总体硬件组成及结构。图 1.3 进一步给出了 Intel 8086 微机 CPU 芯片及中断控制器 8259 芯片的引脚逻辑视图,通过这张图可帮助我们了解计算机总线上的各种信号位。

图 1.4 给出了一种抽象层次更高些的典型计算机系统硬件组织结构示意图。该图重点表现了计算机的主要核心部件及其连接关系。

计算机系统硬件的主要核心部件概要说明如下:

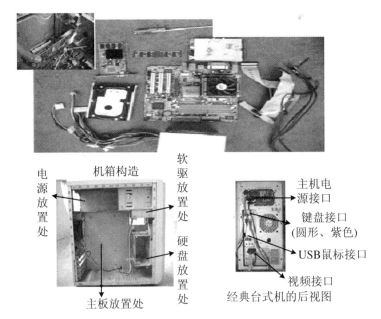

图 1.1 经典台式兼容机的组装配件实物视图

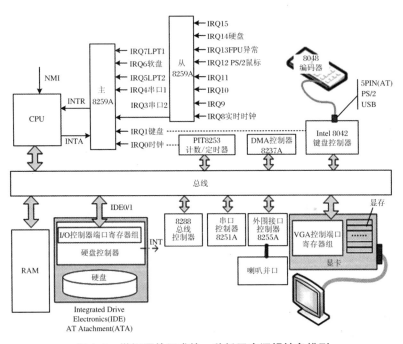

图 1.2 微机硬件组成的一种低层次逻辑抽象模型

第1章 计算机系统导论

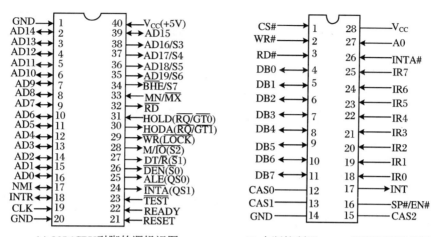

(a) 8086CPU引脚的逻辑视图　　(b) 中断控制器8259A引脚的逻辑视图

图1.3　Intel 8086 微机的 CPU 与中断控制器引脚逻辑视图

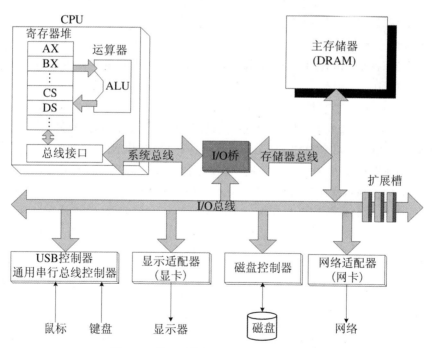

图1.4　典型计算机系统硬件组织结构图

- **总线**　指贯穿系统的一组电子管道,负责携带信息字节并在各个部件之间传递。每个电子管道在一个时刻呈现一个二进制比特位0(通)或1(断),总线中的电子管道的数目决定了机器的字长。16位机器的字长为16位(2 B),32位机器的字长为4 B。

• **I/O设备**　各种I/O(Input/Output,输入/输出)设备是计算机系统与外界联系的通道,包括作为用户输入的键盘、鼠标,作为用户输出的显示器、打印机,以及持久存储数据/程序的磁盘。每个I/O设备都要通过一个控制器或适配器与I/O总线连接起来。

控制器与适配器基本上可认为是同义词,细微差别如下:适配器是一块插在主板插槽上的卡,而控制器则是已被集成到主板的芯片组。

• **主存**　指一类临时存储设备。它被用来临时存放执行中的程序及其所处理的数据。物理上,主存是由一组DRAM(动态随机访问存储器)芯片组成的;逻辑上,存储器可视为一个线性的字节数组,每个字节有唯一的地址编号。

• **处理器**　中央处理单元(Center Process Unit,CPU)的简称,是解释(或执行)存储在主存中指令的核心部件。处理器中有一个被称为指令指针(Instruction Pointer,IP)的、字长大小的寄存器,也称为程序计数器,在任何时刻,IP都指向主存中的某个字节单元。

运算器(Arithmetic Logic Unit,ALU)是CPU执行基本算术运算和逻辑运算的基本单元。

寄存器堆由一些字长不同或相同的寄存器组成。这些寄存器都有唯一的名字,比如,在16位机器中,除了指令指针寄存器IP、状态寄存器IF外,还有被命名为AX、CX、DX、BX、SI、DI、SP、BP的通用寄存器组,以及被命名为CS、DS、ES、SS的段基址寄存器。它们虽然字长相同,都是16位,但其分工或特长稍有不同。比如,AX擅长执行算术运算(加/减/乘/除)和逻辑运算(与/或/非),CX擅长计数(count);BX或DX常用在基于存储分段模式的主存单元寻址,指示存储段内的相对单元地址位置;SI和DI常用来指示一个字节块组在段内搬移时的起始或目的位置;而SP、BP则是用于实现计算机堆栈操作的两个寄存器。

从系统上电开始,直到系统断电,CPU就一直在不停地重复执行类似的任务:从指令指针IP指向的存储单元处读取指令,解释指令中的位,执行指令位编码所对应的简单动作,然后,更新IP,指向下一条指令位置。由于指令本身含有跳转指令,"下一条"不一定是存储器中与刚刚被执行那条指令相邻的下一条。这个工作模型就是著名的冯·诺依曼计算机工作模型。

图1.5给出了相对简单的、早期Intel 8086 CPU的内部逻辑结构。

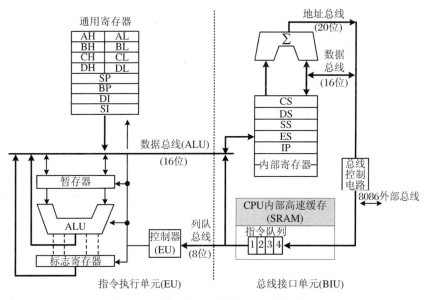

图 1.5 Intel 8086 CPU 的内部逻辑结构

1.1.3 Intel 8086 的存储器组织模型

虽然我们总可以把主存抽象为如图 1.6(a)所示的字节序列模型,但在运行环境下,主存储器实际上是按分段方式进行组织和寻址的。8086 是 16 位机器,其段寄存器和通用寄存器都是 16 位的,最大段长不能超过 2^{16} B,即 64 KB。段可以从任意主存单元开始,允许 16 B～64 KB 范围的任意段长,而且不同段之间允许重叠。图 1.6(b)展示了这种分段模型。根据内容和组织方式不同,段通常可分为存储代码的代码段、存放工作数据的数据段、其他附加段以及堆栈段。

在这种存储分段工作模型下,定位一个存储单元采用〈段地址:偏移地址〉模式。由段地址左移 4 位后得到 20 位段地址,再与偏移地址相加,就可确定 1 MB (2^{20} B)范围内的任意地址单元。图 1.6(c)、(d)展示了这种寻址计算模型。

1.1.4 堆栈的组织模型

虽然堆栈本质上是一块主存单元,位于主存的某个位置,但其使用组织方式有一定的特殊性,且 CPU 中有专门指令 PUSH、POP 来操作使用堆栈段中的单元。

在堆栈组织结构中,栈底位于高地址单元,用段寄存器 SS 指示堆栈段基址,用 BP 寄存器指示栈底位置,用 SP 寄存器指示当前栈顶位置。初始时,栈底与栈顶是

重合的，即 BP 与 SP 的内容是相同的。随着多次使用 PUSH<寄存器|内存单元>指令，不断将一些单元内容压入栈，栈顶不断向低地址方向生长，即 SP 内的值不断减小。图 1.7 给出了堆栈的基本组织结构模型。

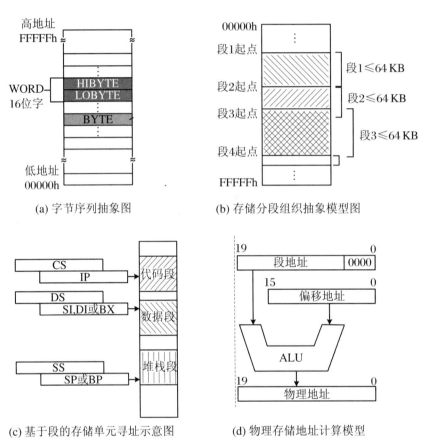

图 1.6 Intel 8086 的存储器组织模型

堆栈是计算机系统实现"过程/函数调用"机制的关键。一个过程调用包括将控制和数据(过程参数、返回值)从代码的一部分传递到另一部分。另外，它还必须在进入过程时为局部变量分配空间，并在退出时释放这些空间。数据传递、局部变量的分配和释放都是通过操作"栈"来实现的。下一章我们还会从机器指令执行的角度，进一步介绍这方面的机制。

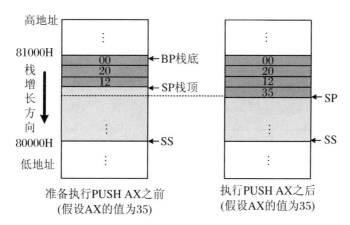

图 1.7 堆栈的组织结构模型

1.1.5 32 位微处理器

Intel 8086 是 16 位 CPU，采用 16 位地址总线，内部寄存器最大长度为 16 位，最大寻址能力为 1 MB。

从 80386 开始，Intel 家族 CPU 进入了 32 位时代，具有 32 位地址总线，寻址能力可达 4 GB。它采用了全新的、基于分段和分页的内存管理技术，可寻址 4 GB 的地址空间；有实模式、保护模式和虚拟 8086(V86) 三种工作模式。允许使用虚拟存储，支持并发执行多任务。

80386 CPU 还引入特权级（privilege level 或 ring）概念，共分四个特权级，即第 0 级、第 1 级、第 2 级和第 3 级；第 0 级权限最大，常作为系统内核的权级，代码执行具有实模式下类似的一切权限；第 1、2 两级通常用来作为系统服务程序的权级；第 3 级的权限最小，常作为用户级程序的权级。

80386 CPU 寄存器堆也在原有 8086 寄存器堆的基础上进行了扩展，扩展后的寄存器体系如图 1.8 所示。

- 八个通用寄存器，以及指令指针、标志寄存器，均由 16 位扩展为 32 位。其用法与在 8086 中相似，支持 8 位、16 位、32 位操作，进行 32 位操作时，寄存器名称前要冠以前缀"E"。八个寄存器的名称如下：EAX(累加器)、EBX(基址)、ECX(计数)、EDX(数据)、ESP(栈指针)、EBP(基址指针)、ESI(源变址)、EDI(目的变址)。
- 除原有四个段寄存器 CS、SS、DS、ES 外，另增加了两个段寄存器 FS、GS。其中，CS 专用于代码段，SS 专用于堆栈段，DS、ES、FS、GS 通用于指示数据段。每个段寄存器对应有一个不可编程使用的 64 位高速缓存器。

通用寄存器				段寄存器(16位选择子)			
EAX		AH	AL	用户级寄存器	CS	Index(13位)	TI RPL
EBX		BH	BL		SS	Index	TI RPL
ECX		CH	CL		DS	Index	TI RPL
EDX		DH	DL		ES	Index	TI RPL
ESP		SP			FS	Index	TI RPL
EBP		BP			GS	Index	TI RPL
EDI		DI		指令指针(EIP)			
ESI		SI				IP	

31	标志寄存器(EFLAGS)	13 12 11	0
	ID VIP VIF AC VM RF O NT	IOPL	O D I T S Z O A O P O C

系统级专用寄存器

GDTR	32位基地址	16位界限	寻址系统表GDT的寄存器
IDTR	32位基地址	16位界限	寻址系统表IDT的寄存器
LDTR	16位 选择子		寻址当前任务LDT段在GDT中的对应描述符位置
TR	16位 选择子		寻址当前任务TSS段在GDT中的对应描述符位置
CR0	P C G D	W P	P E	● PE(Protection Enable)保护模式允许位 ● PG(Paging Enable)分页允许位
CR1	保留		● CD(Cache Disable)Cache禁止位
CR2	页故障线性基地址		● WP(Write Protect)保护用户级只读页面
CR3	页目录表基地址		保留最后一次出现缺页的32位线性地址
CR4	Pentium新增控制寄存器		

图1.8 Intel 80386 的寄存器体系

虽然段寄存器仍然保持16位,但在保护模式下,用法已发生改变,不再用来直接计算段地址。因为在32位保护模式下,段除了要指明段基址(需32位)、段长度(需32位),还要指明段属性(类型/权级/内容是否在主存等标志位,至少也需占8位),仅一个32位寄存器是不够用的。所以,改为借助内存中的一个称为"段描述符(descriptor)"的内存单元组作为段描述,多个段描述符安排在一起而构成的数组,称为"段描述符表",每个描述符对应表中一个表项。其中,系统全局性的描述符表,称为全局描述符表(Global Descriptor Table,GDT);每个运行中的程序(进程)私有的段描述符表,称为局部描述符表(Local Descriptor Table,LDT)。

在这一策略下,16 位段寄存器作用退化为存放 GDT 或 LDT 表的索引,其中,最高 13 位作为描述符表索引值,低端第 3 位作为区别 GDT/LDT 的标志位(TI),最低 2 位作为请求保护级标志位(RPL)。

- 增加了四个系统表寄存器,分别是全局描述符表寄存器(GDTR)、中断描述符表寄存器(IDTR)、局部描述符表寄存器(LDTR)、任务状态寄存器(TR)。系统表寄存器仅用于保护方式下,管理四个系统表的主存基址。由于它们只能在保护方式下使用,因此又称为保护方式寄存器。
- 另外,还增加了五个控制寄存器:CR0、CR1、CR2、CR3、CR4。它们主要用于支持保护模式下的存储分页机制。

1.1.6 保护模式下的全局段描述符

保护模式的段式存储组织机制需要借助位于主存中的段描述符表,表中的每一项是一个段描述符。由于全局描述符表(Global Descriptor Table,GDT)的表项位结构与局部描述符表(Local Descriptor Table,LDT)的表项位结构类似,下面主要介绍 GDT 的表项结构。

图 1.9 是一个关于 GDT 表项的位图结构示意图。每个 GDT 表项共 8 B 长,段基址占 4 B(BYTE7、BYTE4、BYTE3、BYTE2)、段长度或段界占 2.5 B(BYTE1、BYTE0,另有高端 4 位含在属性字节 BYTE6 中)。以下仅对照图1.9,概要说明属性字节中的位定义。

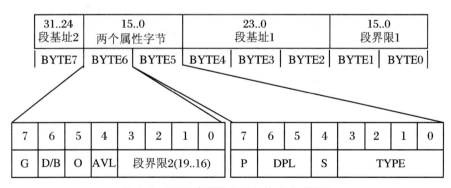

图 1.9 GDT 表项的位图结构定义示意图

◇ 4 个 TYPE 位,标识段的类型。
◇ 1 个标识是否为系统段的 S 位,0 标识系统段,1 标识普通段。
◇ 2 个 DPL 位,标识段的保护权级(值对应 0、1、2、3 级,0 级权限最大)。

◇1个P位(存在位),1标识段内容在主存,0标识段不在主存。

◇1个标识段界粒度的G位,0表示段界以字节(B)为单位,1表示段界以4 KB为单位。

◇1个D/B位,标识段中立即数或堆栈访问指令是32位(用1表示),还是16位(用0表示)。

1.1.7 保护模式下的寻址方式

在执行保护模式寻址之前,表寄存器GDTR必须指向位于系统主存的GDT表基址,表寄存器LDTR必须指向位于系统主存中的当前进程LDT表基址。在保护模式下,"段:偏移"形式的逻辑地址中,"段"有时也称为"选择符"或"选择子"(selector)。当选择符中的TI为0时,选择符对应GDT表中的一个表目;TI为1时,选择符对应当前进程LDT表中的一个表目。

图1.10概述了逻辑地址经过段机制转换为线性地址的基本过程。基本步骤如下:

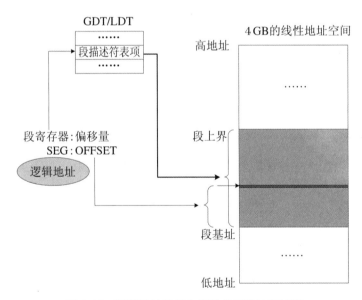

图1.10 逻辑地址转换为线性单元地址的过程

(1) 由"段"地址或段寄存器(即选择符)的TI位,识别是检索全局GDT(TI=0)还是检索当前进程的LDT(TI=1);

(2) 用选择符的高端13位作为检索GDT/LDT表的偏移量,找到对应的"段

描述符",由该段描述符,就可确定目标段在主存中的基址、上界;

(3) 由段基址加上逻辑地址中的"偏移量",确定目标单元在主存中的地址。

1.2 中断机制

CPU 的本能是执行 CS：IP 指针所指向主存单元位置上的指令,并自动更新 CS：IP 到下一条指令。倘若完全如此的话,CPU 也就成为一个"只会埋头做自己的事,不能与外界沟通的傻子"了。但实际上,计算机系统还有一个重要机制,即中断机制,使得 CPU 在埋头执行当前指令段过程中,能响应临时外界事件;并能在响应和处理完临时外界事件后,再回到原来被中断的位置状态,继续执行后面的其他指令。

中断是计算机实现人机交互、响应外界事件的关键机制。中断分为硬件中断和软件中断两类。软件中断类似于系统底层中按中断号进行的过程调用,而硬件中断由一种特殊的电信号触发,由硬件设备发送到处理器。从图 1.2 中我们不难看到,计算机系统的主要外设键盘、鼠标、磁盘驱动器、时钟定时器……都有中断请求线连接到一个专门的中断控制芯片 8259A,再由 8259A 连到 CPU 的中断请求 INTR 引脚;如果 CPU 决定响应,就会通过 INTA 引脚给 8259 回复一个信号。处理器在接收到中断信号后,可通过不同的事件编号来区分不同的事件,并会马上执行一套专门动作来响应事件信号。另外,指令系统中也提供了专门指令 INT/IRET 来配合实现中断机制的处理。

下面,我们先通过分析较简单的 8086 CPU 中断处理逻辑,来进一步了解中断机制。

```
CPU 收到中断信息,执行以下专门(动作)指令:
(1) 取得中断类型码号 N
(2) push f            ;把标志寄存器压栈保存
(3) TF=0,IF=0         ;复位中断标志位,禁止嵌套发生其他中断
(4) push cs           ;保护现场位置,把当前 CS：IP 值压栈
(5) push ip
```

(6) (ip)＝(N∗4),(cs)＝(N∗4+2);根据中断类型号N,查中断向量表,
;获取与N对应的"中断处理程序"入口地址,并赋值到CS：IP
;至此,中断—专门动作—执行结束,实现了控制向"中断处理程序"的转移。

==

与事件类型号N对应的中断处理程序：
(1) 保存中断现场的寄存器状态
……〈执行事件N处理相关的一段程序代码〉……
(2) 恢复中断现场的寄存器状态
(3) 用IRET指令返回　　　;恢复现场
注　IRET是一条复合指令,它实际包括以下3条指令：
　　　　　　{pop ip，pop cs，popf}

计算机系统通过以上过程和专门指令(IRET),实现了中断机制,实现了程序执行过程中的强制转移——转到与中断类型号对应的"中断处理程序",并且通过现场保护与恢复,能在执行完"中断处理程序"后,回到原先被中断的位置,继续执行后面的代码指令。这一过程本质上是"函数/子程序"调用机制的扩展运用。

1.3　指令、机器语言与汇编语言

1.3.1　指令

指令是计算机能识别和执行的命令。指令在计算机上执行时,控制器根据指令的要求,控制计算机的各部件协调工作。与不同指令对应的简单动作数目并不多,除了基本算术/逻辑运算指令、跳转指令,以及直接控制CPU停机或改变CPU工作模式的指令外,主要是一些在主存、寄存器堆和I/O设备口之间来回搬动数据的指令。

1.3.2 机器语言与汇编语言

CPU能够直接执行的指令,是用二进制代码表示的,称为机器指令。用二进制代码表示的、计算机能直接识别和执行的机器指令集合,构成了所谓的机器语言。机器语言不便于编程;相反,用助记符来代表机器指令进行编程更为方便。

用助记符编写的程序,称为"汇编语言源程序"。汇编语言源程序(文件扩展名为 asm)很容易翻译为机器指令表示的目标程序(文件扩展名为 obj),这一翻译过程称为"汇编"。典型的汇编语言编译器有 Microsoft 公司的 MASM 系列、Borland公司的 TASM 系列编译器,以及为可移植性、模块化而设计的 IA32 开源汇编器 NASM 等。

图 1.11 展示了设计汇编语言程序的主要环节与过程。汇编语言源程序经过汇编编译器编译后,生成目标程序。为了让操作系统能装入和执行,还必须把目标程序链接为操作系统下的可执行文件。在 DOS 和 Windows 系统下的可执行文件扩展名为 exe 或 com,链接程序为 Link.exe。

汇编语言指令与机器指令间有一一对应关系,可以更直接地控制机器。

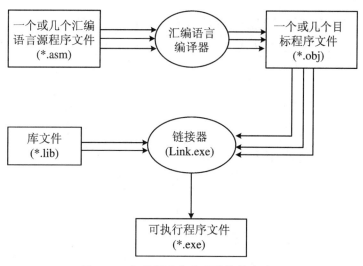

图 1.11 汇编语言程序设计的基本过程

1.3.3 Intel 8086 指令系统

为了使读者对计算机指令有更好的感性认识与理解,下面我们简要介绍相对简单的 Intel 8086 指令体系编码方案。

在 Intel 系列 CISC(复杂指令集计算机)CPU 中,机器指令的长度为 1~6 B。图 1.12(a)给出了 8086 指令体系的编码方案图解。其中,第 1 字节的高 6 位(OP 段)为操作码字段,对应指令的操作性质;第 1 位(W)标识操作数大小,0 标识字节,1 标识字;第 2 位(D)为方向位,0 标识 REG 为源操作数,1 标识 REG 为目的操作数。

图 1.12(b)是指令操作的寄存器 REG 编码,图 1.12(c)给出了操作方式(MOD)编码规定。MOD=11 为寄存器方式,两个操作数均在寄存器中,第一个寄存器由 REG 字段给出,第二个寄存器由 R/M 字段给出,R/M 的编码与 REG 相同。MOD=00、01、10 均为存储器方式,有 1 个操作数在存储器中,存储器的有效地址由 R/M 字段给出。在图 1.12(c)中,D8 表示 8 位常数,D16 表示 16 位常数。

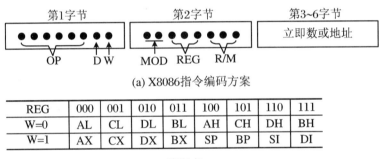

图 1.12 Intel 8086 指令体系的编码方案图解

有相当数目的操作指令涉及计算机系统内数据的传送,包括在寄存器 REG、存储器、I/O 接口电路、堆栈之间的数据传送。图 1.13 展示了有效的传送路径及方向。其中，大多数操作数传送涉及 REG，它是数据传送的支点。MOV 是最常用的数据移动指令。值得注意的是，MOV 没有直接在两个存储器单元之间的传送模式。PUSH/POP 对应压栈和退栈指令。

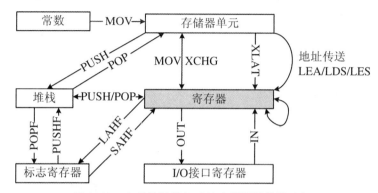

图 1.13　有效的计算机系统内数据的传送路径

XCHG 交换指令把两个操作数的值相交换（exchange）。XLAT 是翻译指令，形式上无操作数，负责从一个字节单元序列表格中查找某一项值，表格的起始地址放在 BX 寄存器中，查找项相对于表格起始地址的偏移量放在 AL 中。该指令执行后，AL 等于所查找项的值。

CPU 与外部设备之间必须通过"I/O 接口电路"连接。从编程的角度看，I/O 接口电路由一些"端口（PORT）"代表，CPU 把信息直接送给外部设备对应的端口，再由端口负责把信息送给外部设备。或者，外部设备把信息送入对应的端口，CPU 从端口中读取信息。8086 CPU 采用"端口寻址方式"，即端口地址独立于存储器地址单独编号，并使用专用的输入（IN）、输出（OUT）指令，在端口与 AL 或 AX 寄存器之间传送信息。

端口地址范围是 0000～FFFFH，每个端口可以存放 8 位二进制数，称为 8 位端口。IN 指令把端口的值输入到 AL 或 AX 寄存器中，OUT 指令把 AL 或 AX 寄存器中的值输出到端口。IN/OUT 指令有两种用法：① 端口地址以常数给出，适用于端口地址 00～FFH；② 端口地址放在 DX 寄存器中，适用于端口地址 0000～FFFFH。

图 1.14 给出了 Intel 8086 汇编指令集的操作（OP）编码表。限于篇幅，这里不再解释，希望细致了解的读者可自己进一步查看这方面的相关资料。

	0	1	2	3	4	5	6	7	8	9	A	B	C	D	E	F
0	ADD b f,r/m 00	ADD w f,r/m 01	ADD b t,r/m 02	ADD w t,r/m 03	ADD b ia 04	ADD w ia 05	PUSH ES 06	POP ES 07	OR b f,r/m 08	OR w f,r/m 09	OR b t,r/m 0A	OR w t,r/m 0B	OR b ia 0C	OR w ia 0D	PUSH CS 0E	OF
1	ADC b f,r/m 10	ADC w f,r/m 11	ADC b t,r/m 12	**ADC w t,r/m** 13	ADC b ia 14	ADC w ia 15	PUSH SS 16	POP SS 17	SBB b f,r/m 18	SBB w f,r/m 19	SBB b t,r/m 1A	SBB w t,r/m 1B	SBB b ia 1C	SBB w ia 1D	PUSH DS 1E	POP DS 1F
2	AND b f,r/m 20	AND w f,r/m 21	AND b t,r/m 22	AND w t,r/m 23	AND b ia 24	AND w ia 25	ES: 26	DAA 27	SUB b f,r/m 28	SUB w f,r/m 29	SUB b t,r/m 2A	SUB w t,r/m 2B	SUB b ia 2C	SUB w ia 2D	CS: 2E	DAS 2F
3	XOR b f,r/m 30	XOR w f,r/m 31	XOR b t,r/m 32	XOR w t,r/m 33	XOR b ia 34	XOR w ia 35	SS: 36	AAA 37	CMP b f,r/m 38	CMP w f,r/m 39	CMP b t,r/m 3A	CMP w t,r/m 3B	CMP b ia 3C	CMP w ia 3D	DS: 3E	AAS 3F
4	INC AX 40	INC CX 41	INC DX 42	INC BX 43	INC SP 44	INC BP 45	INC SI 46	INC DI 47	DEC AX 48	DEC CX 49	DEC DX 4A	DEC BX 4B	DEC SP 4C	DEC BP 4D	DEC SI 4E	DEC DI 4F
5	PUSH AX 50	PUSH CX 51	PUSH DX 52	PUSH BX 53	PUSH SP 54	PUSH BP 55	PUSH SI 56	PUSH DI 57	POP AX 58	POP CX 59	POP DX 5A	POP BX 5B	POP SP 5C	POP BP 5D	POP SI 5E	POP DI 5F
6	60	61	62	63	64	65	66	67	68	69	6A	69	6C	6E	6F	
7	JO 70	JNO 71	JB/JNAE 72	JNB/JAE 73	JZ/JE 74	JNZ/JNE 75	JBE/JNA 76	JA/JNBE 77	JS 78	JNS 79	JP/JPF 7A	JNP/JP0 7B	JL/JNGE 7C	JNL/JGE 7D	JLE/JNG 7E	JNLE/JG 7F
8	\<ari\> b i,r/m 80	\<ari\> w i,r/m 81	82	83	TEST b,r/m 84	TEST w,r/m 85	XCHG b,r/m 86	XCHG w,r/m 87	MOV b f,r/m 88	MOV w f,r/m 89	MOV b t,r/m 8A	MOV w t,r/m 8B	MOVsr t,r/m 8C	LEA 8D	MOVsr f,r/m 8E	POP r/m 8F
9	NOP 90	XCHG AX CX 91	XCHG AX DX 92	XCHG AX BX 93	XCHG AX SP 94	XCHG AX BP 95	XCHG AX SI 96	XCHG AX DI 97	CBW 98	CWD 99	CALL 1,d 9A	WAIT 9B	PUSHF 9C	POPF 9D	SAHF 9E	LAHF 9F
A	MOV m→AL A0	MOV M→AX A1	MOV AL→m A2	MOV AX→m A3	MOVSB A4	MOVSW A5	CMPSB A6	CMPSW A7	TEST b w,i,AL A8	TEST w w,i,AL A9	STOSB AL AA	STOSW AX AB	LODSW AL AC	LODSBW AC AD	SCASB AE AE	SCASW AF AF
B	MOV i→AL B0	MOV i→CL B1	MOV i→DL B2	MOV i→BL B3	MOV i→AH B4	MOV i→CH B5	MOV i→DH B6	MOV i→BH B7	MOV i→AX B8	MOV i→CX B9	MOV i→DX BA	MOV i→BX BB	MOV i→SP BC	MOV i→BP BD	MOV i→SI BE	MOV i→DI BF
C	C0	C1	RET n (i+SP) C2	RET C3	LES C4	LDS C5	MOV b i,r/m C6	MOV w i,r/m C7	C8	C9	RETF n 1,i+SP CA	RETF 1 CB	INT type3 CC	INT (any) CD	INTO CE	IRET CF
D	shift b D0	shift w D1	shift b.v D2	shift b.v D3	AAM D4	AAD D5	D6	XLAT D7	ESC 0 D8	ESC 1 D9	ESC 2 DA	ESC 3 DB	ESC 4 DC	ESC 5 DD	ESC 6 DE	ESC 7 DF
E	LOOPNZ LOOPNE E0	LOOPNZ LOOPNE E1	LOOP E2	JCXZ E3	IN AL,b.i E4	IN AX,w.i E5	OUT b.i,AL E6	OUT w.i,AX E7	CALL d E8	JMP d E9	JMP 1.d EA	JMP si.d EB	IN AL,DX EC	IN AL,DX ED	OUT DX,AL EE	OUT DX,AX EF
F	LOCK: F0	F1	REP F2	REPZ F3	HLT F4	CMC F5	F6	F7	CLC F8	STC F9	CLI FA	STI FB	CLD FC	STD FD	FE	FF

b=字节操作　　　　w=字操作　　　　f=来自CPU寄存器　　t=送到CPU寄存器　　ia=立即数送累加器
r/m=寄存器或内存　　　　i=立即数　　　　m=内存　　　　v=可变
d=直接　　id=间接　　sr=段寄存器　　si=短段内转移　　l=长段间转移
\<ari\>直立即数加r/m, 通过指令第二字节的REG三位编码区别ADD/OR/ADC/SBB/AND/SUB/XOR/CMP
shift移位操作, 通过指令第2字节的REG三位编码区别ROL/ROR/RCL/SHL,SAL/SHR/-/SAR

图 1.14　Intel 8086 指令系统编码表

Intel CPU 资料小卡片

Intel 处理器体系的产生是一个长期的、不断进化的发展过程。以下我们就从历史的观点，以所含晶体管数量为主要指标，回顾一下它们的进化过程。

8086：1979 年，29 000 个晶体管。它是第一代 16 位微处理器芯片。8088 是 8086 加上 8 位外部总线，构成 IBM PC 的心脏。IBM 与当时规模还很小的微软签订合同，在第一代芯片上开发了 MS-DOS 操作系统。当时的机器只有 64 KB 地址空间，地址只有 20 位，最大寻址空间为 1 MB。

80286：1982 年，134 000 个晶体管。增加了更多的寻址模式，构成了 IBM-AT 机基础，是 Windows 最初使用的平台，当时的 Windows 版本为 3.0 和 3.1。

I386：1985 年，275 000 个晶体管。将体系结构扩展到 32 位。增加了平面寻址模式，Linux 和 Windows 操作系统都是使用这种模式。

I486：1989 年，1.9×10^6 个晶体管。改善了 I386 的性能，集成了浮点单元，但未改变指令集。

Pentium：1992 年，3.1×10^6 个晶体管。改善了性能，对指令集进行了小的扩展。

Pentium Pro：1995 年，6.5×10^6 个晶体管。引进了全新的处理器设计，在内部使用了被称为 P6 微体系的结构，指令集增加了一类"条件传送（conditional move）"指令。

Pentium MMX：1997 年，4.5×10^6 个晶体管。在 Pentium 中增加了处理整数向量的新指令。

Pentium Ⅱ：1997 年，7×10^6 个晶体管。通过在 P6 中实现 MMX 指令，统一了 Pentium Pro 和 Pentium MMX。

Pentium Ⅲ：1999 年，8.2×10^6 个晶体管。引入了一类处理整数或浮点数向量的指令，在芯片上包括了二级高速缓存；这种芯片后来的版本最多曾使用了 2.4×10^7 个晶体管。

Pentium 4：2001 年，4.2×10^7 个晶体管。在向量指令中增加了 8 B 整数和浮点格式，以及针对这些格式的新指令。在编号惯例上，Intel 不再使用罗马数字。

尽管 Intel 系列微处理器总是不断地在扩展，但都保持向后兼容特性。Intel 现在称其指令集为 IA32，俗称为 X86，它是 Intel 32 位（Intel Architecture 32-bit）体系结构的简称。有几家公司生产出了与 Intel 处理器兼容的处理器，它们能够运行完全相同的机器程序。其中，领头的是 AMD 公司。AMD 的策略一直是在技术上紧跟在 Intel 后面，生产性能稍低但价格更便宜的处理器。

单核 CPU 与双核 CPU

CPU 主频提升是受限的，而且会带来高能耗、散热难度加大问题。双核处理器技术是提高处理器性能的有效方法。它是在单个处理器芯片上拥有两个功能完全相同的处理器核心，即把两个物理处理器核心整合到一个内核中。增加一个内核后，处理器每个时钟周期内可执行的指令数可增加一倍。

但多核 CPU 性能并非单核的简单叠加,还涉及多核连接通道和协作问题,即还需要有好的架构。构架合理性对处理器性能提升至关重要,这也是为什么 Intel 每隔一两年就会推出一个新构架的原因。

在 Windows 系统中,用鼠标右键单击"我的电脑",选"属性"→"硬件"→"设备管理器",单击展开"处理器"列表,出现处理器图标的个数即核数。用组合键 Ctrl+Alt+Del,调出"任务管理器",点选【性能】标签页,观察〈CPU 使用记录〉栏,栏内有几幅 CPU 性能监视图,就代表 CPU 有几个核。在 CPU 型号标识 Intel(R) Pentium Dual CPU E2140 1.60 GHz 中,Dual 代表双核,E 代表奔腾 E 系列(奔腾 D 以上 CPU 几乎都是双核)。

1.4 形成层次结构的存储设备

在处理器和一个较大较慢的设备(如主存)之间插入一个更小、更快的存储设备(如高速缓存存储器)的想法,成为一个普遍的概念。实际上,计算机系统中的存储设备都被组织成一个存储器层次结构(memory hierarchy),如图 1.15 所示。存储器分层结构的主要思想是一个层次上的存储器作为其下一个层次上存储器的高速缓存。

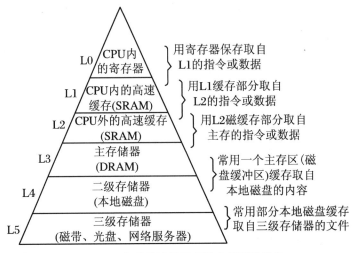

图 1.15 典型的计算机系统存储层次结构

在这个层次结构中,从上至下,存储设备变得更慢但更大,且每个字节单元的造价也更便宜。寄存器在层次结构中位于最顶部,记为 L0。CPU 内部高速缓存处在第一层,记为 L1;CPU 外高速缓存处在第二层,记为 L2;主存位于第三层,记为 L3,以此类推。

本书在第 6 章,将进一步介绍计算机系统存储设备层次结构的相关理论与知识。

1.5 利用操作系统管理计算机硬件、软件资源

1.5.1 操作系统综述

1.5.1.1 操作系统的定义

操作系统(Operating System,OS)是能有效地组织、管理计算机硬件、软件资源的计算机系统软件,它能合理组织计算机的工作流程,控制程序的执行,并能透明地向用户提供各种服务功能,使用户能够灵活、方便地使用计算机,使整个计算机系统能高效地运行。

可把操作系统看成是应用软件和硬件之间插入的一层软件。这层软件极大地简化了应用程序开发的难度,也方便了用户使用,同时也扩展了计算机的功能。图 1.16 给出了这种计算机系统的分层结构。

装有操作系统的计算机极大地扩展了原有计算机的功能。它把各种硬件、复杂底层操作细节隐藏起来,使得用户的操作和使用,由复杂变得简单,由低级操作变为高级操作,把基本功能扩展为多种功能。因此,在裸机上安装操作系统后,对用户来说好像是得到了一个扩展的、使用更方便的计算机。

1.5.1.2 操作系统的主要功能

1. 处理机管理

主要任务是对 CPU 分配和程序运行进行管理。在多道程序环境下,处理机运行和分配是以进程作为基本单位的,故也称为进程管理,具体包括进程控制、同步、通信和调度等。

2. 存储管理

主要任务是对内存进行分配、保护和扩充,实现逻辑地址到物理地址的转换等。

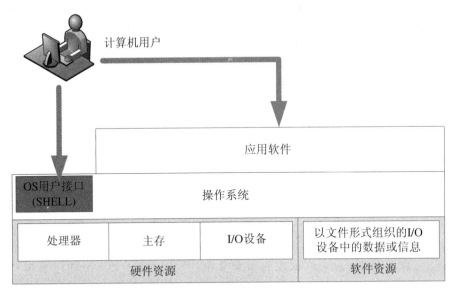

图 1.16　计算机系统的分层视图

3．设备管理

主要任务是对系统内的设备进行管理,包括实现设备使用的分配、回收、共享和传输控制等。

4．文件管理

主要任务是有效支持文件的存储、检索和修改等操作,并解决文件的共享、保护等问题。

5．用户接口

主要任务是向用户提供命令接口和向高层应用提供程序接口。

1.5.1.3　操作系统的作用

操作系统的基本作用归纳如下:

- 作为计算机系统资源的管理者;
- 作为用户与计算机硬件系统之间的接口;
- 用作扩充计算机硬件系统。

1.5.1.4　操作系统的质量需求

操作系统一般采用基于特权级保护的、层次化结构模型实现,其实现的基本目标(质量模型)是:

- 方便性(方便、易学、易用);

- 有效性（能有效利用和管理各类系统核心资源，提高系统的利用率和吞吐率）；
- 可扩充性（可修改性、可扩展性好）；
- 开放性（移植性、互操作性好）。

1.5.1.5 操作系统的基本特征

操作系统具有四个基本特征：

1. 并发性

指在单处理机、多任务环境下，宏观上在一段时间内，有多道程序同时被执行，但微观上这些程序实际是被交替执行的。

2. 共享性

指计算机系统中的硬件和软件不再被某个程序独占，而是由多个并发程序共享。

并发和共享是操作系统的两个基本特征，它们之间互为条件。一方面，资源共享是以程序并发执行为条件的；另一方面，若系统不能对资源共享实施有效管理，也无法实现真正的并发。

3. 虚拟性

指通过某种技术把一个物理上的实体变为若干个用户可感觉的逻辑物体，例如，一台物理打印机实现网络共享后，可以让网络上的计算机都"感觉"连有打印机。在多任务环境下，每道并发程序都可认为自己拥有一个独立的虚拟CPU。操作系统存储管理还可以把部分外存虚拟为内存。

4. 不确定性

在多道程序并发执行环境下，每道程序被执行的时间是不确定的；如果相互间有资源共享，尤其是数据共享，还会对彼此的执行结果造成影响，即执行结果也可能是不确定的。

1.5.1.6 操作系统分类

按操作系统的功能特点，早期通常将操作系统分为三种基本类型，即批处理操作系统、分时操作系统和实时操作系统。随着计算机系统的发展，又出现了多种其他操作系统，如个人计算机操作系统、嵌入式操作系统、网络操作系统、分布式操作系统和多处理器操作系统。

1. 批处理操作系统

在操作系统问世之前，人们曾使用手工操作方式来使用计算机：由操作员将程序及数据翻译成穿孔纸带，并用纸带机送入计算机；接着，通过控制台开关启动程序运行；当程序执行完毕后，取走纸带格式表示的计算结果。这种方式中，CPU需要等待人工操作,资源利用率极低。

后来,通过配置可脱离主机独立工作的外围机,与纸带机或磁带等慢速输入/输出设备(I/O设备)打交道,并将结果存入可相对快速存取的I/O设备(磁盘)中,在磁盘中形成批量待处理的作业队列,即采用如图1.17所示的假脱机I/O技术;再由运行在主存中的一个监督程序负责将磁盘中的批量作业依次载入主机运行,由此形成了早期的批处理操作系统。它具有自动性、顺序性和单道性特征。

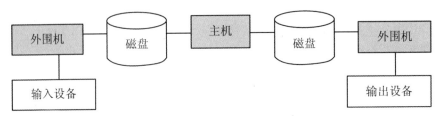

图1.17 假脱机输入/输出技术

在批处理操作系统中,进一步引入多道程序设计技术就形成了多道批处理操作系统:内存中可同时运行多道作业,而且操作系统可以按一定算法从存放在磁盘的后备作业队列中,选择调入其中某道作业运行。其主要特征是:用户脱机使用计算机;批量处理作业;允许多道程序运行。

2. 分时操作系统

在分时操作系统中,一台计算机与多台终端设备相连。主机通过分时技术,即将处理机的运行时间分成短时间片,并以轮转方式把时间片分配给各终端用户使用;每个终端上配备的连接主机多路卡,提供了暂存用户命令的缓冲区。当时间片很短、用户数不是很大,且用户输入不是很快(命令缓冲不溢出)时,用户会感觉到似乎只有自己在独立使用主机。

简单分时操作系统只有一个作业队列,而具有"前台"和"后台"的分时系统则具有两个作业队列:前台作业的轮转时间片较短,后台作业的轮转时间片较长,只有前台作业队列为空时,才会轮转运行后台队列中的作业。通常把一些计算量大、不太紧迫,且无需交互的作业设为后台作业运行。

分时操作系统要解决的关键问题是:① 能及时接受、及时响应处理各终端用户命令;② 引入多路卡将终端连接到主机,并缓存用户暂未被处理的命令。

分时操作系统的主要特征为多路性、独立性和交互性。

3. 实时操作系统

实时操作系统是随着计算机用于实时控制、实时信息处理领域而发展起来的一种操作系统。它对可靠性和响应时间的要求比分时系统高,不仅要求运行更可靠,而且要在规定的截止时间内完成响应,并能在规定截止时间内处理完规定的事务。

实时操作系统除了具有分时操作系统的特征外,还具有及时性和可靠性特征。

4. 通用操作系统

如果一个操作系统兼有批处理、分时和实时操作系统三者或其中两者功能,就可称为通用操作系统。

5. 网络操作系统

计算机网络中,各台计算机配置各自的操作系统,而网络操作系统把它们有机联系起来,用统一的方法管理整个网络中的共享资源。网络操作系统除了具备单机操作系统功能外,还应具备网络通信能力和网络服务能力。网络用户只有通过网络操作系统才能享受网络所提供的各项服务。

6. 当代操作系统的发展方向

(1) 微型化方向　典型代表:嵌入式操作系统,运行在嵌入式环境中。

(2) 大型化方向　典型代表:分布式操作系统和机群操作系统 。

分布式并行机,由多个连接的 CPU 组成,在整个分布式操作系统的控制下可合作执行一个共同任务;机群操作系统则用于由多台计算机松散组成的机群。

当今的云计算体系,本质上,也可视为一种利用互联网提供弹性、按需共享资源服务的计算模式或超级操作系统。计算机资源池化、弹性服务、按需服务是云计算的重要表现形式。

1.5.2　操作系统抽象

操作系统有两个主要的用途:① 防止硬件被失控的应用程序滥用;② 在控制复杂而又通常不同的低级硬件设备方面,为应用程序提供简单一致的使用方法。

操作系统通过文件、虚拟存储器和进程这三个基本且核心的概念,实现了这两个用途。文件是对 I/O 设备的抽象表示;虚拟存储器是对主存、磁盘等存储设备的抽象表示;而进程则是对运行中程序使用处理器、主存和各类 I/O 设备的抽象表示。图 1.18 给出了操作系统提供的这种抽象表示。

1.5.2.1　进程

应用程序在现代操作系统上运行时,操作系统会提供一种假象:好像系统中只有这个程序在单独运行。程序看上去似乎在独占地使用处理机、主存和 I/O 设备,而处理器看上去就像在不间断地、一条接一条地执行程序中的指令。这些假象是通过进程的概念来实现的。

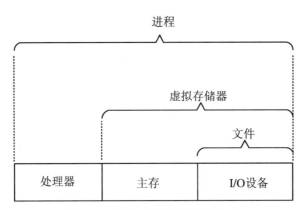

图 1.18 操作系统提供的抽象表示

进程是操作系统对运行程序的一种抽象。在一个系统上可以同时运行多个进程,而每个进程都好像在独占地使用硬件。我们称这种运行方式为并发运行,但实际上是一个进程的指令与另一个进程的指令交错执行的。操作系统实现这种交错执行的机制称为"上下文切换(context switching)"。

操作系统保存进程运行所需的所有状态信息——上下文。在任何时刻,单 CPU 系统中都只有一个进程正在运行。当操作系统决定从当前进程转移控制到另一个进程时,就要进行上下文切换,即保存当前进程的上下文,恢复新进程的上下文,然后将控制权转移到新进程。新进程就会从它上次停止的地方开始,如果中间停止运行的时间很短,用户可能就感觉不到。实现这个抽象概念需要硬件和操作系统紧密配合。我们将在第 3 章进一步揭示这方面的知识。

尽管我们通常认为一个进程只有一个控制流,但在现代操作系统中,一个进程实际上可以由多个称为线程的执行控制单元组成,每个线程都运行在进程的上下文中,并共享同样的代码和全局数据。线程现已成为越来越重要的编程模型,因为多线程之间比多进程之间更容易共享数据,控制切换更简单、更快,因而更高效。

进程抽象的概念还暗示着不同进程的交替执行,不仅打乱了时间的概念,使得程序员很难获得运行时间的准确和可重复测量,而且因资源共享还会导致并发进程间复杂的竞争和制约关系。第 4 章、第 5 章将讨论现代操作系统的进程调度、同步和通信等相关问题,并介绍相关知识。

1.5.2.2 文件

文件只不过是一个字节序列。每个 I/O 设备,包括磁盘、键盘、显示器,甚至网络,都可以看成文件。系统中所有输入输出都可通过调用操作系统底层的一组读写文件系统函数来实现。

文件这个简单而精致的概念是非常强大的,因为它使得应用程序能够统一地看待系统中各种各样的I/O设备。例如,处理磁盘文件内容的应用程序员可以非常幸福地无需了解磁盘技术。

1.5.2.3 虚拟存储器

虚拟存储器也是一个抽象概念,它为每个进程提供了一个假象,好像每个进程都在独占地使用全部主存。每个进程看到的存储器都是一致的,称之为虚拟地址空间。

虚拟存储器的运作同样需要硬件和操作系统软件间的密切合作,包括对处理器生成每个地址的硬件翻译。基本思想是把一个进程虚拟存储器的部分内容存储在磁盘上,然后用主存作为磁盘的高速缓存。

1.5.2.4 小结

图1.19给出了从设计者角度观察操作系统的抽象计算模型。该模型不仅表明了操作系统的四大主要功能之间的关系,即进程管理、存储管理、设备管理和文件管理,而且进一步描述了进程管理器的内部结构与组成。

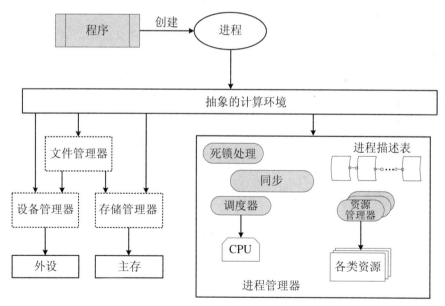

图1.19 从设计者角度观察的操作系统抽象计算模型

本质上,操作系统内核可借用一个称为"进程描述符"的内核数据结构描述每一道运行中程序的完整状态;内存中所有"进程描述符"集合构成了"进程描述表"。

进程管理器可理解为创建/使用进程描述符的一组算法实现。操作系统内核通过记录和跟踪保存在进程描述符中的进程状态信息,来控制进程的一切运行行为。进程管理器还通过调度器调度分配 CPU,通过一组资源管理器来管理各类资源,基于一定的策略算法确定 CPU 和其他系统资源的使用方式。

通过四大功能管理器,操作系统给用户或高层应用提供了一个屏蔽了底层计算机硬件的抽象计算环境。

习　　题

选择题

1. 需要操作系统管理的计算机的三类基本硬件是(　　)。
   A. CPU、内存和外存　　　　　　　B. CPU、寄存器和内存
   C. CPU、内存和 I/O 设备　　　　　D. 内存、外存和 I/O 设备
2. 操作系统给程序员的接口是(　　)。
   A. 进程　　　　　　　　　　　　　B. 库函数
   C. 系统调用　　　　　　　　　　　D. B 和 C
3. 实时操作系统必须在(　　)内处理完来自外部的事件。
   A. 响应时间　　　　　　　　　　　B. 周转时间
   C. 规定时间　　　　　　　　　　　D. 依次在不同时间间隔内
4. 允许多个用户以交互方式使用计算机的操作系统称为(　　);允许多个用户将多个作业提交给计算机集中处理的操作系统称为(　　);计算机系统能及时响应处理外部事件的操作系统称为(　　)。
   A. 批处理操作系统　　　　　　　　B. 多处理机操作系统
   C. 网络操作系统　　　　　　　　　D. 分时操作系统
   E. 实时操作系统
5. 实时操作系统的主要特征是(　　)。
   A. 多路性　　　　　　　　　　　　B. 独立性
   C. 交互性　　　　　　　　　　　　D. 及时性
   E. 可靠性　　　　　　　　　　　　F. 以上所有特征
6. 操作系统的主要特征是(　　)。
   A. 并发性　　　　B. 共享性　　　　C. 虚拟性
   D. 不确定性　　　E. 以上所有特征

简答题

1. 请简要描述操作系统的定义。

2. 请描述操作系统的基本功能需求和质量需求。
3. 请描述操作系统在计算机系统中的地位。
4. 为什么说装有操作系统的计算机极大地扩展了计算机(硬件)的原有功能？
5. 什么是多道程序设计技术？其特点是什么？

上 机 实 践

1. 在 Windows 环境下，安装虚拟机 VirtualBox，然后在 VirtualBox 虚拟机中安装一套 32 位的 Linux 操作系统。装好并联网后，以 root 身份，用以下两条命令安装 C 语言和 NASM 编程环境。

$＞yum install gcc；

$＞yum install nasm；

2. 分别用用户态和内核态的 Hello 小程序，测试 C、NASM 编程环境。

第 2 章 程序的机器层级表示

用高级语言如 C 语言编程时,程序的机器级工作细节被屏蔽了。在大多数时候,在高级语言所提供的较高抽象层上设计程序,工作起来会更高效、更可靠,一致性也更好。编译器提供的类型检查能帮助程序员发现大部分的错误,并能保证程序按更一致的方式来引用数据。利用现代优化编译器,产生的代码通常比一个熟练的汇编程序员手工编写的代码更有效。

汇编代码非常接近于机器码。与机器码相比,汇编代码的主要特点是采用更易读的文本格式。在用汇编代码编写程序时,程序员必须明确指定管理存储器和用来执行计算的低级指令,必须熟悉机器层级工作细节。同时,汇编代码是与特定机器密切相关的,可移植性较差。

尽管如此,能阅读和理解汇编代码仍是程序员的一项重要技能。在编译 C 源代码时带上适当的选项,编译器会产生一个汇编代码文件。理解 C 源代码与汇编码的对应关系通常不太容易,这是一个逆向系统工程。但了解细节往往是更深入理解概念原理的先决条件。通过阅读一些 C 语言程序对应的汇编代码,能帮助我们更好地理解计算机系统的工作原理和操作系统底层的实现机制。

2.1 程序汇编与机器编码

假设我们写一个有两个源文件 P1.C、P2.C 的 C 程序,然后用 UNIX 的 GNU C 编译器编译:

$$\$> \text{gcc -O2 -o p p1.c p2.c}$$

编译选项-O2 指示使用二级优化,级别提高会使最终代码运行更快,但编译时间会更慢,调试也更不方便。选项-o 指示将生成的可执行文件命名为 p。

GCC 是个混合编译器,它通过组合调用多个子工具来完成各阶段的处理工作。它首先会调用 C 预处理器(CPP),插入所有 #include 命令指定的文件,并扩展所有的宏,产生 ASCII 码中间文件(本例为 p1.i 和 p2.i);接着,运行 C 编译器(CCL),将 ASCII 码中间文件翻译成汇编源代码文件(p1.s 和 p2.s)。接下来,GCC 调用汇编器(AS),将汇编代码转化为二进制目标文件(p1.o 和 p2.o)。最后,GCC 调用链接器(LD)将两个目标文件与标准 UNIX 库函数的代码合并,并产生最终的可执行文件(p)。

也可在命令行上使用"-S"选项,控制只生成汇编代码文件 code.s。比如:
$> gcc -O2 -S code.c

> GNU 汇编程序(GNU Assembly,GAS)采用 AT&T 语法,这与 Intel 的汇编语言语法稍有不同:GAS 操作符都加了后缀字母,在寄存器前加前缀符%,在立即数前加前缀符$,用圆括号表达内存单元偏移量(而 Intel 中用方括号);另外,GAS 与Intel汇编的操作数方向正好相反,GAS 中源操作数在前,目的操作数在后。
>
> 例如,GAS 中的语句 movl $0xffff,%ebx 和 movl 5(%ebx),%eax,对应的 Intel 语句分别是 mov ebx,0ffffh 和 mov eax,[ebx+5]。

2.1.1 机器代码

汇编代码非常接近机器代码,它本质上是机器代码的可读性文本化。理解汇编代码以及它如何与 C 代码对应,是理解计算机如何执行程序的关键。从汇编程序员的视角看机器工作方式,要点如下:

- 程序计数器(PC),即指令指针(EIP),表示将要执行的下一条指令在存储器中的地址。
- 整数寄存器堆,含 8 个被赋予不同名字的通用寄存器,被用来临时存储一些 32 位的地址或整型数据。
- 条件码寄存器,保存最近执行的算术指令状态信息。它们被用来实现控制流的条件转移。
- 浮点寄存器堆,也包含 8 个不同单元,用来存放浮点数据,协助浮点处理器处理浮点数据。

虽然在 C 提供的编程模型中,允许在存储器中声明和分配各种数据类型对象,但是汇编代码只是简单地将存储器看成一个很大的、按字节寻址的数组,其中,包含程序的目标代码、操作系统需要的一些信息、用来管理过程调用及其返回的运行时栈，以及用户调用 malloc 函数时分配的存储器堆。

程序存储器空间是用虚拟地址来寻址的。在任意给定的时刻，只有有限的一部分虚拟地址是合法的。虽然 IA32 的 32 位地址可以寻址 4 GB 的地址范围，但是一个通常的程序只会访问几兆字节。操作系统负责管理虚拟地址空间，将虚拟地址转换成对应实际存储器中的物理地址。

一条机器指令只执行非常基本的操作。例如，将两个存放在寄存器中的数相加，在指定的存储器单元和寄存器之间传送数据，或是条件转移到新的指令地址。

表 2.1 给出了一个简单的 C 代码示例片段及其对应的汇编代码。表中汇编代码文件除了标号行 sum：，其他每行都表示一条指令。pushl 指令表示将寄存器 %ebp 内容压入栈中。如果使用"-c"命令选项，GCC 会编译汇编 C 源文件，产生二进制格式的目标代码 code.o，它对应如下 19 B 的十六进制表示序列：

55 89 e5 8b 45 0c 03 45 08 01 05 00 00 00 00 89 ec 5d c3

从中我们可看到，机器实际执行的程序，只是一系列对指令进行编码的字节序列，对源代码一无所知。

表 2.1　一个简单的 C 代码示例片段及其对应的汇编代码

C 代码文件 code.c	汇编代码文件 code.o

int accum = 0;
int sum(int x, int y) {
　　int t = x + y;
　　accum + = t;
　　return t;
}
	sum：
	　pushl %ebp　　　　//压栈
	　movl %esp, %ebp　　//-->
	　movl 12(%ebp), %eax
	　addl 8(%ebp), %eax
	　addl %eax, accum
	　movl %ebp, %esp
	　popl %ebp
	　ret

在 Linux 中，用反汇编程序 objdump，加上"-d"选项，反汇编 code.o：

$$>objdump\ \text{-}d\ code.o$$

可得到如下的反汇编结果：

Disassemble of function sum in file code.o

1　　00000000　〈sum〉

　　offset Bytes　　　　　　　Equivalent assembly language

2　　0：　　55　　　　　　　push %ebp

3	1:	89 e5	mov %esp, %ebp
4	3:	8b 45 0c	mov 0xc(%ebp), %eax
5	6:	03 45 08	add 0x8(%ebp), %eax
6	9:	01 05 00 00 00 00	add %eax, accum
7	f:	89 ec	mov %ebp, %esp
8	11:	5d	pop %ebp
9	12:	c3	ret
10	13:	90	nop

反汇编后,机器指令程序块被分成了一些指令组,每组 1～6 B。IA32 指令长度从 1 B 到 15 B 不等。objdump 反汇编的指令命名规则与 GAS 使用的语法有细微差别,如省略了很多指令名结尾的"l"。

生成实际可执行的代码需要对一组目标文件运行链接器,且这组目标代码文件中必须要含有一个 main 函数。假设在 main.c 文件中含有下列函数:

```
int main( ){
    return sum(1, 3);
}
```

然后,我们再用如下命令生成可执行文件:

unix> gcc -O2 -o prog code.o main.c

命令执行后,产生的可执行文件 prog 变成了 11 667 B。它不仅包含以上两个过程的代码,还包含了用来启动和终止程序的信息,以及用来与操作系统交互的信息。同样,我们也可以反汇编 prog 文件:

unix $ > objdump -d prog

反汇编会产生更多的代码序列,其中,与原先 code.o 反汇编对应的那段码如下:

Disassemble of function sum in fileprog

1	080483b4	〈sum〉:		
2	080483b4:	55	push	%ebp
3	080483b5:	89 e5	mov	%esp, %ebp
4	080483b7:	8b 45 0c	mov	0xc(%ebp), %eax
5:	080483ba	03 45 08	add	0x8(%ebp), %eax
6:	080483bd	01 05 00 00 00 00	add	%eax, 0x8049464
7:	080483c3	89 ec	mov	%ebp, %esp
8:	080483c5	5d	pop	%ebp
9:	080483c6	c3	ret	
10:	080483c7	90	nop	

这段汇编代码与原 code.o 反汇编码的主要区别是：① 左边列出的地址不同，链接器将代码段地址移到一段不同的地址范围；② 链接器终于确定了存储全局变量 accum 的地址。

2.1.2 指令与数据格式

Intel 用术语"字（word）"表示 16 位数据类型，用"双字（double word）"表示 32 位数据类型，用"四字（quad word）"表示 64 位数据类型。

表 2.2 给出了对应 C 基本数据类型的机器表示。大多数常用数据类型都是作为双字存储的。浮点数有三种形式：4 B 单精度（对应 C 的 float）、8 B 双精度（对应 C 的 double）和扩展双精度（10 或 12 B）。

表 2.2 标准数据类型及其大小

C 声明	Intel 数据类型	GAS 后缀	长度（B）
char	字节	b	1
short	字	w	2
int	双字	l	4
unsigned	双字	l	4
long int	双字	l	4
unsigned long	双字	l	4
char *	双字	l	4
float	单精度	s	4
double	双精度	l	8
long double	扩展双精度	t	10/12

GAS 中的每个操作指令名都有一个字符后缀，表示操作数的大小。例如，mov 指令有三种形式：movb（传送字节）、movw（传送字）和 movl（传送双字）。值得注意的是，这里操作数都是指整数，不要与浮点数混淆。浮点数使用的是一组完全不同的指令和寄存器。

2.1.3 访问信息

2.1.3.1 使用寄存器

图 2.1 显示了 IA32 CPU 中包含八个 32 位寄存器的通用寄存器组。在最初的 8086 中，寄存器是 16 位的，每个都有特殊的用途。通过不同命名反映其用途。

在平面寻址中,对特殊寄存器的需求已大大降低。前六个寄存器都可以看作通用寄存器,在大多数情况下,对它们的使用没有限制。另外,在过程/函数处理中,对前三个寄存器(%eax、%ecx、%edx)的保存和恢复约定习惯,不同于接下来的三个寄存器(%ebx、%edi、%esi)。被作为保存程序栈位置指针的最后两个寄存器(%ebp和%esp),必须根据栈管理规范来修改。

对前四个寄存器,字节操作指令可以独立地读/写低位字节,而不会影响余下的3 B。而对所有八个寄存器,字操作指令可以独立地读/写低 16 位字。

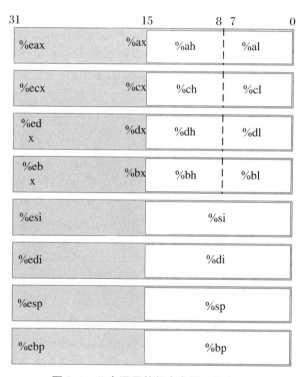

图 2.1 八个通用整数寄存器及其命名

2.1.3.2 操作数指示符

大多数指令有一个或多个操作数(operand),指示执行一次操作中要引用的源数据值,或放置结果的目的位置。IA32 支持多种操作数格式。源数据值可以是常数形式,也可以是从存储器或寄存器中读出的值。

第一种操作数类型是立即(immediate)数,即常数。在 GAS 中,采用标准 C 的表示方法。立即数的书写方式是"$"后面跟一个整数,比如 $-577 或 $0x1F。任何 32 位的字都可以用作立即数,不过汇编器在可能时会使用 1 或 2 B 的编码。

第二种类型是寄存器内容,可以是八个 32 位寄存器中的任何一个,如%eax(字节操作用%al,字操作用%ax)。若用 Ea 表示寄存器,则 R[Ea]表示它的值。

第三种类型是寄存器引用,它会根据计算出的地址,通常称为有效地址,访问某个存储器位置。因为存储器可看成一个很大的字节数组,一般用 M_b[Addr]表示从存储器地址 Addr 开始的 b B(字节)的引用。如表 2.3 所示,有多种不同的寻址模式,允许不同形式的存储器引用方式。其中,Imm(E_b,E_i,E_s)是最通用的引用形式,含四个部分:立即数偏移 Imm、基址寄存器 E_b、变址或索引寄存器 E_i、伸缩因子 s。这里,s 必须是 1、2、4 或 8,有效地址计算为 Imm + R[E_b] + R[E_i]×s。引用数组元素时,会用到这种通用形式。其他形式都是通用形式的特殊情况,省略了某些部分。

表 2.3 寻址与操作数格式

寻址名称	格式	操作数
立即数	Imm	M[Imm]
寄存器(直接)		R[Ea] 寄存器 Ea 的内容
寄存器(间接)	(Ea)	M[R[Ea]]
伸缩比的变址寻址	Imm(E_b,E_i,s)	M[Imm + R[E_b] + s * R[E_i]]
变址寻址	Imm(E_b,E_i)	M[Imm + R[E_b] + R[E_i]]
基址偏移寻址	Imm(E_b)	M[Imm + R[E_b]]

2.1.4 数据传送指令

最频繁使用的指令是数据传送指令。其中,最常用的是传送双字指令 movl S,D。源操作数 S 指定一个值,它可以是立即数,也可以是存在寄存器或存放在存储器中的数。目的操作数 D 的指定也类似。但 IA32 加了一个限制,不允许两个操作数都指向存储器位置。movb 只传送 1 B,movw 传送 2 B。

movzbl S_8,D 传送零扩展的字节,把 8 位源操作数 S_8 传送到目的操作数 D 的低字节,D 的另外 3 B 清零。movsbl S_8,D 类似,但把 D 的另外 3 B 中的位全置为 1。

pushl 和 popl 用来把数据压入栈和从栈中弹出数据。它们只有一个操作数。程序栈存放在存储器的某个区域。栈向下增长,栈顶元素的地址是所有栈中元素地址最低的,栈指针%esp 保存着栈顶元素的地址,将一个双字压入栈中,首先要将栈指针减 4,然后将值写到新的栈顶地址。因此,指令 pushl %eax 的行为等价于下面两条指令:

subl $4,%esp
movl %eax,(%esp)

而 pop %eax 弹出一个双字等价于下面的两条指令:

movl (%esp),%eax
addl $4,%esp

2.2 算术和逻辑操作

加载有效地址指令 leal 实际上是 movl 指令的变形。它的第一个操作数看似引用了寄存器,但并不是从寄存器读入内容值,而是将该内容值作为地址写入目的寄存器。例如,若寄存器%edx 的值为 x,那么指令 leal 7(%edx,%edx,4),%eax 将设置寄存器%eax 的值为 5x+7(而这个值是一个地址)。表 2.4 给出了整数算术操作、逻辑操作相关的各类基本指令。

表 2.4 整数算术与逻辑操作

类型	指令格式	效果	描述
加载有效地址	leal S, Ea	&S --> Ea	load effective address
一元操作	incl D decl D negl D notl D	D+1 --> D D-1 --> D -D --> D ~D --> D	加1 减1 取负 取反

二元操作	addl S,D
	subl S,D
	imull S,D
	xorl S,D
	orl S,D
	andl S,D
		D+S -> D
		D-S -> D
		D*S -> D
		D^S -> D
		D|S -> D
		D&S -> D
			加
			减
			乘
			异或
			或
			与

移位操作	sall k,D shll k,D sarl k,D shrl k,D	D<<k -->D D<<k -->D D>>k -->D D>>k -->D	算术左移 逻辑左移 算术右移 逻辑右移

2.3 控 制

程序执行的一个重要部分是控制被执行的顺序。默认的方式是顺序的控制流。但高级语言提供的程序结构,如分支选择、循环,允许程序语句按非顺序方式执行;汇编或机器语言也提供了实现非顺序控制流的低层次机制。以下简要分析这方面的机制。

2.3.1 条件码

除了整数寄存器,CPU 还有一个标志寄存器%EIF,这个寄存器是由一组可独立进行位操作的位寄存器构成的。对这些位寄存器的检测,可形成不同的条件码,以支持机器底层非顺序控制流的实现。最有用的条件码位是:

CF:进位标志。最近的指令操作执行,使操作数产生进位。

ZF:零标志。最近的操作运算得到的结果为零。

SF:符号标志。最近的操作运算得到的结果为负数。

OF:溢出标志。最近的操作导致一个二进制补码溢出(正溢出或负溢出)。

其他算术运算指令,或逻辑运算(not、and、or、左移、右移)都可能会影响条件码之一,甚至多个。例如 xorl,因为肯定不会进位或溢出,CF、ZF 会被置 0。

Leal 指令不改变任何条件码,因为它是用来做地址运算的,算出并存入目的寄存器的是一个地址编号值,而不是真正的数值。

cmpb、cmpw、cmpl 根据两个操作数之差的结果 {0,>0,或<0},设置条件码。

testb、testw、testl 根据两个操作数的与(AND),检测{0,>0,或<0},设置条件码。

2.3.2 应用条件码

两种最常用的方法如下:

(1) 根据条件码,利用带条件的 set 指令,设置一个整型寄存器。

例如,实现"If (a<b) a = 0x00,00,00,FF; else a = 0;"的机器码如下:

;a→%eax,b→%edx

cmpl %edx,%eax

setl %al

movzbl %al,%eax　　;保持%eal,清零3个高位字节

　　setl指令的其他变种有:sete、setne、setae、setnb等。

　　(2) 执行条件分支指令。

　　利用各类诸如jnz、je、jz、ja、jae、jle等有条件跳转指令,根据条件码直接跳转到指令后标号(label)所指的新位置。

　　在正常情况下,指令按存储先后位置一条一条顺序地执行。但跳转指令会导致执行跳转到另一个位置。跳转的新位置通常用一个标号来指明。除了各种有条件跳转指令,还有一种有点特殊的无条件跳转执行jmp,它不根据任何条件码,但跳转有两种形式:

　　直接跳转:jmp〈label〉;

　　间接跳转:jmp(〈地址〉),如 jmp(%eax),从寄存器中读出地址作为跳转目标。

　　应用举例:

　　　　jle　.L4

　.p2align　　　　　　　;对齐后面的指令到16倍数的整数地址编号单元

.L5:

　　　　movl %edx,%eax

　　　　sarl %1,%eax

　　　　subl %eax,&edx

　　　　testl %edx,%edx

　　　　jg　.L5

.L4

　　　　movl %edx,%eax

对.o格式的汇编产生格式,反汇编产生结果如下:

1	8	7e	11					jle	1b
2	a	8d	b6	00	00	00	00	lea	0x0(esi),%esi 在空字节单元填nop指令
3	10	89	d0					mov	%edx,%eax
4	12	c1	f8	01				sarl	%1,%eax
5	15	29	c2					subl	%eax,&edx
6	17	85	d2					testl	%edx,%edx
7	19	7f	f5					jg	10
8	1b	89	d0					movl	%edx,%eax

以下重点分析指令1和7这两个跳转指令。

第1行指令跳转目标 L4 指明为 0x1b(十进制 27),但反汇编码的目标却是 0x11(十进制 17),原因如下:启动执行一条指令之前,总是更新 PC;而执行与 PC 相关的寻址更新时,PC 值总是更新为后面那条指令的地址,跳转指令也不例外,将第1行指令的下条指令地址 0x0a 加上指令后的 0x11,就得到 0x1b。这说明跳转指令后的立即数是作为相对跳转偏移加到 PC 指针的。

类似地,第7行指令跳转目标 L5 指明为 0x10,但反汇编码的目标却是 0xf5(十进制 −11)。也可用 0xf5 + 0x1b = −11 + 27 = 16 = 0x10,正好对应标号 L5 指明的位置。

2.3.3 循环

C 语言提供了多种循环结构,即 while、for 和 do_while。汇编中没有相应的指令存在,但完全可通过条件测试和跳转组合来实现。以下用 do_while 循环计算 Fibonacci 序列中第 n 项($F_1 = 1, F_2 = 1, F_n = F_{n-1} + F_{n-2}$)的实现函数为例,说明如何用汇编条件码及转跳指令来实现循环,如表 2.5 所示。

表 2.5 循环控制的 C 语言与汇编实现示例

F_n 的 C 语言实现	循环体对应的汇编实现	

int fib_dw(int n) {
int i = 0, val = 0, nval = 1;
  do {
    int t = val + nval;
    val = nval;
    nval = t;
    i++;
  } while (i < n);
  return val;
}
	; %ebx—val; %edx—nval; %eax—t
	;传入参数 n—>%esi, 0—>%ecx
	.L6
	leal (%edx,%ebx), %eax
	movl %edx, %ebx
	movl %eax, %edx
	incl %ecx
	cmpl %esi,%ecx
	jl .L6
	……
		
		;计算 t = val + nval
		;保存 nval 到 val
		;保存 t 到 nval
		;i++

2.4 过程调用

一个过程调用包括将数据（过程参数、返回值）和控制，从代码的一部分传递到另一部分。另外，它还必须在进入时为局部变量分配空间，并在退出时释放这些空间。大多数的机器，包括IA32，只提供简单的过程调用控制转移指令（call）和从被调用过程转回的控制指令（ret）。数据传递、局部变量的分配和释放都需要通过操作程序的栈来实现。

2.4.1 栈帧结构

IA32 程序用它的栈来支持过程调用。栈用来传递过程参数，存放返回地址、保存寄存器，以供返回时恢复之用。为单个过程分配的那部分栈称为栈帧（stack frame）。图 2.2 描述了典型栈帧的通用结构。栈帧的两端是以两个指针定界的：以%ebp 作为帧指针（帧基址），%esp 作为栈（顶）指针。访问栈是基于栈指针的，当程序执行时，栈（顶）指针是可以（往低地址方向）移动的。

假设过程 P（调用者）调用过程 Q（被调用者）。Q 的传入参数放在 P 的栈帧中。另外，当 P 调用 Q 时，P 中的返回地址（当程序从 Q 返回时应该继续执行的地方）被压入栈中，形成 P 的栈帧的末尾（过程 P 的栈顶，最低地址处）。Q 的栈帧从保存的帧指针值（%ebp）开始，后面是保存的其他寄存

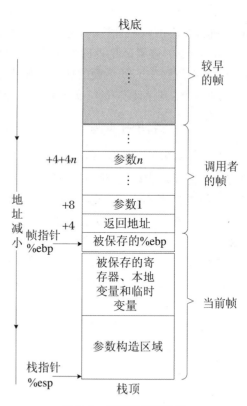

图 2.2 典型的栈帧结构

器的值。

过程 Q 也用栈来保存局部变量。这样做的原因有：
- 寄存器可能不够存放所有的变量；
- 有些局部变量是数组或结构，必须通过引用的方式来访问；
- 当对一个局部变量使用地址操作符"&"时，必须能够为它产生一个地址；
- Q 也需要用栈帧来存放它调用过程的参数。

栈指针%esp 指向当前帧的栈顶，栈顶向低地址方向增长。可以通过 pushl 和 popl 指令将数值存入栈中和从栈中取出。也可通过直接减小栈指针%esp 的值来分配没有指定初始值的数据空间，或通过%esp 值的增加来释放栈空间。

2.4.2 转移控制

call 指令有一个目标操作数，指明被调用过程的起始指令地址。同跳转指令 jmp 一样，调用可以是直接的，也可以是间接的。

call 指令的效果是将返回地址入栈，并跳转到被调用过程起始处。返回地址是紧跟着在程序中 call 后面的那条指令的地址。

ret 指令从当前栈帧的栈顶处弹出地址，并跳转到那个弹出地址所指的位置。

2.4.3 寄存器使用惯例

程序寄存器组作为一个核心系统资源，将被所有过程共享。虽然在给定时刻只有一个过程是活动的，但必须保证当一个过程（调用者）调用另一个（被调用者）时，被调用者不会覆盖某个调用者稍后会使用的寄存器值。为此，IA32 采用了一套统一的寄存器使用管理惯例，所有过程都必须遵守，包括程序库中的过程。

惯例规定：寄存器%eax、%ecx、%edx 被划分为调用者保存的寄存器（caller save），即允许被调用者随便用、随便改变值的寄存器。当过程 P 调用 Q 时，Q 可以覆盖这些寄存器，而不会破坏 P 所需要的数据；%ebp、%esp、%ebx、%esi、%edi 被划分为被调用者保存寄存器（callee save），Q 必须在覆盖它们之前，将这些寄存器保存在自己的栈帧中，并在返回时恢复它们。

另外，对于函数返回整型数，惯例约定将结果存放在%eax 中。

2.4.4 过程应用示例

C 语言代码：
int caller(){ //调用者 P

```
        int arg1 = 534;
        int arg2 = 1057;
        int sum = swap_add(&arg1 ,&arg2);
        int diff = arg1 - arg2;
        return sum * diff;
}
int swap_add(int * xp, int * yp){    //被调用者 Q
        int x = * xp;
        int y = * yp;
        * xp = y;
        * yp = x;
        return x + y;
}
```

caller 的栈帧包括局部变量 arg1 和 arg2 的存储,其位置相对于帧指针是 -4 和 -8,这两个变量必须存在栈中,因为必须为它们产生地址。

```
leal -8(%ebp), %eax       ;计算 arg2 的地址 & arg2,保存在 %eax 中
pushl %eax                ;& arg2 压栈
leal -4(%ebp), %eax
pushl %eax                ;& arg1 压栈
call swap_add             ;导致下条指令地址被压栈,同时控制转移到目标地址
movl %eax, %edx           ;将返回结果值复制到另一个寄存器
```
=================== 以下是 Q 的代码 ===================
```
* * * 被调用者 Q:swap_add 的建立代码 * * *
swap_add:
    pushl %ebp
    movl %esp, %ebp       ;Q 将调用者 P 栈指针设为自己的帧指针
    pushl %ebx            ;按惯例保存%ebx,因自己(Q)随后要用到这个寄存器
* * * 被调用者 Q:swap_add 的主体代码 * * *
    movl  8(%ebp), %edx   ;取 x 的地址指针 xp,到%edx
    movl 12(%ebp), %ecx   ;取 y 的地址指针 yp,到%ecx
    movl (%edx), %ebx     ;取 x 值
    movl (%ecx), %eax     ;取 y 值
    movl %eax, (%edx)     ;将 y 存入 * xp
    movl %ebx, (%ecx)     ;将 x 存入 * yp,通过以上两条指令实现变量值的交换
    addl %ebx, %eax       ;计算返回值 x + y,并将结果存在惯例约定%eax 中
```

* * * 被调用者 Q:swap_add 的结束代码 * * *

```
pop    %ebx
movl   %ebp,%esp
pop    %ebp            ;恢复调用者的栈帧
ret                    ;返回到调用者
```

图 2.3 给出了示例中,调用者 caller 和被调用者 swap_add 的栈帧结构。

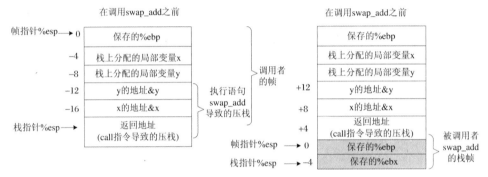

图 2.3　caller 和 swap_add 的栈帧结构

习　　题

1. 将一原型为 void decode1(int ＊xp, int ＊yp, int ＊zp)的函数编译成如下汇编代码：

```
1    movl   8(%ebp),%edi
2    movl   12(%ebp),%ebx
3    movl   16(%ebp),%esi
4    movl   (%edi),%eax
5    movl   (%ebx),%edx
6    movl   (%esi),%ecx
7    movl   %eax,(%ebx)
8    movl   %edx,(%esi)
9    movl   %ecx,(%edi)
```

请编写等效于以上汇编代码的 C 代码,并用选项-S 编译它以检验你的 C 代码。

2. 参考如下通过编译 C 程序得到的汇编代码,用反推测法,补充填写原 C 程序代码中缺失的部分。

初始时,参数 x,y,n 相对栈底 ebp 的 偏移量分别为 8,12,16	被编译的对应 C 代码

1   movl 8(%ebp),%ebx
2   movl 16(%ebp),%edx
3   xorl %eax,%eax
4   decl %edx
5   js   .L4
6   movl %ebx,%ecx
7   imull 12(%ebp),%ecx
8   .p2allign 4,,7
9   .L6:
10   addl %ecx,%eax
11   subl %ebx,%edx
12   jns   .L6
13   .L4:
	int loop(int x, int y, int n)
	{
	    int result = 0;
	    int i;
	    for (i=__ ; i__ ; i=__) {
	        result += _____;
	    }
	    return result;
	}

3. 下面的代码片段常常出现在库函数的编译版本中,这是 IA32 中将程序计数器(PC)值放入某个整数寄存器的唯一方法。

```
1    call next
2    next:
3    popl %eax
```

寄存器%eax 设置成了什么值?为什么这不是一个真正的过程调用?

4. 下面这个代码是出现在 GCC 为一个 C 过程产生的汇编代码的前面部分:

```
1    pushl   %edi
2    pushl   %esi
3    pushl   %ebx
4    movl    24(%ebp),%eax
5    imull   16(%ebp),%eax
6    movl    24(%ebp),%ebx
7    imull   12(%ebp),%ecx
8    leal    0(,%eax,4),%ecx
9    addl    8(%ebp),%ecx
10   movl    %ebx,%eax
11   subl    %ebx,%edx
12   movl    %ebx,%edx
```

请回答以下问题:

(1) 推测过程结尾,会用 popl 指令恢复哪些寄存器?

（2）请解释这种保存和恢复寄存器状态做法的原因。

5．汇编代码理解。

给定一个 C 函数：

1　int proc(void){
2　　int x,y;
3　　scanf("%x %x", &y, &x);
4　　return x - y;
5　}

对应的 GCC 产生的汇编代码如下：

1　proc：
2　　pushl %ebp
3　　movl %esp, %ebp
4　　subl $24，%esp
5　　addl $-4，%esp
6　　leal -4(%ebp)，%eax
7　　pushl %eax　　　　　　　　　　；push &x
8　　leal -8(%ebp)，%eax
9　　pushl %eax　　　　　　　　　　；push &y
10　　push $.LC0　　；Ponter to string "%x %x"
11　　call scanf
12　　movl -8(%ebp)，%eax
13　　movl -4(%ebp)，%edx
14　　subl %eax,%edx
15　　movl %edx,%eax
16　　movl %ebp,%esp
17　　popl %ebp
18　　ret

假定开始执行时，栈帧寄存器值为

%esp：　0x800040

%ebp：　0x800060

字符串"%x %x"存放的存储位置为

0x300070

scanf 从标准设备读入的值为 0x46 和 0x53。

请回答以下问题：

（1）汇编第 3 行,%ebp 的值被设置为多少？

(2) 局部变量 x 和 y 的存放地址是多少？
(3) 第 10 行后%esp 值是多少？
(4) 画出在 scanf 返回后 proc 的栈帧图。

上 机 实 践

在 Linux 环境下，分别用(1) 汇编语言；(2) C 语言；(3) C 与汇编混合，编写一个小应用（比如打印前 20 个 Fibonacci 数），编译工具用 nasm 和 gcc。对比这三种方法最终生成程序的机器码和汇编语言。

第 3 章　内核与进程控制

在计算机科学中，内核(kernel)，又称核心，是操作系统最基本、最底层的部分，主要负责管理系统资源。它是为众多应用程序提供对计算机硬件安全访问的一部分软件；这种安全访问是受限的，一个程序在什么时候对某部分硬件进行多长时间的操作，由内核代码逻辑决定。

不使用操作系统，直接对硬件操作是非常复杂的。操作系统内核借助对硬件进行抽象的方法，以规范且统一的方式，封装了这种复杂性。应用程序通过简单的系统调用，可间接控制所需的硬件资源。

3.1　内　核　控　制

内核是操作系统的核心。操作系统内核通过围绕进程、虚拟存储器和文件这三个基本概念实现，隐藏了硬件的复杂性，为应用程序提供了简单一致的使用方法。文件是对 I/O 设备的抽象表示，虚拟存储器是对主存、磁盘等存储设备的抽象表示，进程则是对运行中程序使用 CPU、主存和各类 I/O 设备的抽象表示。

3.1.1　内核的结构模式

操作系统的内核结构模式，可大致分为三大类：

(1) 单内核　它为已有及潜在的硬件提供了大量完善的硬件抽象操作。

(2) 微内核　只提供很小一部分的硬件抽象，大部分功能由一种特殊的、层级较高的用户态程序，即"服务组件"来完成。

(3) 混合内核　它很像微内核结构，只不过它的服务组件更多地在核心态中运行,以获得更快的执行速度。

3.1.1.1 单内核结构模式

单内核结构是一种非常有吸引力的设计,它在同一个地址空间上实现所有复杂的、低阶操作系统控制代码,效率非常高。20世纪90年代初,单内核结构曾经被认为是过时的。把Linux设计成为单内核结构而不是微内核,曾引起了广泛的争议。Linux后来的巨大成功,使单内核结构得到了快速的发展。

单内核结构模式的主要优点是内核代码结构紧凑、执行速度快;不足之处是层次结构性不强。在单内核结构模式的系统中,操作系统提供服务的流程如下:

(1) 应用程序使用指定的参数值,执行系统调用指令(int x80),使得CPU从用户态(user mode)切换到核心态(kernel model);

(2) 操作系统根据具体参数值调用特定的系统服务程序,而这些服务程序则根据需要调用一些底层支持函数,并在这些底层支持函数帮助下,完成特定的功能;

(3) 在完成了应用程序所请求的服务后,操作系统又从核心态切换回用户态,返回到应用程序继续执行后面的指令。

单内核结构模式系统可以粗略地分为三层:应用程序层(主程序)、执行系统调用的服务层(系统服务)和支持系统调用的底层函数层(支持函数)。图3.1给出了这种结构模型。

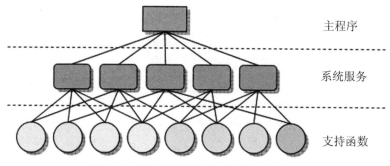

图 3.1 单内核结构模式系统的三层结构

3.1.1.2 微内核结构模式

微内核结构由一个简单的硬件抽象层、一组底层原语函数和一些系统服务组件构成。原语层级也尽可能精简,仅仅包括了创建一个应用所必需的一些内核函数,如线程管理、地址空间管理和进程间通信管理等。

微内核的目标是将系统服务的实现和系统的底层基本操作分离;把与硬件操作不特别密切的、较复杂的控制逻辑,改由运行在微内核之外的一些服务组件来提供。这样的设计不仅可使内核中最核心部分的设计更简单,而且一个服务组件的失效也不会导致整个系统的崩溃。内核需要做的,仅仅是重新启动失败组件,不会波及其他的部分。

微内核将许多操作系统服务放入一些分离的进程,如文件系统或设备驱动程序中。应用进程可通过消息传递调用操作系统服务。微内核结构必然是多线程的。第一代微内核,在核心部分提供了较多的服务,因此称为"胖微内核",其典型代表是 MACH。第二代微内核只提供最基本的操作系统服务,典型代表是理论界知名的 QNX。

3.1.1.3 混合内核结构模式

混合内核实质上也是微内核,只不过它让一些原先运行在用户空间的服务组件,改为运行在内核空间,以便让系统的运行效率更高些。这是一种妥协做法,设计者参考了微内核结构系统运行速度不佳的理论。

大多数现代操作系统遵循这种设计范畴,Windows 就是一个典型的混合内核结构。运行在 Mac OS X 上的内核,也是一个混合内核。混合意味着它从单内核和微内核系统中都吸取了一定的设计模式,例如,仅将一些非关键的代码放在用户空间运行。

3.1.2 内核的体系结构

与不同的内核结构模式相对应,不同操作系统内核的体系结构也往往有差异。以下概要介绍 UNIX、Windows 和 Linux 三种主流操作系统内核的体系结构。

3.1.2.1 UNIX System V 内核的体系结构

图 3.2 给出了 UNIX System V 系统的体系结构,它大致可划分为三个层次,即用户层、核心层和硬件层。库函数和系统调用接口,代表用户程序和核心之间的界限。除了这种分层结构外,UNIX 核心还可视为左右两大部分。左边是文件系统部分,右边是进程控制系统部分。

文件系统部分涉及操作系统中各种信息的保存,通常都是以文件形式存放的,它相当于核心的"静态"部分。

进程控制系统部分涉及操作系统中各种活动的调度和管理,通常以进程形式展现其生命力,相当于核心的"动态"部分,"静态"和"动态"部分密切联系。

3.1.2.2 Linux 内核的体系结构

Linux 采用单内核结构,所有的内核功能都包含在一个大型的内核软件中。Linux 系统也支持动态装载/卸载可选驻留模块,比如一些设备驱动程序。采用这种方式,可方便地在内核中添加新的组件或卸载不再需要的组件。

在系统中运行的程序,被划分为系统程序和用户程序两大类,它们都统一运行在"用户态"下,隶属于用户层,必须通过"系统调用接口"才能进入操作系统内核。

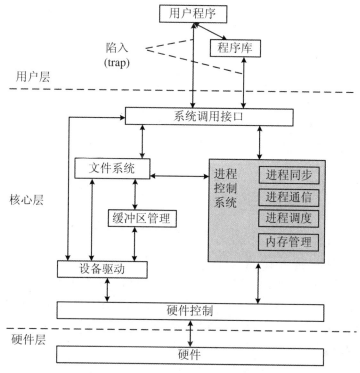

图 3.2　UNIX System V 系统核心框图

通常,可将 Linux 看作由内核和系统程序两个部分构成。内核是 Linux 操作系统的主要部分,实现进程管理、内存管理、文件系统、设备驱动和网络控制等功能,并为 shell(壳)及用户层应用提供运行环境。而系统程序及其他所有程序都运行在内核提供的环境之中。图 3.3 给出了 Linux 系统的内核体系结构。

Linux 内核主要由五个模块构成,它们分别是:进程控制模块、内存管理模块、文件系统管理模块、网络接口模块和硬件控制模块。

进程控制模块:包括进程基本控制、进程调度控制与进程通信控制等子模块,用来负责进程实现,控制进程对 CPU 资源的使用,并为进程间同步、通信提供支持。

内存管理模块:用于确保所有进程能够安全地共享物理存储区,并支持虚拟内存管理方式。

文件系统模块:用于支持对外部设备的驱动和存取。虚拟文件系统模块通过向所有的外部设备提供一个通用的文件接口,隐藏了各种硬件设备的不同细节,并支持多种具体的文件系统。

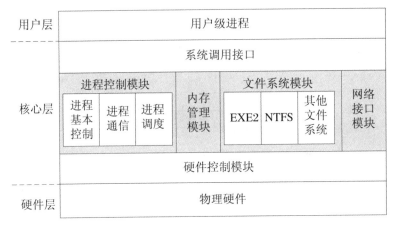

图 3.3　Linux 内核的体系结构

网络接口模块:提供了对各种网络标准的存取和各种网络硬件的支持。网络接口可分为网络协议和网络驱动程序。网络协议程序负责实现每一种可能的网络传输协议。Linux 的网络实现支持 BSD 套接字及 TCP/IP。Linux 内核的网络部分由 BSD 套接字、网络协议程序和网络设备驱动程序组成。

硬件控制模块:对应底层设备驱动程序。

Linux shell

Linux shell 是系统的用户界面,运行在用户层,是一个命令解释器。它接收用户输入的命令并把它送入内核去执行。shell 提供的脚本编程语言具有普通编程语言的很多特点,用脚本语言编写的 shell 脚本程序与其他应用程序具有同样的效果。

目前主要有下列版本的 shell:

(1) Bourne shell　由贝尔实验室开发。

(2) BASH　指 GNU Bourne Again Shell,是 GNU OS 上默认的 shell,大部分 Linux 的发行套件使用的都是这种 shell。

(3) Korn shell　是对 Bourne shell 的发展,在大部分内容上与 Bourne shell 兼容。

(4) C shell　是 SUN 公司 shell 的 BSD 版本。

Linux 系统调用

系统调用是 Linux 内核与上层应用程序进行交互通信的唯一接口。

用户通过直接或者间接地调用中断 int 0x80，并在 eax 寄存器中指定系统调用功能号，即可以使用内核资源，包括系统硬件资源。而功能调用的参数可以依次存放在寄存器 ebx、ecx、edx 中，允许最多向内核传递三个参数。

每个系统调用都具有唯一的功能号。这些功能号实际上对应于系统调用处理程序指针数组表 sys_call_table[] 中表项的索引值。

3.1.2.3 Windows NT 体系结构

Windows NT 采用混合微内核实现，图 3.4 展现了其分层模块结构。主要层次有硬件抽象层 HAL、内核、执行体和大量的子系统集合。前面的三个层都运行在内核模式下，而各子系统则在用户模式下运行。

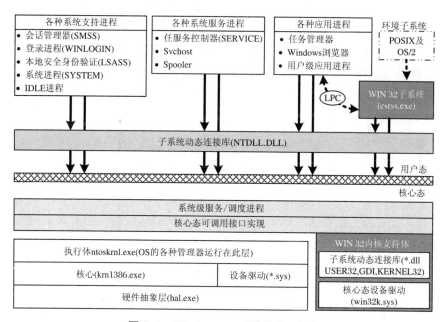

图 3.4 Windows NT 系统的体系结构

1. 用户态部分

用户态部分除了一般应用程序外，还包括一些系统支持进程和系统服务进程。历史上，Windows 用户态管理子系统除 WIN32 子系统外，还有 POSIX 和 OS/2 两个子系统，但目前这两个子系统基本是空的，仅保留了一些简单的接口。

用户态的所有系统调用 API 函数，基本上都要通过子系统动态链接库（NTDLL）中对应的、以 NT 为前缀的对应函数转接一下。NTDLL 中的各种转接函数是用户态进入核心态的门户，功能虽不多，但含有一些切换转入核心态的汇编指令。NTDLL 是所有进程的共享动态链接库。操作系统初始化时，负责创建加载 NTDLL 的 section 对象；以后所有进程在被创建时，都会把它映射到自己的私有用户空间中。

2. 核心态部分

核心态部分被进一步以多层结构进行实现。其中，主体部分大致划分为三层。

(1) 硬件抽象层

屏蔽各式各样的硬件，使得驱动程序可适应同一体系的不同计算机。

(2) 核心层

驱动程序层也被安排在此层中。核心层的主要功能及组件包括：

- 中断处理和调度；异常处理和异常调度；多处理器同步；线程调度。
- 供执行体使用的基本内核对象，又可分成两大类：

控制对象：内核进程对象、异步过程调用（APC）、延迟过程调用（DPC），以及一些供 I/O 系统使用的对象。

调度支持对象：线程对象、互斥体（mutex）、信号量（semaphore）、事件（event）、定时器等。

(3) 执行体软件层

执行体软件层的主要功能模块包括：进程和线程管理器（创建/中止）、内存管理器、I/O 管理器、缓存管理器、电源管理器、即插即用设备管理器、注册表管理器、LPC（本地过程调用）等。执行体中各类管理器实现要用到很多执行体层的高级对象，这些高级对象大都是通过基于核心层基本对象的组合、封装和扩展来实现的。

3.2 CPU 的分段保护工作模式*

3.2.1 保护机制综述

计算机开机后，CPU 默认进入实模式，直到操作系统启动过程中 CPU 才被切换到保护模式。实模式只能访问地址在 1 MB 以下的内存,而 32 位保护模式下可寻址 4 GB 的地址空间。保护模式下的存储器分段机制和分页机制,为实现虚拟存储器提供了硬件支持。保护模式支持多任务,支持快速地进行任务切换;而完善的特权检查机制,能更好地保证代码/数据安全及任务间的隔离。

保护模式下提供的四个特权级(Privilege Level,PL),呈环形保护结构。最内环 PL=0 权级最高,最外环 PL=3 权级最低。目前,Windows、Linux 等操作系统都只用到了其中的两级,即 0 级(核心态)和 3 级(用户态)。

3.2.1.1 特权级的表现形式

有四个与特权级实现相关的权限等级声明:

- DPL(Descriptor Privilege Level):描述符的特权级。存储在段描述符中,规定访问该段的权限级别;每个段的 DPL 固定。
- CPL(Current Privilege Level):当前任务的特权级。它是 CPU 当前正在执行代码指令所在段的特权级,存储在代码段寄存器(CS)的低两位,即 CS.RPL。
- RPL(Requestor Privilege Level):请求特权级,是程序指令访问指定目标段的请求权限,存储在目标段选择符的低两位。同一程序段可使用不同的 RPL 访问同一个目标段(call|jmp〈selector:偏移量〉),故 RPL 有点像函数参数。例如,某个 CPL=0 程序指令要访问一个数据段,如果把 RPL 设为 3,它对该数据段就只有特权为 3 的访问权限。
- EPL(Effective Privilege Level):有效特权级,是融合 CPL 与 RPL 影响后确定的一个临时特权级。
- IOPL(I/O Privilege Level):I/O 特权级。

3.2.1.2 特权级的基本作用规则

当前程序段指令试图访问另一个目标段时,会将当前代码段 CPL、选择符中的 RPL 与目标段 DPL 作比较,以确定访问权限。段类型不同,DPL 的含义也有所不同:

- 数据段的 DPL:规定了访问此段的最低权限。比如某数据段的 DPL 是 1,那么只有 CPL 为 0 或 1 的更高权级代码才可能访问它(只说"可能",是因为还要检查 RPL 权级)。访问数据段的 EPL 要求不低于数据段的 DPL。
- 调用/中断/异常/任务四种门描述符(gate descriptor)或任务状态段(Task State Segment,TSS)等特殊段的 DPL,规定了程序或任务访问的最低权限。门描述段可视为特殊数据段,访问规则与数据段相同,但通常门符的 DPL 值会设大些(权级小些),以便用户访问。
- 当直接用指令 call|jmp〈段选择符:偏移量〉访问目标段时,CPL 必须等于

DPL才可访问；而当使用调用门（call〈门－选择符〉）间接访问目标段时，允许低权级代码访问高权级目标代码段。后者是允许用户态程序（CPL＝3）通过系统调用门访问高保护级（DPL＝0）内核代码的关键机制。

- 访问 stack 段时，要求 CPL、RPL 及 DPL 三者必须相等才能通过权限检查。这说明，每个权级别代码都必须有自己的工作栈，不能越级使用其他级别代码的栈。

3.2.1.3 为什么需要 RPL

RPL 是通过选择符的低两位来表现的。代码段寄存器（CS）中存放的实际上也是选择符，CPL 就是存放在 CS 低两位上的那个 RPL。处理器通过同时检查 RPL 和 CPL 来确认一个段访问是否合法。段的访问者除了自己本身需要有足够的特权级 CPL 外，如果 RPL 不够也是不行的（尽管有些情况会忽略 RPL 检查）。

设置 RPL 的主要目的是避免低特权级用户程序通过调用"内核代码"去访问高保护级的内核数据。

当内核函数从用户程序（请求调用者）接受任务时，会使用调用者的 CPL 作为执行任务时的 RPL，这个 RPL 相当于是代表请求调用者的令牌。于是当高级别代理（内核函数）"拿着"这个低级别 RPL 令牌去访问其他内核段时，CPU 的特权级检查就会考虑"被代理客户"（请求调用者）的特权级。这样，内核代码就不会只以自己的身份去访问目标段了。

3.2.2 使用调用门进行控制转移

使用调用门（call gate）进行转移控制，目的是建立一个利用门（gate）向高权限代码转移的一种特殊保护机制。gate 描述符相当于一种进入高权限代码的一个"低保护级－绿色"通道。

门调用指令形式：call〈gate_selector〉。

调用指令码中的 gate_selector 是一个门符的选择符，用来获取门描述符。门描述符中含目标代码段的 target_selector 及目标代码的偏移量 target_eip，其结构如图 3.5 所示。

显然，门描述符结构与段描述符结构有很大不同，它主要定义了目标段选择符、入口偏移地址和一些属性。它的很多域含义都是清晰明了的，唯一需关注的是参数个数（param count）域，它指出 call 调用时需要传递的参数个数。另外，对调用门，TYPE 域的 4 位值固定为 0xC。此外，门符属于系统段，对应的段描述符 S 位总是 0。

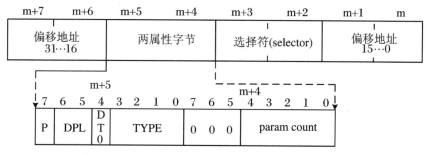

图 3.5 调用门描述符结构

3.2.3 使用中断门或陷阱门进行控制转移

除了调用门,还有另外三种门,即中断门、陷阱门和任务门。任务门用得较少,有些操作系统,如 Linux 从未用到任务门。

中断门、陷阱门与前述的调用门的原理很相似,它们之间的异同点如下:

- 中断门与陷阱门差别:由中断门引起的中断处理会将 eif 压栈,并执行 CLI 指令,临时屏蔽其他中断,以避免其他中断干扰当前中断处理。随后的 iret 指令会从栈上恢复返回地址和原有 IF 标志。而由陷阱门产生的中断处理则无此特性。

- 中断与陷阱门符都存放在中断描述符表(IDT),而调用门符则存放在 GDT 中。

- 中断/陷阱门都是通过 int 指令引起的间接控制转移,而调用门是通过 call 指令引起的间接控制转移。它们的工作机制和权限机制基本类似,区别在于中断/陷阱门转移不需要检查 RPL,不涉及 RPL 检查问题。

- 中断/陷阱门符的位结构:类似于调用门符,但参数个数(paramcount)无意义,变为保留位。中断门、陷阱门的 TYPE 域分别固定为 0xE 和 0xF。

当发生中断或异常时,控制权转移过程如下:

- 用中断号在 IDT 中查找门描述符:由中断号乘以 8,加上 IDT 表基址,可检索到门描述符。

- 从查到的门描述符中,得到目标代码段选择符;再由这个目标代码段选择符,从相应的 GDT 或 LDT 中获得目标代码段描述符。

- 由目标段描述符的基址加上门符中的偏移地址,确定中断处理程序的执行入口点。

- 由于中断或陷阱门的准入级别一般设为 3,所以用户态程序通过中断门调用或异常陷入,可顺利进入 DPL＝0 的中断服务程序入口点。

3.2.4 支持分段保护的硬件设施及内核数据结构

X86 的分段机制是将 X86 的线性地址空间分成一系列的段,用分段模式组织代码和数据存储,并实施分段保护。

根据段的作用及存储内容的不同,X86 将段分为以下五类:
◇ 三类进程段:代码段、数据段和堆栈段。
◇ 两类系统段:TSS 段和 LDT 段。

对分段机制,X86 使用了以下几种主要数据结构:
- 段描述符(segment descriptor):64 位(8 B),用来描述一个段的基地址、段界、类型和保护限制等。
- 四类门描述符(gate descriptor):64 位(8 B),一种特殊的描述符,为处于不同特权级的系统调用或程序调用提供保护。
- 段选择符(segment selector):16 位,用于在 GDT 或 LDT 表中检索相应的段描述符。
- 门选择符(gate selector):16 位,用于在 GDT/LDT 中检索调用门描述符,或在 IDT 中检索另外三类门描述符。
- 全局描述符表(Global Descriptor Table,GDT):存放系统公用的、各类的段描述符。每个进程在 GDT 中存放其 TSS 段和 LDT 段的描述符。
- 局部描述符表(Local Descriptor Table,LDT):存放进程专用的段描述符,只能是进程的三类段描述符和调用门描述符。
- 中断描述表(Interrupt Describer Table,IDT):存放门描述符,只能是中断门描述符、陷阱门描述符和任务门描述符。

X86 还提供了几个用于支持分段机制的特殊寄存器:
- 全局描述符表寄存器(GDTR):48 位。其中,用 32 位存 GDT 基址,用 16 位存 GDT 表长度。
- 局部描述符表寄存器(LDTR):指向当前进程的 LDT。
- 中断描述符表寄存器(IDTR):指向系统的 IDT。
- 任务寄存器(TR):指向当前的任务状态段 TSS。
- 六个段寄存器:CS、SS、DS、ES、FS、GS。

X86 工作在保护模式时,程序使用 48 位逻辑地址:高 16 位为段选择符,低 32 位是段内的偏移量。通过段选择符在 GDT 或 LDT 中检索相应的段描述符(得到该段的基址),再加上偏移量就可得到与逻辑地址相对应的线性地址。如果没有启用页机制,线性地址就直接映射为物理地址;否则,还要通过 X86 的分页转换,将线性地址转换为物理地址。

3.2.5 任务状态段 TSS 及其结构

X86 体系从硬件上支持任务间的切换。为此目的,它增设了一种新段:任务状态段(Task State Segment,TSS),用以记录任务的状态信息。TSS 本身可视为一种特殊的段,有专门的段描述符;在 CPU 中还增设了一个名为 TR 的寄存器,由它指向当前任务的 TSS。

TSS 的基本格式结构如图 3.6 所示。它由 104 B 组成,分以下五个区域。

31	15	0	
I/O Map Base Address		T	100
	LDT Segment Selector		96
	GS		92
	FS		88
	DS		84
	SS		80
	CS		76
	ES		72
EDI			68
ESI			64
EBP			60
ESP			56
EBX			52
EDX			48
ECX			44
EAX			40
EFLAGS			36
EIP			32
CR3(PDBR)			28
	SS2		24
ESP2			20
	SS1		16
ESP1			12
	SS0		8
ESP0			4
	Previous Task Link		0

图 3.6 TSS 段的基本格式结构

（1）寄存器保存区　位于 TSS 内偏移 20H(32D) 至 5FH(95D) 处，用于保存通用寄存器、段寄存器、指令指针和标志寄存器。

（2）内层堆栈指针区　用户任务执行时通常都要调用内核提供的服务，会涉及多个权级的执行代码。但由于保护机制规定代码只能访问同权级栈，因此，每个任务必须为可能涉及的代码特权级，分别准备一套不同的栈。例如，当执行从用户特权级 3 转到内核特权级 0 时，任务所使用的栈也必须同时从权级 3 的栈切换到权级 0 的栈；反之亦然。

由于限定仅当由外层向内层转移时，才使用 TSS——从中取出新的栈地址，故 TSS 中实际只需要存储三组（SS/ESP），分别对应 0、1、2 级的栈。Linux 只使用了 esp0/ss0。

（3）地址映射寄存器区　该区含页目录表基址的控制寄存器 CR3。当发生任务切换时，必须改变 TR 值，使它指向新任务的 TSS 表；同时，如果硬件体系启动了分页机制，还必须修改 CR3 值，使其指向新任务的页表目录基址。

（4）链接字段区　链接字段安排在 TSS 内偏移 0 开始的双字中，其高 16 位未用，低 16 位保存前一任务的 TSS 描述符的选择符。

（5）其他字段区　为了实现输入/输出保护，要使用 I/O 许可位图。任务使用的 I/O 许可位图也存放在 TSS 中，作为 TSS 的扩展部分。在 TSS 内偏移 66H 处的一个 16 位字，用来指示 I/O 许可位图在 TSS 内的起始偏移量。

3.3　利用进程实现并发多任务

3.3.1　进程概念的引入

要运行一个作业程序，首先必须将它加载到主存，并让它获得 CPU 控制权（即让 CPU 执行它载入到主存中的程序代码）。而代码指令的执行离不开 CPU 寄存器。寄存器中保存着当前指令执行前后的状态；已执行指令也会通过这种状态传递，影响后面指令的执行。CPU 中各寄存器临时存放的值，构成了当前程序执行的"现场状态"。

当有两道或多道程序事先已被加载到主存的不同位置时，我们当然可用 call 或 jmp 指令，在这些不同程序的指令段之间"跳来跳去"——交替地执行它们。但如果不在跳出前保存"现场状态",不在重新跳回后恢复跳出时的"现场状态",那么,程序执行的结果就可能无法预料。因为跳出和跳回前后,"现场状态"已被其他程序指令"悄悄地"改变了。

在单 CPU 机器中,CPU 只有一个。要实现多任务,允许多个任务"切换"或"交替"执行,每个任务程序的执行方式肯定是"走走停停",执行会不停地被打断。这种在同一个时间段内被交替执行的多个任务,也称为并发多任务。显然,在并发多任务运行模式下,系统必须能"记住"每个已启动但尚未结束任务执行被中断时的状态,以确保每个任务从原中断位置重新恢复执行时,还能按应用逻辑正确地继续执行。

实际系统的现场状态,除了与 CPU 寄存器对应的基本状态信息外,还有一些其他类型的状态信息。在现代操作系统中,将能完整记录一个"运行中任务"状态信息的数据结构,称为任务描述符(task descriptor)。当把"运行中任务"用一个更简洁的名词"进程(process)"来指代时,任务描述符也常称为进程控制块(Process Control Block,PCB)。这就是现代操作系统"进程"概念产生的由来。

Linux 系统中,包含 CPU 寄存器状态的 TSS 段,被作为 PCB 结构的一部分。

显然,在多任务并发环境下,只要能正确创建、记录并跟踪每个"运行中任务(即进程)"的 PCB,就能有效管控好它们并发执行的相对独立性和正确性。系统中所有 PCB 集合,构成操作系统内核的关键数据结构——PCB 表或进程描述表。图 3.7(a)给出了这种基于"进程"概念的多任务系统抽象实现模型。调度切换一般安排在时钟中断处理期间进行,如图 3.7(b)所示。

在时钟中断发生时,CPU 被切换到内核态,硬件会自动执行如下动作:
- 临时保存用户栈 SS、ESP。
- 把当前 ss/sp 切换为当前 TR 所指向的当前进程的 TSS.⟨ss0/sp0⟩,Linux 的 TSS 段就嵌在 PCB(task_struct)结构的内部。
- 把临时保存的 SS、ESP 及 EIF、EIP、ECS 三个寄存器依次压栈保存,即保存到当前 TSS 中。
- 实际调用中断处理服务程序。

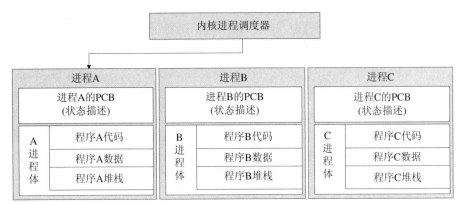

(a) 多进程切换调度模型

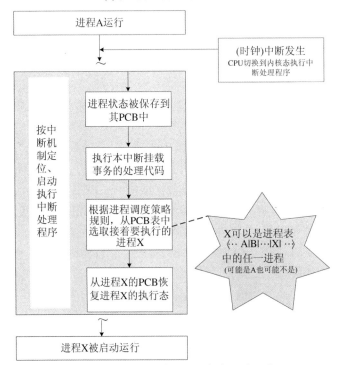

(b) 借助定时器中断进行任务调度切换

图 3.7　进程切换模型

中断服务程序的入口代码通常如下：
pushad　　　　;把八个通用寄存器 eax～edi 压栈,保存到当前 PCB.TSS 中
push　ds/es/fs/gs　;把四个段寄存器依次压栈,保存到当前 PCB.TSS 中
mov　esi,esp　　;保存当前进程 PCB 起始地址(到 esi)
mov　esp,〈KernelStackTop〉;切换栈到内核栈(离开当前进程 PCB 存储区)

/＊这里切换到内核栈是必需的,否则,随后的中断处理程序指令执行时,如果有使用栈的操作,则会破坏进程 PCB 存储单元中的数据＊/

此后的代码是真正的中断处理程序代码。

对于时钟中断处理程序,或许会执行完成以下工作的相关指令：
◇ 更新系统时钟。
◇ 将当前进程的剩余时间片减一个固定值。
◇ 如果剩余时间片被减为 0,则

　执行一次再调度策略,修改当前进程指针(假设为 p_proc_ready,它是 PCB 数组的当前元素索引值)；

……

中断处理程序的结束代码片段通常如下：
mov esp,[p_proc_ready]　　　;将栈切换到下一个拟运行进程的 PCB
lldt [esp + P_LDT_SEL]　　　;加载下一个拟运行进程的 LDT(切换 LDT)
pop　　gs/fs/es/ds　　　　　;恢复四个段寄存器值
popad　　　　　　　　　　　;恢复八个通用寄存器值
iretd　　　　　　　　　　　;该指令会执行 pop cs/eip/eif/esp/ss

这样,如果中断处理期间当前进程指针 p_proc_ready 被调度逻辑修改,那么时钟中断处理结束后,当前 PCB 指针就指向了另一个 PCB,被恢复运行的任务可能变为与中断前运行任务不同的另一个任务,从而也就可能导致一次任务切换。

值得注意的是,原先单任务环境中顺序执行的程序,变为多任务环境的并发执行的"进程"后,其执行特征发生了根本的变化。

程序顺序执行的特征：
(1) 顺序性　CPU 严格地按顺序执行程序的所有动作；
(2) 独占资源性　程序在执行过程中,独占全部资源；
(3) 结果无关性　程序执行的结果与执行速度无关,且每次执行的结果相同。

程序并发(即进程)执行的特征：
(1) 间断性　多进程轮流占用 CPU 执行,每个进程执行肯定是"走走停

停"的；

（2）失去封闭性　多个进程共享系统资源，资源的使用状态由多个进程改变；

（3）不可再现性　由于打破了独占系统资源的封闭性，如果不加以控制，进程执行结果必具有不可再现性。

3.3.2　进程的定义

进程是现代操作系统最基本、最重要的概念。但迄今为止，尚无确切、统一的定义。以下是几种从不同角度给出的进程描述或定义：

- 进程是可执行程序的一次执行，或一个执行实例。
- 进程是可执行程序在一个数据集上的运行过程，是系统进行资源分配和调度的一个基本单位。
- 进程是计算机内存中活动的动态实体或对象。
- 进程是由程序代码（正文段）、程序数据（数据段）和PCB三个部分组成的一个执行环境。

每个进程都有自己独立的活动地址空间，只能访问自己的代码、数据和堆栈。

由于多个进程并发执行，各进程需要轮流使用CPU。为了正确控制进程的并发运行，当某进程不在CPU上运行时，必须保留被中断的现场，以便再次被CPU执行时，能恢复现场、延续原有状态继续执行。为了保存这些内容，需要建立一个专用内核数据结构PCB。

进程可以在内核态或在用户态下运行，并且分别使用各自独立的栈。用户态栈用于进程在用户态下临时保存调用函数的参数、局部变量等数据。内核态栈则含有内核程序执行函数调用时的信息。

编译生成的程序，以可执行二进制文件形式存放在外存。利用操作系统接口，将可执行程序从外存加载到主存执行时，操作系统内核的进程控制系统与文件系统相互作用，建立新进程，并用可执行文件中的内容（代码、数据等）创建新进程的内存映像。

进程具有以下几个基本特征：

- 动态性　进程是程序的一次执行过程，因而是动态的。动态性还表现在它因创建而产生，由调度而执行，因得不到资源而暂停执行，由撤销而消亡；
- 独立性　进程是一个能独立运行的基本单位，也是系统进行资源分配的基本单位；
- 并发性　引入进程的目的就是使程序能与其他程序并发执行，以提高系统资源的利用率；

- 异步性　进程运行以各自独立的、不可预知的速度向前推进；
- 结构性　从结构上看，进程由代码、数据和PCB三个部分组成。

3.3.3　进程控制块

操作系统内核主要借助一个称为进程控制块（Process Control Block，PCB）或进程描述符（Process Descriptor，PD）的内核数据结构，对进程进行管控。内核中所有进程PCB的集合，称为PCB表或进程描述表。

PCB是进程在内存中存在的唯一标识，是内核管控进程的依据。PCB主要用于在进程运行切换时，保存/恢复重建执行被中断时的现场状态。PCB的主要内容有：

（1）进程名字、进程标志（PID）；

（2）运行现场状态，包括CPU中各类寄存器的内容值；

（3）状态信息，指示进程当前所处的状态，作为进程调度、分配CPU的依据；

（4）位置信息，指出其程序代码和数据在内、外存中的物理位置；

（5）进程优先级，或与调度、运行情况描述相关的辅助信息，它们也可作为进程调度决策的辅助信息；

（6）进程已分配的资源，如已打开的文件、已拥有的I/O资源等描述信息；

（7）与实现进程间同步、通信机制相关的一些内核变量域。

为增强读者对PCB结构的感性认识，以下给出实际系统Linux中取名task_struct的PCB结构的主要字段及其含义注解（字段的先后顺序在源码基础上做了些调整）：

```
struct task_struct {
    long pid         //进程标志号（进程号）
    long father      //父进程标志号
    long pgrp        //父进程组号
    long session     //会话号
    int leader；     //会话组领导（value for session group leader）
    int  groups[NGROUPS]；
    /*建立进程家族关系的相关结构字段*/
    struct task_struct * p_opptr, * p_pptr, * p_cptr, * p_ysptr, * p_osptr;
    struct wait_queue * wait_chldexit;/*  for wait4()  */
```

```
unsigned short uid,euid,suid,fsuid;        //用户标识、有效euid、保存uid
unsigned short gid,egid,sgid,fsgid;        //组标识、有效egid、保存sgid
/*进程运行、调度管理相关信息字段*/
    long       state;          //运行状态(-1表示不可运行,0表示可运行(就绪),>0表示已
                               停止)
    long       priority;       //运行优先数。任务开始运行时counter=priority
    long       counter;        //本次运行的时间计数(滴答数,从运行时间片值开始递减)
    long       nice;           //可作counter的初值,相当于进程的"静态优先级"
    unsigned long    timeout,policy,rt_priority/*实时优先级*/;
    unsigned long    it_real_value,it_prof_value,it_virt_value;
    unsigned long    it_real_incr,it_prof_incr,it_virt_incr;
    struct timer_list    real_timer;
    //用户态/系统态运行时间累计(滴答数);子进程用户态/系统态运行时间累计;进程
开始运行时刻
    long       utime,stime,cutime,cstime,start_time;

    struct exec_domain  * exec_domain;       //进程的执行域
    ……
    struct mm_struct      * mm;        //虚拟内存管理信息(memory management info)
    struct desc_struct    * ldt;       //局部段描述符表指针(IDT for this task)
    struct thread_struct  tss;         //任务状态段(TSS for this task)
    struct fs_struct      * fs;        //文件系统信息(filesystem information)
    struct files_struct   * files;     //打开文件信息(open file information)
    struct tty_struct     * tty;       //使用TTY终端信息(NULL if no tty)

    struct signal_struct  * sig;       //信号量处理器(signal handlers)
    unsigned long         signal;      //信号量位图,每位代表一种信号,信号值=位偏
                                       移值+1
/*各类其他字段*/
    struct task_struct * next_task, * prev_task;   //进程间的双链
    int        link_count;
    int        exit_code,exit_signal;  //任务执行停止的退出码,供父进程分析使用
    int        errno;
};
```

3.4 进程状态及转换

一个进程在其生命期内,可处于一组不同的状态下。进程状态保存在进程描述结构的一个字段中,Linux 的这个字段是 state。任何进程在某一时刻通常会处于以下五种状态之一:

(1) 运行(Running) 进程正在被 CPU 执行的状态。在单 CPU 环境下,任何时刻最多只有一个进程处于运行状态。进程既可以在内核态运行,也可以在用户态运行。

(2) 就绪(Ready) 进程获得了除 CPU 之外的所有资源,一旦被调度分配 CPU 就可立即执行的状态。

新进程创建完毕且分配了必需的资源后,或因等待系统资源而被中断的进程,当系统资源已经可用而被唤醒时,都将转换进入就绪状态。

(3) 阻塞(Blocked) 也称"等待或睡眠"状态,一个进程因要等待某一系统资源或等待 I/O 事件,将暂停运行并进入睡眠的状态。

(4) 创建(New) 正被创建,还没有转到就绪状态之前的状态。

(5) 结束(Exit) 进程正在从系统中退出的状态。

进程状态图(the process states' diagram)是一种可很好表达进程运行状态行为的有用工具,它包括一组状态和状态之间的相互转换。图 3.8 画出了包含运行态、就绪态和阻塞态三个基本状态,并增加了创建态、撤销态后的五状态转换图。其中,基本状态转换分析如下:

(1) 就绪→运行 处于就绪状态的进程已具备了运行的条件,但仍不一定能转入运行态。对单 CPU 系统,只有一个就绪队列,同时一个时刻最多只能有一个就绪进程获得 CPU 的执行。每次重新调度时,调度器会根据调度算法从就绪队列中选中一个进程,把控制传给它,并把它由就绪态变为运行态,从而发生此状态变迁。

(2) 运行→阻塞 处于运行状态进程,因请求资源而又不能立即被满足,进程状态由运行变为阻塞,发生此状态变迁。系统将控制传给调度器,由调度器调度另一个就绪进程进入运行态。

(3) 阻塞→就绪 被阻塞进程在被阻塞的原因解除后,发生此状态变迁。它将被唤醒并重新进入就绪状态,等待调度器调度运行。

(4) 运行→就绪 这种状态变化通常出现在分时操作系统中。一个正在运行的进程，由于规定的时间片用完，定时器中断处理程序会将当前运行态进程的状态强置为就绪态，并启动调度器进行再调度——重选一个就绪态进程进入运行态。因此，在运行进程时间片用完时，发生此状态变迁。

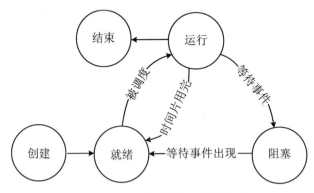

图 3.8 进程基本状态及其转换图

值得注意的是，在不同的操作系统中，允许的进程状态及其相互转换逻辑可能会稍有不同。

3.5 进 程 控 制

进程控制通常是通过一组由内核提供的系统调用来实现的。这类系统调用也称为原语(函数)。原语函数在执行期间不会被打断或中断，原语操作具有原子性。进程控制原语主要有七种，即创建进程、撤销进程、挂起进程、激活进程、阻塞进程、唤醒进程以及改变进程优先级。其中，要掌握的四个基本原语说明如下：

• 创建进程 通过创建原语完成创建一个新进程的功能。由于进程的存在是以 PCB 为标志的，因此创建进程的主要任务是建立一个进程 PCB，将新进程属性填入 PCB 中。具体过程参见 3.5.1.1 小节的说明。

• 撤销进程 当一个进程完成任务后，应当撤销它，以便及时释放所占用的资源。撤销进程的最后工作是撤销 PCB。

• 阻塞原语 当进程在执行过程中，需要请求资源(如执行 I/O 操作)且资源不能立即满足时,该进程将调用阻塞原语把进程从运行状态转换为阻塞状态,自己主动放弃 CPU。阻塞原语的具体处理过程是:首先要保存 CPU 现场到该进程 PCB,同时把该进程 PCB 中当前状态置为阻塞状态,并将它插入到所请求资源的等待队列中,然后启动调度程序执行再调度。

• 唤醒原语　一个进程因为等待资源事件的发生而处于等待状态。当等待事件完成后,就用唤醒原语将其转换为就绪状态。具体操作过程是:在等待队列中找到该进程,将其状态置为就绪状态,然后将它从等待队列中移除,并插入到就绪队列中,等待调度执行。

值得注意的是,不同的操作系统中,进程控制类原语命名及内涵可能会有所不同。以下是一些常见原语函数命名:

(1) 进程创建的一些常用原语

• fork(分叉、克隆)　复制当前(父)进程的上下文来创建新进程。

• exec　以替换、覆盖父进程的方式创建新进程,成功后,父进程不再存在。

• spawn　创建新进程并加载新进程。

(2) 结束进程原语

• exit　结束进程。

(3) 其他一些常用的进程控制原语

• sleep　指定挂起本进程的时间长度(单位:秒);

• pause　挂起本进程以等待信号,等到信号后恢复执行。当接收到终止信号时,该调用不再返回。

• wait　挂起本进程,以等待子进程结束;在子进程结束时返回。当父进程创建了几个子进程,且有子进程退出时,父进程中 wait 函数将在第一个子进程结束时返回。

• kill　可发送信息给一个或一组进程,终止相应进程执行。

3.5.1　创建新进程

现代操作系统都提供了创建进程的系统调用。上层应用或任何进程都可在需要时,执行这个系统调用,以加载作业程序,实现应用程序的启动运行。

被创建的进程称为子进程,创建者进程称为父进程。除了系统的最初始"始祖"进程外,其他进程总是有且只有一个父进程。从初始进程到各级子进程逐级创建衍生,就可形成进程间的层次体系——系统进程树(process hierarchy)。虽然操作系统内核会维护这种父子进程间的创建层次关系,但从运行或竞争 CPU 层面上看,所有进程都只是简单的并发运行关系。

3.5.1.1 创建新进程的基本过程

在创建新进程时,操作系统将创建管理该进程的所有内核数据结构、分配要使用的堆栈物理页、分配并初始化用户空间,以及链接共享系统空间等。新进程通过继承创建者的 PCB 内容,可实现与创建者进程共享很多相同的资源,包括已打开的文件、信号量处理信息和虚拟内存等。具体基本过程如下:

(1) 申请空白 PCB,并得到一个内部的唯一标志号(PID)。

(2) 为新进程分配资源,具体包括:

- 创建进程地址空间描述表;
- 创建进程打开文件或设备管理表;
- 加载并映射新进程映像到进程用户空间,包括分配部分物理内存页;
- 在进程用户空间中分配进程运行环境控制块(PEB)。

(3) 初始化 PCB:首先复制父进程 PCB 的内容到新进程 PCB,在继承父进程资源和结构的基础上,更新和替换新进程 PCB 和 PEB 的部分信息域,包括向 PCB 中填入进程名、标识、优先级等各类参数。

(4) 将新进程状态置为"就绪",并插入就绪队列。

以上只是进程创建过程的大致描述。不同操作系统创建进程的具体实现逻辑,通常会有所不同。

3.5.1.2 Windows 创建新进程*

主要操作如下:

(1) 分配并设置 EPROCESS(含 KPROCESS,即 PCB)数据结构。

(2) 为目标进程创建初始的地址空间:建立虚空间初始虚地址描述符(Virtual Address Descriptor,VAD)和初始页表(页面映射方案表)。

(3) 分配并设置其他相关数据结构,例如,"打开对象表"。

(4) 对目标进程的 KPROCESS 进行初始化。

(5) 将 NTDLL 映像映射到目标进程的用户地址空间。

(6) 将目标进程的映像映射到其自身的用户空间。

(7) 映射国际化语言支持(National Language Support,NLS)有关的数据结构到用户空间。

(8) 创建并设置好目标进程的进程环境块(PEB)。

PEB 中含进程运行参数、映像装入地址、NLS 支持映像地址等信息。

(9) 创建进程的第一个线程。

分配堆栈,分配并初始化运行上下文;创建主线程对象 ETHREAD;分配并设置主线程环境块 TEB。

(10) 完成 EPROCESS 创建,将其首线程(即主线程)挂入就绪线程队列。

3.5.1.3 Linux 创建新进程*

Linux 新进程通过调用 fork()或 clone(),克隆创建者(父)进程而建立。无论是 fork()还是 clone()都要调用内核函数 do_fork(),该函数的主要操作如下:

(1) 调用 alloc_task_struct()函数,以获得 8 KB 的 union task_union 内存区,用来存放 PCB 和新进程的内核栈。

(2) 把父进程 PCB 内容拷贝到新分配的进程 PCB 中。子进程暂时获得了它从父进程能利用的几乎所有东西。

(3) 子进程的状态被设置为 TASK_UNINTERRUPTIBLE,以保证它不会立即被调度、投入运行。

(4) 调用 get_pid(),为新进程获得一个有效的 PID。同时,更新不能从父进程继承的 PCB 域,例如进程间亲属关系的域、进程的虚拟地址空间等。如果进程是线程(clone()调用),则线程共享这些资源,无需复制;否则,这些资源对所有进程是不同的,需要执行复制并修改某些域。

(5) 把新进程的 PCB 加入内核 PCB 表,并把它的 PCB 状态设置为 TASK_RUNNING,并调用 wake_up_process(),把子进程插入到运行队列链表中。

(6) 让父进程和子进程平分剩余的时间片。

(7) 返回子进程的 PID,这个 PID 最终由用户态的父进程读取。

3.5.2 终止进程

当一个进程结束了运行或在半途中终止了运行,那么内核就需要释放该进程所占用的系统资源。这包括进程运行时打开的文件、申请的内存等。

操作系统也为应用提供终止进程(exit)的系统调用服务,用于向操作系统核心请求结束自己。终止进程的处理逻辑如下:

- 根据被终止进程标志,从 PCB 中检索出该进程的 PCB,并读取进程状态域。
- 修改该进程的状态到结束状态。
- 释放该进程拥有的所有资源,包括:关闭该进程所打开的所有设备、文件,脱离用户进程与所执行程序文件的映射关系,以及释放进程占用的所有主存空间。
- 清理同其他进程的链接关系。例如,在 UNIX 中,将该结束进程的所有子进程链接到 1 号进程,作为 1 号进程的子进程。
- 最后释放该进程的 PCB。

3.6 线 程 控 制

3.6.1 线程的概念

在只有进程概念的操作系统中,进程是资源的分配单位,同时也是处理器的调度单位。有些现代操作系统为进一步提高系统的并发性能和吞吐量,引入了比进程粒度更细的、能独立调度运行的基本单位——线程(thread)概念。

- 一个进程内可容纳多个线程。进程作为参与资源分配的最基本单位,而线程则作为 CPU 调度的最基本单位。
- 同一进程内的线程共享进程的地址空间和已获得的所有资源,故进程内的线程之间通信更方便,切换也更简单。
- 线程是一个动态对象,是 CPU 调度和分派的基本单位,具有独立的堆栈和程序执行上下文,表示进程中的一个控制点,执行一系列指令。
- 引入线程后,进程就退化为可容纳线程的框架或容器,好比是其内部线程的"提取公因子"。

3.6.2 线程的实现

从实现的角度看,线程可分为内核级线程和用户级线程两类。

内核级线程是由操作系统内核创建和撤销的线程,它有自己的专用堆栈、运行上下文和线程环境块(TEB)。内核维护进程、线程的上下文,并执行线程切换操作。

用户级线程是指不依赖于操作系统内核,由应用程序利用专门"线程函数库"创建和管理的线程。这类线程维护由应用进程自己负责,不需要操作系统内核参与,操作系统内核不知用户级线程的存在。

3.6.3 线程与进程的比较

- 地址空间　不同进程的地址空间相互独立,而同一进程内的各线程共享同一地址空间,一个进程中的线程在另一进程中是不可见的。
- 通信关系　进程间的通信必须通过操作系统提供的进程间通信机制,而同一进程的线程间通信可以借助读/写进程数据段中单元(全局变量)进行。

• 调度切换　同一进程中的线程上下文切换比进程上下文切换快得多。

线程与进程相比的主要优点：

(1) 创建、终止、切换快，系统开销少。

(2) 通信更方便。由于同进程内线程间共享内存和文件资源，故可直接进行通信，不需要通过内核或共享存储。

(3) 系统允许的最大线程数限制，比允许的最大进程数限制弱得多。

• 采用多线程的程序设计技术，可以更好地提高系统的运行性能(如吞吐量、计算速度和响应时间等)。

进程与线程的区别与联系可归结如下：

(1) 调度　在未引入线程的操作系统中，进程既是资源分配的基本单位，也是调度的基本单位；而在引入了线程的操作系统中，进程只作为参与资源分配的基本单位，调度的基本单位改为线程。

(2) 并发性　引入线程，有利于提高操作系统的并发性，能更有效地使用系统资源和提高系统的吞吐量。

(3) 拥有资源　无论操作系统中是否引入线程，进程都是允许拥有资源的基本单位；而在引入线程的操作系统中，同一进程中的线程共享进程已获取的所有资源。

(4) 系统开销　在创建或撤销进程时，系统都要为它分配或回收资源，如内存空间、I/O设备等，还涉及运行现场环境的保存和恢复。因此，操作系统进行进程切换的开销往往很大。而同一进程内的线程因拥有相同地址空间和资源，它们之间的切换不会引起进程切换，从而切换更为容易。

3.6.4　Linux 的线程机制*

Linux 实现线程的机制非常独特。从内核的角度看，它并没有实现线程这个概念，并没有针对线程的专门调度算法或定义特别的线程描述结构。Linux 把所有线程都当作进程来实现，与进程类似，每个线程也拥有自己的 task_struct。

创建线程不用 fork() 函数，而是改用 clone() 函数，但最终都还是调用内核函数 do_fork()。线程区别于普通进程的唯一地方是，它可能没有自己独立的地址空间，而是与某个其他进程(父进程或当前进程)共享相同的地址空间。这其实是处理内核线程的一种策略。Linux 的内核线程是由 kernel_thread() 函数在内核态下创建的，该函数的简化代码逻辑如下：

```
int kernel_thread(int (*fn)(void *), void * arg, unsigned long flags) {
    pid_t p;
    p = clone (0, flags |CLONE_VM);
    if (p)
        return p;
    else { //在子进程中
        fn(arg);       //子进程中执行某函数
        exit();
    }
}
```

3.6.5 Windows 的线程机制*

Windows 是一个完全实现了线程概念的系统,其线程都属于内核线程,是调度的基本对象。Windows 线程的上下文包括寄存器状态、线程环境块、核心栈和用户栈。

Windows 内核提供了一组专用于线程控制的函数。创建线程的函数是 CreateThread(),结束当前线程的函数是 ExitThread(),挂起指定线程的函数是 SuspendThread(),激活指定线程的函数是 ResumeThread()。进程创建时,默认创建主线程。

习 题

选择题

1. 操作系统中,可以并发工作的基本单位是(①),(①)也是核心调度和资源分配的基本单位,它是由(②)组成,它与程序的重要区别之一是(③)。

① A. 作业　　　　　　B. 函数　　　　　　C. 进程　　　　　　D. 过程
② A. 程序、数据和 PCB　B. 程序数据和 PID　C. 代码和数据　　　D. PCB
③ A. 程序有状态而它没有
　 B. 它有状态而程序没有
　 C. 程序可占用资源而它不能
　 D. 它有状态能占用资源,而程序没有状态不能占用资源

2. 进程是操作系统中的一个重要概念,是一个具有独立功能程序在某个数据集上的一次(①)。进程是一个(②)概念,而程序是一个(②)。进程的最基本状态有(③)个。在一个

单 CPU 系统中,若有六个用户进程,在非管态的某一个时刻,处于运行状态的用户进程最多有(④)个。

① A. 单独操作　B. 关联操作　C. 进行活动　D. 并发活动

② A. 静态　　　B. 动态　　　C. 逻辑　　　D. 物理

③ A. 2　　　　B. 5　　　　C. 3　　　　D. 9

④ A. 5　　　　B. 6　　　　C. 1　　　　D. 4

3. 对进程的管理和控制使用(　　)。

A. 指令　　　B. 原语　　　C. 信号量　　　D. 信箱通信

4. 建立多进程的主要目的是提高(　　)的利用率。

A. 文件　　　B. CPU　　　C. 内存　　　D. 外设

5. 并发进程数目主要受到(　　)和(　　)的限制。

A. 内存空间　B. 终端数目　C. 打开文件数　D. CPU 速度

6. 下列关于父进程、子进程的叙述中,正确的是(　　)。

A. 父进程执行完后,子进程才能运行

B. 父、子进程可并发运行

C. 撤销子进程时,应该同时撤销父进程

D. 撤销父进程时,应该同时撤销子进程

7. 在下列说法中,(　　)不是创建进程必需的。

A. 建立 PCB　　　　　　B. 为进程分配内存

C. 为进程分配 CPU　　　D. 将进程插入就绪队列

8. 下列选项中,创建新进程的操作是(　　)。

A. 用户成功登录　　　　B. 设备分配

C. 启动程序执行　　　　D. 用户成功登录与启动程序执行

E. 设备分配与启动程序执行

9. 下列关于进程和线程的叙述中,正确的是(　　)。

A. 不管系统是否支持线程,进程都是资源分配的基本单位

B. 线程是资源分配的基本单位,进程是调度的基本单位

C. 系统级线程和用户级线程的切换都需要内核的支持

D. 同一进程中的各个线程拥有各自不同的地址空间

判断题

1. PCB 与进程是一对一关系。　　　　　　　　　　　　　　(　　)

2. PCB 是进程存在的唯一标志。　　　　　　　　　　　　　(　　)

3. 对一个进程是不能创建多个程序的。　　　　　　　　　　(　　)

4. 不同进程所执行的代码一定不同。　　　　　　　　　　　(　　)

5. 进程的优先级是存在于 PCB 中的。　　　　　　　　　　　(　　)

6. 子进程可继承父进程持有的全部资源。　　　　　　　　　　　　（　　）

简答题

1. 简要描述操作系统内核的三种结构模式。

2. 画出 Windows 的内核体系结构图,并给出与内核各主要模块或组件对应的外部程序文件说明(内核模块/组件名称……磁盘目录/文件名)。

3. 什么是进程?系统为了控制进程运行,通常使用哪种数据结构?保存哪些方面的信息?

4. 简述进程创建的主要过程,指出每个过程中操作系统需完成的主要工作。

5. 在单用户系统中,有 n 个进程,请问排在就绪队列和阻塞队列的进程个数范围是多少?

6. 为了实现进程由等待状态转为就绪状态变化,操作系统应该提供哪种原语?该原语的基本功能有哪些?

7. 请比较进程与程序、进程与线程的区别。

综合题

1. 画出 Linux 创建进程的处理流程图。

2. 假设某进程的工作流程如图 3.9 所示。如果系统中的进程只有三个状态,且进程被调度后即可投入运行,当时间片为 200 ms 时,请写出进程 A 从被系统接纳到运行结束所经历的状态转换,并简要说明原因。

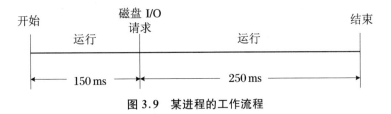

图 3.9　某进程的工作流程

上　机　实　践

在 Linux 环境下,编写一个简单的 C 语言小应用,体验创建进程机制。要求分别采用 fork()函数(复制进程映像)法和 exec 系列函数(替换进程映像)法进行实现。

第 4 章　调度与死锁处理

管理 CPU 资源称为调度。在多进程环境下,一方面,各进程之间需要共享 CPU;另一方面,当进程正在等待资源或执行 I/O 操作时,往往无法利用 CPU,此时,应把 CPU 分配给其他就绪进程,以提高 CPU 的利用率。这就引出了 CPU 调度问题,它涉及以下三个方面的技术:

(1) 调度策略(scheduling policy)　确定何时(when)当前进程被"剥夺"CPU,以及哪个(which)就绪进程将被分配 CPU 进入执行状态,即怎样确定各进程获得 CPU 服务的顺序。

(2) 调度机制(scheduling mechanism)　确定该如何(how)来触发和执行切换。

(3) 死锁(deadlock)处理　解决并发进程由于资源竞争、同步不当等因素,而导致调度无法实施的问题。

4.1　调度技术基础

在操作系统中,由称为进程调度器(process scheduler)的内核模块负责执行调度。调度器是进程管理器的一个重要组成部分,是操作系统内核中与进程调度有关的代码片段。它负责从正在运行的进程中夺取 CPU 的控制权,并按一定的策略从就绪队列中选择另一个进程投入运行。图 4.1 给出了进程管理器中调度器与 CPU、资源管理器的相互关系。

作为进程调度的准备,进程管理模块必须将系统中各进程的执行情况、状态记录在进程的 PCB 中,并根据进程的状态特征和资源需求,构造就绪进程队列和不同类型资源的等待队列。进程调度器通过 PCB 来掌握系统中所有进程的执行情况和状态特征,并在适当的时机从就绪队列中选择一个进程投入运行。

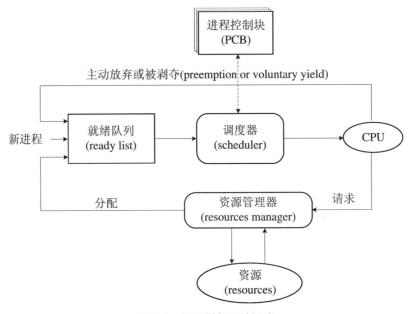

图 4.1　处理器与系统调度

内核中进程调度器通常不止一个,而是有多个分散在任何需要执行调度的点上。但分散在不同执行点的调度器代码都类似,故通常用宏的方法来实现。例如,Linux 执行进程切换任务由 switch_to()宏定义的一段汇编代码完成。

4.1.1　调度策略

在多道程序设计环境中,通常是多个进程竞争 CPU。进程调度的主要任务是控制、协调进程对 CPU 的竞争;按一定的调度算法,使得某个就绪进程获得 CPU 的控制权,进入运行态。

根据不同的系统设计目的,有多种不同的选择策略。例如系统开销较少的静态优先数调度法、适合分时系统的轮转法以及多级反馈轮转法等。4.2 节将介绍一些常用的常规调度算法。

4.1.2　调度器的触发时机

进程调度器由谁激发或调用,通常可分为主动和被动两种切换类型。

• 主动切换型(主动或自愿调度) 指当前进程因等待某类资源或事件而暂时停止运行时,主动放弃 CPU,即主动调用内核的相关原语,修改自己的状态,并主动执行调度器代码。

• 被动切换型(抢占式调度、强制调度) 指进程因执行时间片用完,或有更高优先级进程到来,或有硬件中断发生等,而被强制剥夺掉 CPU 的使用权。时间片配额是否用完的检查及调度器触发,通常由时钟中断处理器激发;其他情况则由相应的事件处理器触发。

例如,wait 原语实际执行了以下代码:
current->state = TASK_INTERRUPIBLE;
schedule();   //重新调度

又如,执行 exit,也有类似代码:
current->state = TASK_ZOMBIE;
schedule();

以上两种情况都发生了进程调度,说明用户程序自己可主动执行进程调度。

抢占调度通常可分为用户抢占和内核抢占两类。

用户抢占发生在从系统调用或中断处理返回用户空间期间。例如,Linux 系统中进程运行从内核即将返回用户空间时,若其 PCB 中的 need_resched 标志被设置,则会导致 schedule()被调用,从而发生用户抢占现象。

在支持内核抢占的系统中,更高优先级的进程/线程可以抢占正在内核空间运行的低优先级进程/线程。CPU 在执行了当前指令之后,在执行下一条指令之前,CPU 要判断在当前指令执行之后是否发生了中断或异常。如果发生了,CPU 将比较新到进程的优先级和当前进程的优先级;如果新来者的优先级更高,则在执行完中断服务程序返回时,将执行进程调度。

在支持内核抢占的系统中,以下几种情形是不允许被抢占的:

(1) 内核正在进入中断处理程序期间。

(2) 内核正在结束中断处理,恢复被中断进程状态期间。

(3) 进程正持有自旋锁(spinlock)、读写锁(writelock/readlock)等,当持有这些锁时,不应该被抢占;否则在多 CPU 环境下抢占将导致其他 CPU 长时间不能获得锁甚至死锁。

(4) 内核正在执行调度程序本身。

Linux 系统为了保证在以上情况下不会发生抢占,抢占式内核使用了一个称为内核抢占计数的变量 preempt_count。这一变量被设置在进程的 PCB 或 thread_info 结构体中;每当内核要进入以上几种状态时,变量 preempt_count 就加 1,指示内核不允许抢占,反之减1。

一般来说,引起进程调度的时机或触发原因,通常与 OS 类型有关,大体上可归结为以下几种:

(1) 正在执行的进程运行完毕;

(2) 正在执行的进程提出 I/O 请求;

(3) 正在执行的进程执行某种原语操作(如 P 操作),导致进程阻塞;

(4) 分时系统中的当前进程时间片用完;

(5) 在 CPU 可剥夺方式下,就绪队列中某个进程的优先级变得高于当前运行进程的优先级。

4.1.3 上下文切换

一个进程的上下文包括进程的状态、有关变量、CPU 中各寄存器值和包含进程代码/数据映像的进程空间等。一个进程的执行是在进程上下文中执行的。当正在执行的进程由于某种原因要让出 CPU 时,系统要做进程上下文切换,以使得另一个进程得以执行。

进程上下文切换的主要步骤包括:

(1) 保存 CPU 的上下文到当前进程 PCB;

(2) 用新状态和其他相关信息更新当前进程的 PCB;

(3) 把当前进程移到合适的队列——就绪,或某个阻塞队列;

(4) 选择另一个要执行的进程,作为新的当前进程;

(5) 更换被选中进程的 PCB;

(6) 从被选中进程的 PCB 中,重新装入 CPU 的上下文。

4.1.4 CPU 调度的主要类型

按所涉及的层次划分,CPU 调度可分为:

- 高级调度　也称为长程调度、宏观调度或作业调度(分钟级)。
- 低级调度　也称为短程调度或微观调度,包括进程调度(毫秒级)和线程调度(微秒级)。
- 中级调度　进程在内外存之间的交换、挂起调度(几十毫秒)。

图 4.2 给出了这种具有三级调度的 CPU 调度模型。若按操作系统类型划分,还可将 CPU 调度分为批处理调度、分时调度和实时调度。

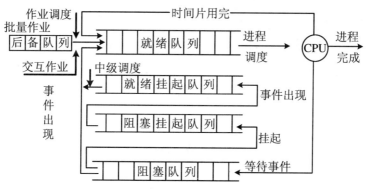

图 4.2 一种具有三级调度的 CPU 调度模型

4.1.5 衡量调度性能的原则

4.1.5.1 面向用户的原则

- 公平原则　保证每个进程得到合理的 CPU 时间。
- 有效原则　使得 CPU 尽可能忙碌。
- 平均周转时间短

   TurnaroundTime T_i = ServiceTime $\tau(P_i)$ + WaitTime $W(P_i)$

  作业 J_i 的周转时间 T_i：指从提交到完成的总时间。

  n 个作业的平均周转时间：$T = \dfrac{1}{n}\sum_{i=1}^{n} T_i$。

  作业带权周转时间：T_i/T_{si}。

  n 个作业的平均带权周转时间：$W = \dfrac{1}{n}\sum_{i=1}^{n}\dfrac{T_i}{T_{si}}$。

- 响应时间短　响应时间指从用户提交到首次产生响应的时间，是评价分时系统的重要指标。响应时间

   ResponseTime = WaitTime + execCommandTime

- 优先权原则　可以让关键或紧迫的任务运行达到更好的指标。
- 截止时间(time-deadline)有保证　截止时间又分开始截止和完成截止，是评价实时系统的重要指标。

4.1.5.2 面向系统的原则

- 系统利用率高。CPU 利用率高(使 CPU 保持忙碌状态，即总是有进程在 CPU 上运行)；各类资源的平均利用率高。

- 吞吐率要大。吞吐率指单位时间内处理的进程或任务作业数。

由于这些准则或目标不可能同时达到，所以，不同的操作系统通常会先针对一些原则做权衡取舍，再确定自己的调度算法。例如，UNIX 采用动态优先数调度，BSD 采用多级反馈队列调度，Windows 采用抢先式多任务调度等。

4.2 常规调度算法

进程调度程序的一项主要工作是根据一定的调度算法，从就绪队列中选出一个进程，把 CPU 分配给它。调度算法选用必须考虑系统的类型、系统的设计目标和进程类型，调度算法的好坏会影响系统的工作效率和资源利用率。

根据 CPU 调度是否可剥夺，调度算法大致可分为两大类：

（1）非剥夺式（non-preemptive） 一旦一个进程被调度器选中，它就将一直运行下去，直到出现因某种事件而等待，或时间片用完。

（2）剥夺式（preemptive） 一个进程能够将 CPU 资源强行地由正在运行的进程中抢占过来。

以下简要介绍一些经典的作业进程/线程通用调度算法。为简明起见，相关描述主要针对进程调度来说明。

4.2.1 先到先服务算法

先到先服务（First Come First Service，FCFS）算法的调度决策，只考虑作业达到作业队列或进程进入就绪队列的先后，而不考虑其他因素。其特点是：

- 简单易行，但性能通常不太好。
- 有利于长作业、CPU 繁忙型作业；不利于短作业、I/O 繁忙型作业。

CPU 繁忙型作业需大量 CPU 时间进行计算，每次执行用 CPU 持续时间长。而对于 I/O 繁忙型作业，I/O 次数多，运行时每发生一次 I/O 中断，就要退出运行态进入阻塞等待态一次。

例 4.1 表 4.1 给出了五个进程的相对到达时间、优先数（优先数越大，优先级越高）和服务时间（单位：分钟）。试分析 FCFS 算法的调度次序、等待时间、周转时间和带权周转时间。

表 4.1　已知条件及 FCFS 算法的计算结果

进程 Pi	到达时间（相对时间·分钟）	优先数	服务时间	FCFS 算法			
				调度次序	等待时间	周转时间	带权周转时间
P0	0	5	350	1	0	350	1.00
P1	50	2	125	2	300	425	3.40
P2	75	3	475	3	400	875	1.84
P3	150	1	250	4	800	1 050	4.20
P4	250	4	75	5	950	1 025	13.67
平均					490	745	4.82

4.2.2　最短作业优先算法

最短作业优先（Shortest Job First，SJF）算法，总是先调度当前就绪队列中要求 CPU 时间最短的那个作业或进程。

与 FCFS 相比，SJF 的优点是，能有效降低平均等待时间，有利于提高系统的吞吐量，具有最短的平均周转时间；其缺点是，对长作业不利，存在长作业饥饿情况；此外，也未考虑作业的紧迫程度（优先级）。

另外，由于作业的长短只是根据用户提供的估计，致使该算法不一定能做到真正最短作业优先。

例 4.2（续例 4.1）　分析 SJF 算法。有关计算结果如表 4.2 所示。

表 4.2　已知条件及 SJF 算法的计算结果

进程 Pi	到达时间（相对·分钟）	优先数	服务时间	SJF 算法			
				调度次序	等待时间	周转时间	带权周转时间
P0	0	5	350	1	0	350	1.00
P1	50	2	125	3	375	500	4.00
P2	75	3	475	5	725	1 200	2.53
P3	150	1	250	4	400	650	2.60
P4	250	4	75	2	100	175	2.33
平均					320	575	2.49

例 4.3 证明在非剥夺式调度算法中,对于同时到达的 n 个批处理作业,最短优先调度策略(SJF)具有最短的平均等待时间。假设调度程序只要有任务就必须执行,且不考虑之后到达的作业任务。

证明 设 n 个进程为 P1,P2,…,Pn,;需运行的时间分别为 $S_1, S_2, …, S_n$;对 n 个进程按需执行时间长短,重新排序进程编号为 $P'_1, P'_2, …, P'_n$,它们的运行时间满足:$S'_1 \leqslant S'_2 \leqslant … \leqslant S'_n$,

$$\begin{aligned} \text{TRN} &= [S'_1 + (S'_1 + S'_2) + (S'_1 + S'_2 + S'_3) + \cdots \\ &\quad + (S'_1 + S'_2 + \cdots + S'_{n-1})]/n \\ &= [n \times S'_1 + (n-1)S'_2 + \cdots + 2 \times S'_{n-2} + S'_{n-1}]/n \\ &= (S'_1 + S'_2 + \cdots + S'_{n-2} + S'_{n-1}) \\ &\quad - [0 \times S'_1 + 1 \times S'_2 + \cdots + (n-1) \times S'_{n-1}]/n \end{aligned}$$

由于在任何调度方式下,$S'_1 + S'_2 + \cdots + S'_{n-2} + S'_{n-1}$ 是一个固定的常数,而当 $S'_1 \leqslant S'_2 \leqslant \cdots \leqslant S'_n$ 时,$0 \times S'_1 + 1 \times S'_2 + \cdots + (n-1) \times S'_{n-1}$ 最大,即此时 TRN 最小。

4.2.3 时间片轮转调度算法

时间片轮转调度算法,也称为 Round-Robin(R-R)算法。它将 CPU 处理时间划分为一个个时间片 q,轮流地调度就绪队列中进程运行一个时间片。当时间片结束时,就强迫当前运行进程让出 CPU,重新进入就绪队列,等待下一轮调度。同时,调度程序又去就绪队列中选择下一个进程,分给它一个时间片,进入运行态。

时间片配额(quantum, QTM)长度是影响 R-R 算法特征的最重要因素。当 QTM 很长时,用户进程响应时间变长。如果一个 QTM 长度能保证就绪进程中所有进程在一个时间片内执行完毕,则 R-R 算法就退化为 FCFS 算法。当 QTM 很短时,因上下文切换过于频繁而增加额外开销,性能也不一定好。

QTM 大小常依据系统对响应时间要求 R 和就绪队列中所允许的最大进程数 N_{max} 确定,即 QTM = R/N_{max}。

4.2.4 优先权调度算法

为了照顾到紧迫型进程在进入系统后便能获得优先处理,人们又引入了优先权调度算法。它总是调度就绪队列中优先权级最高的进程投入运行。进程的优先权级通常由称为优先数的整数表示,优先数大者对应的优先权级是高还是低,取决于具体的系统。例如,UNIX 系统规定优先数越大,优先权级越低;而 Windows 中则是优先数越大,对应的优先权级越高。

决定进程优先权级大小的因素,既有静态的,也有动态的。静态因素主要包括进程创建时的初始特性、类型或用户对运行紧迫性方面的要求。单纯基于静态因素确定优先权级,虽然简单,但在高优先权级进程不断进入就绪队列的情况下,可能导致某些低优先权级进程无限等待。

让进程优先权级在运行中随着进程特性的变化而进行动态调整,例如,随着等待时间变长而提升其优先权级,随着占用 CPU 时间增加而降低其优先权级,是一种较好的策略。在静态优先数基础上综合考虑这类动态因素后,不仅可消除初始优先权级低的进程的 CPU 饥饿问题,也有利于提高调度算法的公平性,进而提高系统的整体性能。

根据优先权级计算是否考虑动态因素,优先权级可分为静态优先权级和动态优先权级两种:

(1) 静态优先权级　静态优先级在进程创建时确定,运行期间不变。

Windows、Linux 等系统的实时进程,通常只使用静态优先级。静态优先权级大小,一般根据进程类型、资源要求、用户要求、所付运行费等因素,进行综合确定。

(2) 动态优先权级　进程创建时设定初值,运行期间有一定幅度的动态可变。影响优先权级动态变化的因素包括进程的等待时间、占用处理器时间或被阻塞等待的次数等。

根据优先权级高的进程是否允许抢占或剥夺优先权级低的进程 CPU,优先权调度算法又可分成以下两种方式:

(1) 非抢占式优先权算法,或不可剥夺调度(nonpreemptive scheduling)

在该方式下,系统一旦将 CPU 分配给运行队列中优先权级最高的进程后,该进程便一直执行下去,直至运行完成、时间片用完或因发生某事件而主动放弃 CPU 时,系统方可将 CPU 分配给另一个优先权级高的进程。这种调度算法主要用于批处理系统,或某些对实时性要求不严格的实时系统中。

(2) 抢占式优先权调度算法,或可剥夺调度(preemptive scheduling)

在该方式下,系统力求保持当前进程总是可运行进程中优先权级最高的那个。每当出现一个新的可运行进程,就将它和当前进程进行优先权级比较;如果更高,就触发进程调度。这种调度算法,能更好地满足紧迫进程的要求,常用于实时系统中。

例 4.4　在一个两道批处理操作系统中,有四个作业依次进入系统,它们的进入时间、估计运行时间和优先级(优先数大者优先级高)如表 4.3 所示。

表 4.3 例 4.4 中的已知条件

作业	进入时间	执行时间(分)	优先级
J1	8:00	90	5
J2	8:30	30	6
J3	8:50	20	3
J4	9:00	15	8

假设各作业的资源请求都能满足,作业一旦进入内存直到结束才退出。在第一个作业提交后就开始作业调度,作业调度采用短作业优先算法,总是尽可能地调度新作业进入内存执行。每个作业在内存中执行分别对应一个进程,进程调度采用优先权调度算法。忽略调度所花销的时间。

(1) 写出四个作业的运行时间区间。

(2) 计算这四个作业的平均周转时间。

解 (1) 8:00 J1 调入内存,并在 CPU 上运行。

8:30 J2 调入内存,因 J2 优先级高于 J1,故 J1 让出 CPU,J2 运行。

8:50 J3 出现,但因最大并发作业数为 2 且作业要到结束时才退出,J3 暂无法被调度进入内存。J2 运行 30 分钟后退出,故 J2 的运行时间是 8:30~9:00。

9:00 J3、J4 都已出现,短作业优先,J4 进入内存;又因 J4 优先级高于 J1,J4 占用 CPU,运行 15 分钟后退出,故 J4 的运行时间为 9:00~9:15。

9:15 只有 J3 被调入内存。但由于优先级低于 J1,J1 获得运行直到结束,故 J1 的运行为 8:00~8:30 和 9:15~10:15。

最后,J3 对应进程进入运行,运行时间为 10:15~10:35。

综上所述,各作业的运行时间和周转时间分别如下:

J1 的运行时间为 8:00~8:30,9:15~10:15,周转时间为 135(=45+90)分钟;

J2 的运行时间为 8:30~9:00,周转时间为 30 分钟;

J3 的运行时间为 10:15~10:35,周转时间为 105(=85+20)分钟;

J4 的运行时间为 9:00~9:15,周转时间为 15 分钟。

(2) 平均周转时间为(135+30+105+15)/4=71.25(分钟)。

4.2.5 多级反馈队列调度算法

多级反馈队列算法(Round Robin with Mutiple Feedback,PRMF)是时间片轮转算法和优先权算法融合发展的结果。它把就绪进程按优先权级排列成多个队列,并赋予每个队列不同的轮转时间片,高优先级队列的轮转时间片比低优先级队列的轮转时间片小。当一个新进程被创建后,首先被放入最高优先级就绪队列的队尾。

调度时,先选择高优先级队列的队首进程,使其投入运行;当该进程时间片用完后,若所在队列中还有其他进程,则按照轮转方式依次调度执行;同时,用完时间片但尚未结束的进程,其优先权级将被降一级,并转入新优先级对应的就绪队列队尾。只有高优先级的队列为空时,调度程序才会从低一级的就绪队列中调度进程执行。

这种算法能较好地兼顾各种用户(长短作业、紧迫性作业)的需要,具有较好的性能,是一种比较理想的进程调度方法。

◇ 终端用户提交的作业属于交互型、优先级较高的短作业,通常在1~3个时间片内就可执行完。同时,在实际系统中,高优先级进程在运行完一个时间片后,优先级也可能不被降低,仍有可能保持原有的优先级,即可能再次进入原来的高优先级就绪队列队尾。因此,这类作业有很好的响应时间。

◇ 而长作业对应的进程,将依次进入从高至低的不同优先级队列。虽然每次等待时间会加长,但每次获得的执行时间片也会不断加长(相当于得到了另一种惠顾)。

标准的 UNIX 调度程序采用基于优先权的多级反馈队列算法。大多数实现都用了两级优先队列:一个标准队列和一个实时队列。如果实时队列中的进程未被阻塞,它们都要在标准队列中进程之前被执行。每个队列中,静态优先级"nice"高的进程先被执行。与 UNIX 调度稍有不同,Linux 调度采用可兼顾优先权的 R-R 算法,可较好地兼顾优先级、运行时间长度和等待时间长短等因素。

4.2.6 最高响应比优先调度算法

最高响应比优先调度算法(Highest Response ratio Next,HRN),总是从就绪队列中选出响应比最高的作业投入运行。响应比 R 定义为

$$响应比\ R = 作业周转时间\ /\ 作业处理时间$$
$$= (作业等待时间 + 作业处理时间)\ /\ 作业处理时间$$
$$= 1 + 作业等待时间\ /\ 作业处理时间$$

从响应比的定义不难看出:

- 如果作业的等待时间相同,则要求服务的处理时间越短,其响应比(优先级)越高,因此,它类似 SJF,有利于短作业;
- 当要求服务的时间相同时,R 取决于等待时间;对于长作业,若其等待时间足够长,R 也可能很高,从而有机会获得 CPU。

HRN 算法兼顾了作业的等待时间和估计需要的执行时间:既照顾了短作业,

又考虑了作业到达的先后顺序（等待时间），不会让作业长期得不到服务，是对SJF和FCFS方式的一种较好的折中。由于长作业也有机会投入运行，在同一时间内CPU完成的作业数显然会低于SJF法，即与SJF相比，HRN的作业吞吐量低，平均周转时间高。

例 4.5 一个作业 8:00 到达系统，估计运行时间为 1 小时。若 10:00 开始运行该作业，则其响应比是多少？

解 $R = 1 + 2/1 = 3$。

4.2.7 实时系统及其调度算法

实时系统要求系统对外部事件尽快响应。

实时系统中，应用的外部事件（高精度的计算机监控）对系统响应时间及处理速度要求非常高，时间因素是系统的关键因素。通常，实时系统可分为硬实时系统和软实时系统。前者指系统必须严格满足时间的约束，而后者则意味着偶尔的超时也是允许的。

外部任务总可分为周期性和非周期性两类。对于非周期任务，存在开始截止时间和完成截止时间限制，而周期性任务只要求在周期内完成或开始进行处理。

在实时系统中，广泛采用基于优先级的、立即抢占的调度方式。因为这种调度方式既具有较大的灵活性，又能获得很小的调度延迟；但是这种调度方式相对复杂。

实时系统必须具有以下特点或能力：
(1) 很快的进程切换速度；
(2) 快速的外部中断响应能力；
(3) 采用基于优先级的、立即抢占式调度策略。

4.3 Linux 及 Windows 系统调度程序分析*

在设计操作系统进程/线程调度算法时，需要综合考虑优先级别、等待时间等因素。实际操作系统并不是单纯用某一种调度算法，而是综合多种算法并根据实际系统的需要进行针对性的优化设计。本节简要介绍 Linux 和 Windows 两个实际操作系统的调度机制。

4.3.1 Linux 系统调度程序分析

Linux 进程调度是抢占式的。被抢占的进程仍然处于 TASK_RUNNING 状态，只是暂时没有被 CPU 运行。用户进程 CPU 被抢占发生在进程处于用户态的执行阶段（严格来说，是在返回用户态前夕被抢占）；在内核态执行时，CPU 一般是不会被抢占的。

Linux 调度采用了可兼顾优先权的时间片轮转调度策略，其调度器的主函数是 schedule()。schedule() 函数将遍历就绪队列中的所有进程，调用 goodness() 函数计算每一个进程的权值 weight，从中选择权值最大的进程作为下一个（next）准备投入运行的进程。schedule() 函数的主要工作流程如下：

(1) 清理当前运行中的进程（释放当前进程占用的内核锁，从就绪队列移出等）；
(2) 选择下一个要运行的进程（pick_next_task）；
(3) 设置新进程的运行环境；
(4) 完成进程的上下文切换。

该函数的关键结果是设置一个叫作 next 的变量，让它指向被选中的、将取代当前进程的进程。如果系统中没有优先权高于当前进程的可运行进程，next 也可能与 current 相同，不发生任何进程切换。

4.3.1.1 Linux 进程调度的依据

调度程序运行时，要在所有处于可运行状态的进程之中选择下一个最值得投入运行的进程。进程 task_struct 结构中与调度有关的五个字段域是：

- need_resched　在调度时机到来时，检测这个域的值，如果为 1，则调用主函数 schedule()。

- counter　进程处于运行状态时所剩余的时钟滴答数（即当前时间片的剩余时间），每次时钟中断到来时，这个值就减 1。当这个值被减到 0 时，就把 need_resched 域置 1。因此，这个域也常称为进程的"动态优先级"。

- nice　这个域决定 counter 的初值，相当于进程的"静态优先级"。只有通过 nice()、sched_setparam() 系统调用，才能改变进程的静态优先级。

- rt_priority　实时进程的优先级（也是创建时设定的初值）。

Linux 进程调度从整体上区分实时进程类和普通进程类，并采用不同的调度策略（policy）。对于普通进程，选择进程的主要依据为 counter 和 nice。而对于实时进程，Linux 采用了两种调度策略，即 FIFO（先来先服务调度）和 RR（时间片轮转调度）。因为实时进程具有一定的紧迫性，故衡量一个实时进程是否该运行，Linux 采用了一个比较固定的标准：主要由它的静态实时优先级（rt_priority）决定。

系统通过调用 sched_setscheduler()可以改变系统调度的策略。

4.3.1.2 Linux 如何计算进程优先级

在 Linux 内核中,函数 goodness()负责计算一个处于可运行状态的进程值得运行的程度(即优先级)。该函数综合使用了进程 task_struct 结构中与调度有关的五个字段域,给每个处于可运行状态的进程计算一个权值(weight),权值越大,优先级越高,它是调度程序选择运行进程的唯一依据。

该函数的主体如下:

```
#define SCHED_OTHER        0
#define SCHED_FIFO         1
#define SCHED_RR           2
#define SCHED_YIELD        0×10
static inline int goodness(struct task_struct * p, int this_cpu, struct mm_struct * this_mm){
    int weight;      /* 权值,作为衡量进程是否运行的唯一依据 */
    weight = -1;
    if (p->policy & SCHED_YIELD)
    goto out;        /* 如果该进程愿意"礼让(yield)",则让其权值为-1 */
    switch(p->policy) {
        /* 实时进程——实时进程的权值取决于它的实时优先级,至少是1000 */
        case SCHED_FIFO:
        case SCHED_RR:
        weight = 1000 + p->rt_priority;    //实时进程的 weight 计算与 counter 和
                                           //  nice 无关

        /* 普通进程 */
        case SCHED_OTHER: {
            weight = p->counter;
            if (!weight) goto out;
            /* 做细微的调整
```

对于以下两种情况,都给其权值加 1,算是对它们小小的奖励:
(1) p->mm 为空,进程无用户空间(例如内核线程),则无需切换到用户空间;
(2) p->mm = this_mm,说明该进程的用户空间就是当前进程的用户空间 */,进程完全有可能再次得到运行。

```
            if (p->mm = this_mm || ! p->mm)
            weight = weight + 1;
```

/* 初值 nice 是从 UNIX 沿用下来的负向优先级,值越大,表示越"谦让"
　　（优先级越低）。
　* 其取值范围为 -20～+19,故(20 - p->nice)的取值范围就是 0～40。
　* 普通进程的权值不仅考虑了其剩余的时间片,还考虑了其优先级。
　* 权值 weight 越大,优先级越高。   */
weight += 20 - p->nice;   /* 在剩余 counter 一样的情况下,短进程
　　　　　　　　　　　　　　　　　　优先 */
    } //end—case SCHED_OTHER
} //end—switch
out:
return weight;   /* 返回权值 */
}

4.3.1.3 Linux 如何实现进程切换

实施进程切换除了执行状态、堆栈切换外,还要进行进程空间切换。Linux 通过内核函数 context_switch()来具体执行当前进程 prev 和下一个准备运行进程 next 的运行切换。其中,一个关键处理点是针对内核线程的切换处理。

在 Linux 2.2 版以前,内核线程都有自己的地址空间。这种设计选择不是最理想的,因为在任何时候当调度程序选择一个新进程(即使是一个内核线程)运行时,都必须改变页表。但实际上,由于内核线程都运行在内核态,它仅使用线性地址空间最高端的 1 GB,其页表映射对系统的所有进程都是相同的。在最坏情况下,写 cr3 寄存器还会使所有的 TLB 表项无效,这将导致极大的性能损失。

Linux 高级版本对内核线程切换进行了优化:如果下一个即将运行进程 next 是内核线程,调度程序就让它使用之前进程 prev 的地址空间,从而不涉及页表切换,同时把内核进程设置为懒惰 TLB 模式。context_switch 函数的部分关键代码分析注解如下:

struct task_struct * context_switch （struct rq * rq,
　　　　　　　　　　　　　　　　　struct task_struct * prev,
　　　　　　　　　　　　　　　　　struct task_struct * next）{
　struct mm_struct * mm = next->mm;
　struct mm_struct * oldmm = prev->active_mm;
　/* 进程描述符的 active_mm 字段指向进程所使用的内存描述符,mm 字段指向进程所拥有的内存描述符。对于一般的进程,这两个字段有相同的地址,但是,内核线程没有它自己的地址空间,因而它的 mm 字段总是被设置为 NULL。 */
　trace_sched_switch(rq, prev, next);

```
if（！next->mm）{        //是内核线（进）程
    next->active_mm = oldmm；
    atomic_inc(& oldmm->mm_count)；
    enter_lazy_tlb(oldmm, next)；
} else      //普通进程，用 next 的地址空间替换 prev 的地址空间
switch_mm(oldmm, mm, next)；
/* 如果 prev 是内核线程或正在退出的进程，就把指向 prev 内存描述符的指针保
   存到运行队列的 prev_mm 字段中，然后重新设置 prev->active_mm */
if（！prev->mm）{
    rq->prev_mm = prev->active_mm；
    prev->active_mm = NULL；
}
/* 执行寄存器状态和堆栈切换 */
switch_to(prev, next, prev)；   //是一个宏函数，由嵌入汇编实现
return prev；
}
```

执行任务切换操作时，CPU 会把所有寄存器的状态保存到当前任务寄存器 TR 所指向的当前进程 TSS 段，然后再把与新任务对应的 TSS 结构中的寄存器信息恢复到 CPU 中，系统就正式开始运行新切换的任务了。

4.3.2　Windows 系统调度程序分析

Windows 系统的调度对象是线程，没有统一的调度模块，调度程序嵌在多个调度触发事件出现的位置。作为一个实际操作系统，其线程调度不是单纯使用某一种调度算法，而是多种算法的结合体。系统实现了一个基于优先级的、抢先式多 CPU 调度系统。除了允许抢先这点外，其调度策略也有些类似多优先级反馈队列，依据优先级和分配时间片来调度。

4.3.2.1　优先级控制策略

设置了 0~31 共 32 个优先级别。最大优先数 31 对应的优先级最高。每个优先级对应一个子就绪队列，这相当于有 32 个就绪队列的多级反馈队列。高优先级线程可抢先于低优先级线程，同优先级线程则按时间片轮转。

- 31~16 为优先级较大的实时优先级；系统中重要的内核线程都运行在实时优先级。实时线程在其生命周期中，优先级不会发生变化。
- 15~1 为 15 个可变（临时）线程优先级；具有可变优先级的线程，在其生命周期中，可能因时间片用完而降低优先级，或因等待而提升优先级，但提升的上限

是 15。

- 最小优先级 0,被作为系统空闲线程/写零页线程的优先级。系统的每个处理器都有一个对应的空闲线程,在 CPU 空闲时运行;写零页线程负责将一个内存页面内容清零,它不是要紧的工作,可在用系统空闲时间进行。

值得注意的是,不要把以上线程优先级与中断优先级混淆。Windows 中,中断优先级也是 32 个等级,其中:

◇ 31~3:各种硬件设备使用的优先级(例如,电源故障为 30,时钟中断为 28);
◇ 2:延迟过程调用(DPC)及调度(dispatch)代码运行的优先级;
◇ 1:异步过程调用(APC)或实时线程的运行优先级;
◇ 0:一般用户线程运行的优先级。

具有优先级 31~0 的各类线程代码运行优先级,实际仅对应中断优先级最低的 1~0 级。也正因如此,调度程序代码运行在中断优先级 2 将高于所有优先级线程代码,因此,调度程序代码运行不会被任何线程抢先!同时,线程调度与实时线程执行,也不会干扰或阻断任何硬件中断服务代码的执行。

4.3.2.2 时间片配额(quantum,QTM)

Windows 专业版的默认 QTM 为 6,服务器版 QTM 为 36。为简单起见,这里只介绍专业版情况。线程每次进入就绪队列,都会重置 QTM 值为默认值。

每次时钟中断,时钟中断服务例程将当前线程 QTM 减 3。因此,一个线程缺省的连续运行时间为 2 个时钟中断间隔。对每秒中断 100 次的 X86 系统,每个时钟中断间隔为 1/100 s,即 10 ms。当一个处于运行态线程用完它的 QTM 后,必须确定是否需要降低该线程的优先级。

让每次时钟中断减 3 而不是减 1,是为了允许在一些特殊情况下,做更小的减小调整。例如,当可变优先级线程(优先级≤14)执行一个阻塞等待函数(wait for single object)时,让其 QTM 减 1 的做法,可解决线程在时钟中断触发前进入等待状态而产生的问题。否则,有些线程可能总是在运行一段时间后,且在时钟中断发生前进入等待状态,时钟中断时它都不是当前线程,会导致它的 QTM 永远不会减少。

另外,如果时钟中断出现时,系统正在执行调度代码(DPC/线程调度级),则当前线程的 QTM 仍要被减 3,哪怕它之前一条指令也没有执行。

如果刚用完 QTM 线程的优先级没被降低,并且有其他优先级相同的就绪线程,调度程序将选就绪队列中下一个线程投入运行状态;对于刚用完 QTM 的线程,则将其运行态改为就绪态,并分配一个新的时间配额(即重置 QTM),进入新确定优先级队列的队尾。

4.3.2.3 调度器数据结构

（1）就绪队列，由一组子队列组成，每个调度优先级有一个队列，共有 32 个子队列。

（2）系统为提高调度速度，维护了一个称为就绪位图的 32 位量，每个位指示一个调度优先级的就绪队列中是否有线程在等待运行。

（3）一个与处理机个数相对应的位图，每个位指示对应处理机是否处于空闲状态。

（4）在线程 TCB 中，记录各线程的状态、亲合 CPU 掩码、首选 CPU 和次选 CPU 等。

当一个线程被调度进入运行状态时，它可运行一个配额时间片。但由于允许抢先式，线程进入运行态后可能在用完它的时间配额之前被抢先。为防止调度代码与线程在访问内核调度器数据结构时发生冲突，使用了自旋锁进行同步协调。

4.3.2.4 调度策略

1. 主动切换

一个线程可能因等待某事件而主动放弃 CPU。比如，因同步需要或执行 I/O 操作而进入等待。进入等待状态线程的 QTM 不会被重置，但在等待完成后，线程的 QTM 减 1。

大多数的等待操作会导致临时可变优先级的提高。

2. 抢先

当一个高优先级线程进入就绪状态，或有线程的优先级动态增加时，正处于运行的低优先级线程可能会被抢先。值得注意的是，当线程被抢先时，它被放回相应优先级就绪队列的队首（而不是队尾！）。

可能导致线程提升优先级的几种情况：

（1）I/O 操作完成；

（2）信号量或等待事件出现；

（3）由于窗口活动而唤醒图形接口线程；

（4）线程处于就绪状态超过一定时间，但没能进入运行状态（CPU 饥饿）。

线程提升优先级的目的是改进系统吞吐量、响应时间等整体特性，以解决线程调度策略中存在的不公平性。优先级提升策略仅适用于可变优先级线程，优先级提高的上限是 15。

线程优先级提升是以线程创建时设定的基本优先级为基点的，不是以线程当前优先级为基点。线程优先级提升后将在提升后的优先级上运行一个 QTM。当用完一个 QTM 后,线程会降低一个优先级,并运行另一个 QTM。这个降低过程会一直持续下去,直到降至原来的基本优先级。被抢先的线程在提升后的优先级上用完它的时间配额后才会降低一个优先级。

线程调度触发事件:
(1) 一个线程进入就绪状态,如出现新创建线程或刚刚结束等待状态的线程;
(2) 一个线程由于 QTM 用完而从运行态转为结束态或等待态;
(3) 一个线程调用了可改变优先级的系统函数,改变了自己的优先级;
(4) 一个正在运行的线程改变了它的亲和处理器集。

4.4 多处理机调度

当系统有多个 CPU 时,进程或线程的调度变得更加复杂。一方面,因为有多个 CPU,可采用的调度方式增多;另一方面,调度的目标也不是使单个 CPU 尽量处于忙状态,而是使整个系统的运行效率最高。

4.4.1 多处理机环境下的进程调度概述

多处理机体系分为同构型和异构型两大类。在同构型体系中,所有 CPU 的地位、特性完全相同;而异构型体系,通常由一个主 CPU 和多个从 CPU 构成,故又称为主从式系统。不同体系构型的调度方式往往不同。

异构型多 CPU 系统,一般都是指主从式系统。这类系统一般是让操作系统核心部分固定在主 CPU 上执行,而从 CPU 只处理用户进程。

4.4.1.1 同构型多 CPU 系统的进程调度

在同构型多 CPU 系统中,可采用以下三种 CPU 分配方式:

1. 静态分配

为每个 CPU 设置一个专用的进程就绪队列;进程从开始执行直到完成,都被分配到同一个 CPU 上,进程阻塞后再次就绪,仍被分配到原先 CPU 上。这种调度方式与单 CPU 下的调度方式基本相同。优点是进程调度开销少,缺点是易导致各 CPU 负载不均衡。

2. 动态分配

为了防止各 CPU 负载不均衡,在系统中设置一个公共的就绪队列,系统中所有的就绪进程都被放入该队列中,并由一个统一的系统调度器,负责从公共就绪队列中依次取出进程并分派到不同的 CPU 上。

对一个需多次调度执行才能完成的进程而言,每次调度都是被随机分配到其中一个处理机上运行。这种动态分配方法的优点是可防止系统中各 CPU 负载不平衡;缺点是调度的开销可能比较大。

3. 自调度

系统中仍只有一个公共的就绪进程队列。但没有统一的系统调度器,而是各 CPU 在空闲时自行从就绪队列选取一个就绪进程。要求系统中设置同步自旋锁,以保证各 CPU 互斥地访问公共就绪队列。

4.4.1.2 异构型多处理机系统的进程调度

异构型多 CPU 系统一般让操作系统核心部分固定在主 CPU 上执行,而从 CPU 只处理用户进程。系统维持一个公共就绪队列,并采用动态方法进行调度:只要就绪队列不空,主机核心进程便循环地从队首取任务分配给从机。从机分配到任务后即开始运行,直到结束再向主机发出分配新任务的请求。

由于主 CPU 独立运行,同步问题比较简单,但可靠性较差。因为主机一旦出现问题,系统就会瘫痪,而且也易导致主机太忙的系统瓶颈。

4.4.2 自调度技术

在多 CPU 系统中,最常采用的调度方式是自调度,它直接由单 CPU 环境下的调度方式演变而来。以下介绍三种较常用的自调度方式。

4.4.2.1 简单自调度(self scheduling)

系统有一个公共的就绪任务(线程或进程)队列,所有 CPU 在空闲时,都可以从队列中取出一个任务运行。

1. 简单自调度算法

FCFS 算法是最简单的调度算法,按先后顺序进行调度。

1990 年,Leutenegger 等人针对 FCFS 算法、优先级算法和抢占式优先级算法进行了对比研究。结果发现,调度开销少的简单 FCFS 算法效果反而最好。当任务都很简短时,FCFS 算法优势更为明显。

当任务都较小时,后续运行任务的等待时间就不会很长,加之,系统中有很多 CPU(n 个),会使得后面任务等待的时间进一步缩短为 $1/n$。因此,简单 FCFS 用于多 CPU 系统的自调度,效果反而更好。

2. 简单自调度的优点

- 只要就绪队列不空,就不会出现 CPU 空闲的情况;

- 没有集中调度机制,任何 CPU 都可执行操作系统调度例程去选择一个任务;
- 调度算法可以采用单 CPU 的调度算法。

3. 简单自调度的缺点
- 存在性能瓶颈。整个系统中只有一个公共就绪任务队列,各 CPU 必须互斥访问该队列。
- 低效性。当一个进程阻塞后又重回就绪队列,其再调度得到的 CPU 很可能不再是阻塞前的那个 CPU。如果每台 CPU 上都配有 CACHE,则阻塞前在 CACHE 中保留的任务相关数据将失效,这会降低 CACHE 的效果。
- 运行含多个子任务的复杂任务时,易导致更频繁的任务切换。

同一大型应用的若干子任务,通常都有较密切的合作关系。但在自调度方式下,系统无法保证相关子任务能同时获得 CPU 执行,会使某些子任务因合作者未获得 CPU 而阻塞,进而被切换。有时,这种情形下可能还会发生恶性循环,导致更频繁的切换。

4.4.2.2 成组调度(gang scheduling)

为解决自调度方式中相关子任务切换频繁问题,Leutenegger 又提出了成组调度方式。具体方法是:由系统将一组相关的任务(进程或线程),同时分配到一组 CPU 上执行,每个任务与一个 CPU 相对应。这种调度方式的好处是:

- 如果一组相互合作的子任务能并行执行,则可能有效减少各子任务相互阻塞情况的发生。从而可以减少切换频率,有效提高系统的性能。
- 由于每次调度都可以解决一组任务的 CPU 分配问题,所以可以显著减少调度频率,从而减少了调度开销。

在一般情况下,成组调度的性能优于简单自调度,目前已获得了广泛的认可。

例 4.6 假设系统有四个 CPU 和两个应用程序。应用 A 包含四个线程,应用 B 只包含一个线程。四个 CPU 成组,轮流切换分配给应用 A 和 B,如图 4.3 所示。试分别计算面向应用(进程)和面向线程两种调度方式的 CPU 利用率。

解 相关结果如图 4.3 所示。

4.4.2.3 专用处理机分配方式

专用处理机分配方式(Dedicated Processor Assignment,DPA)最早由 Tucker 于 1989 年提出。其基本思想是:专门为每个应用程序固定分配一组处理机,每一个子任务(线程)固定一个 CPU;这组 CPU 供该应用专用直到应用结束。

这种方式虽然会造成某些被分配占用 CPU 的浪费,但在并发、并行度很高的多 CPU 计算环境下,通常会有很好的调度效果。这是因为:

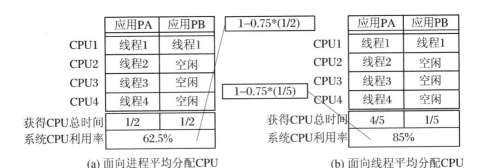

图 4.3　两种处理机分配方案的 CPU 利用率对比分析

- 在具有数十个、数百个 CPU 的高度并行系统中,每个 CPU 的投资费在整个系统中只占很小的一部分。对系统的效率和性能来说,每个 CPU 的利用率已远不像在单 CPU 系统中那么重要。
- 如果综合应用所含线程数不超过系统中 CPU 的数目,那么在应用执行期间,就可避免相关子任务因相互等待而造成的切换,从而可大大加速应用程序的运行速度。

4.5　死锁及其处理

4.5.1　死锁及其产生原因

4.5.1.1　死锁的定义

死锁(deadlock),指多个进程因竞争资源而造成的一种僵局(deadly embrace)。若无外界推动或干预,这些进程将永远无法再向前推进。

4.5.1.2　产生死锁的基本原因

1. 竞争资源

产生死锁的一个重要原因是,系统提供的资源不能满足每个进程的使用需求,并发进程之间存在资源竞争,从而可能形成互不相让的僵持局面。

- 竞争不可剥夺资源　当两个或两个以上进程竞争不可剥夺资源时,若进程申请资源不止一种,而且不是采用一次性分配方式,就易发生死锁。

- 竞争临时(消费性)资源　并发进程之间也可能因为双方都相互等待对方提供的消费性资源,而形成互锁。

图 4.4 中给出了因竞争资源而导致死锁的这两种情形示例。

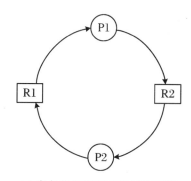
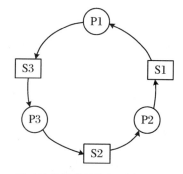

(a) 竞争临界资源可能导致死锁　　　(b) 相互等待消费性资源可能导致死锁

图 4.4　因竞争资源而导致死锁的两种情形

2. 进程推进的顺序非法

这是可能导致死锁的另一个原因。在多道程序环境中,由于进程的异步性,进程推进不仅受调度算法的影响,而且运行带有一定的随机性,事先无法预知各进程推进的方式及速度。对相关进程,如不用同步算法进行有效控制,或同步语句顺序安排不当,也可能发生死锁。

在图 4.4(b)中,P1、P2、P3 等待的都是消费性的临时资源,如果三个进程按"先请求后释放"的方式顺序推进,就会导致死锁。

$$P1:\cdots;\ P(S3);\ V(S1);\ \cdots$$
$$P2:\cdots;\ P(S1);\ V(S2);\ \cdots$$
$$P3:\cdots;\ P(S2);\ V(S3);\ \cdots$$

反之,若采用如下的"先释放后请求"方式推进,就不会发生死锁。

$$P1:\cdots;\ V(S1);\ P(S3);\ \cdots$$
$$P2:\cdots;\ V(S2);\ P(S1);\ \cdots$$
$$P3:\cdots;\ V(S3);\ P(S2);\ \cdots$$

显然,上述两个原因都是系统固有的、无法回避的。

4.5.2　产生死锁的必要条件和死锁处理方法

4.5.2.1　产生死锁的必要条件

在多进程系统中,如果同时满足以下四个条件,就会发生死锁。

(1) 互斥条件(mutual exclusion);

(2) 请求和保存条件(hold and wait,保持了至少一个资源,又提出了新的资源请求);

(3) 不可剥夺条件(no preemption);

(4) 环路等待条件(circular waiting)。

4.5.2.2 处理死锁的基本办法

1. 预防死锁(deadlock prevention)

只要设法破坏死锁四个必要条件中的一个或多个,就可预防死锁。但由于互斥条件无法破坏,预防死锁方法实际上只有三种:

- 允许剥夺进程已请求的资源,破坏"不可剥夺条件"。
- 破坏"请求和保存条件",采用一次性申请/分配所需资源的静态资源分配策略。缺点是,进程通常会延迟运行,从而降低了系统资源的利用率,削弱了系统的并发性能。
- 摒弃"环路等待条件",采用有序资源分配策略。主要缺点是,会影响系统的性能和使用的方便性,会限制进程对资源的使用顺序。

预防死锁的方法虽然简单,但需施加较强的限制条件,会严重损害系统性能,在实际系统中很少使用。

2. 避免死锁(deadlock avoidance)

在资源动态分配过程中,用某种方法去防止系统进入不安全状态,从而避免发生死锁(如发生死锁,就不分配资源)。这种方法只需事先施加较弱的限制,便可避免死锁,同时对系统性能的影响也不太大,因此,具有较大的优势。主要缺点是,前提条件很严格,要求各资源竞用者事先说明最大资源需求量。

3. 检测和解除死锁(deadlock detection and recovery)

如果在分配时不采取任何预防或检查措施,而是开放所有的资源请求。只要资源请求不超过系统可用资源量就都分配。只是等出现问题时,再进行检测和处理。这种方法称为死锁的检测和解除。

4.5.3 利用银行家算法避免死锁

4.5.3.1 银行家算法的基本思想

1965年,Dijkstra根据银行为顾客提供贷款的管理策略,提出了一种可避免系统进入死锁状态的算法。该算法的主要思想是:

- 银行有一笔资金,有 n 个顾客申请贷款。
- 顾客在首次办理贷款时需要声明最大借款额,之后可根据自己的需要分期

(分若干次)申请发放贷款。
- 银行放贷依据:① 顾客如果最终能贷到所声明的最大借贷额,就能很快归还所有贷款,否则,贷款变坏账,无法返还;② 当顾客贷款时,银行是否同意放贷的关键是考察本次放贷会不会给今后的贷款造成障碍,即银行余下的资金能保证至少存在一种方法,可满足各顾客以后的贷款需要。

> 例如,银行拥有资金数 10,顾客 P1、P2、P3 需要贷款的总额分别为 8、3、9。
> (1) 先看一个如下的请求贷款序列:
> P1 请求 4,P2 请求 2;银行剩余资金 4。
> P3 请求 2;银行剩余资金 2。
> P2 请求 1;已到最大需量。之后不久,P2 归还所有贷款,银行剩余资金变为 4;
> P1 请求 4;已到最大需量。之后不久,P1 归还所有贷款,银行剩余资金变为 8。
> 最后,P3 也能得到所差的贷款。这样,所有客户贷款业务最终都得到了顺利执行。
> (2) 再看下面的一个请求贷款序列:
> P1 请求 4,P2 请求 2;银行剩余资金 4。
> P3 请求 3;银行剩余资金 1。
> 在此情况下,只有 P2 再请求 1,能够达到其最大资源需量。但 P2 归还所有贷款后,银行剩余资金也只有 3,此时,无论是 P1 还是 P3,都无法获得最大资源需量,他们只能永远相互等待——进入死锁状态。因此,"P3 请求 3"是不安全的借贷请求,银行应拒绝,以避免可能进入死锁态。而"P1 请求 4""P2 请求 2"这两个请求则都是安全的,因为前一个序列已证明:执行这两个请求后,仍存在一个可满足所有顾客要求的借贷序列。

安全状态的定义 系统能按某种顺序,为每个进程分配所需资源,使得每个进程都可以顺利完成,就称系统处于安全状态。

假设系统共有 n 个进程,若存在一个序列$(P1,P2,\cdots,Pn)$,使得对每个进程 $Pi(1 \leqslant i \leqslant n)$ 以后还需要的资源可以通过系统现有空闲资源,加上所有 $Pj(j<i)$ 已占有的资源来实现,就可认为系统处于安全状态。

值得注意的是,安全序列可以不唯一。安全状态是不发生死锁的充分条件,不是必要条件。安全态系统一定不会发生死锁,但不安全态不一定导致死锁。

Dijkstra 银行家算法只能处理系统仅有一类资源的情形。1969 年,Haberman 对 Dijkstra 算法进行了改进,并将它推广应用到具有多类资源的并发环境中。

4.5.3.2 银行家算法的数据结构
银行家算法的主要数据结构包括：
系统中进程的个数 n，系统中资源的类型数 m。
系统最大可用资源向量 $C = C(j)(j=1,\cdots,m)$。
可用资源向量 $Avail(j)(j=1,\cdots,m)$。
最大需求矩阵 $MaxC(i,j)=k$，它表示进程 i 需 j 类资源数为 k。
已分配资源矩阵 $Alloc(i,j)=k$，

$$Avail(j) = C(j) - \sum_{i=1}^{n} Alloc(i,j)。$$

需求矩阵 $Need(i,j) = MaxC(i,j) - Alloc(i,j)$。

4.5.3.3 银行家算法描述
```
Request(i,j,k) {      /* 进程 Pi 请求分配 k 个 j 类资源 */
  if (k > Need(i,j)) ｛出错退出;/* 请求量超过申报的最大量 */｝
  if (k < Available(j)) {
    试探分配资源给 Pi｛Avail(j) -= k;
                    Alloc(i,j) += k;  Need(i,j) -= k;｝
    if (安全性检查能通过)
        ｛确认执行试探分配,完成后退出;｝
    else
        ｛撤销本次试探分配, Pi 等待;｝
  } else｛Pi 等待;｝
}
/* 安全检查例程的算法描述 */
Begin
    设置工作向量:Work(j),初始时置 Work(j) = Avail(j);
    P_set = ｛Pi | i=1,…,n｝;        //初始化参与资源竞争的进程集
    for each Pi∈P_set do         //对进程集中的每个进程循环
      //满足该条件的 Pi 可能不止一个,先选哪一个,会导致不同的安全序列
      if (对每个 j 有 Need(i,j) <= Work(j)) ｛
          P_set = P_set - ｛Pi｝;    //从 P_set 中删除 Pi
          对每个 j,执行 work(j) += Alloc(i,j);
      } else {
          置不安全态返回;
      }
```

if (P_set == ∅) break；//说明存在安全序列,跳出 for 循环返回
end for
置安全态返回；
End

例 4.7 假定系统中有五个进程 P0～P4 和三种资源 A、B、C。初始 t0 时刻资源分配情况如表 4.4 所示。

表 4.4

资源 进程	MAX			Allocation			Need			Available		
	A	B	C	A	B	C	A	B	C	A	B	C
P0	7	5	3	0	1	0	7	4	3	3	3	2
P1	3	2	2	2	0	0	1	2	2			
P2	9	0	2	3	0	2	6	0	0			
P3	2	2	2	2	1	1	0	1	1			
P4	4	3	3	0	0	2	4	3	1			

解 （1）分析 t0 时刻的安全序列,如表 4.5 所示。

表 4.5

资源 进程	Work			Need			Alloc.			Work + Alloc.		
	A	B	C	A	B	C	A	B	C	A	B	C
P1	3	3	2	1	2	2	2	0	0	5	3	2
P3	5	3	2	0	1	1	2	1	1	7	4	3
P4	7	4	3	4	3	1	0	0	2	7	4	5
P2	7	4	5	6	0	0	3	0	2	10	4	7
P0	10	4	7	7	4	3	0	1	0	10	5	7

（2）P1 发出请求 request1(1,0,2)：

request1(1,0,2)<＝Need1(1,2,2)＜＝available(3,3,2)

先试探修改 P1 的资源分配；再利用资源安全检查算法检查安全性,可找到 P1、P3、P4、P0、P2 的安全序列。因此,P1 资源请求 request1(1,0,2)可以成功。

银行家算法应用的主要问题如下：

首先,要求各进程事先说明最大资源需量,对用户很不方便。因为大部分进程在创建时,对各类资源的最大需求量难以确定,且通常是可变的。其次,系统处于

不安全状态,只是可能发生死锁,未必一定会发生死锁。因为在实际系统中,进程并不都是一定要等拿到最大资源需求量后才开始释放;更经常的是申请、释放交替进行,即使未达到最大声明数,也可能先释放暂时不用的资源。

另外,银行家算法的安全性检查通常会花费大量时间。

4.5.4 死锁的检测和解除

前面介绍的死锁预防和避免算法,都是在分配资源时预先进行检测,以防止或避免系统可能进入死锁状态。

4.5.4.1 利用资源图检测死锁

1. 资源图(resource graph)概述

它是一种有向图,其组成和特点如下:

- 图的节点(node)有两类:

进程节点　每个节点代表一个进程;用进程名外加圆圈表示,共有 n 个。

资源节点　每个节点代表一类资源;用代表 j 类资源数目的若干小圆黑点外加矩形框表示,共有 m 个资源节点。

- 图的有向边(edge),也有两类:

请求边,Pi 到 Rj 表示 Pi 对 Rj 发出一个资源请求。(请求两个资源画两条线……)

分配边,Rj-->Pi 表示已有一个 Rj 资源分配给了进程 Pi。

- Rj 已分配的资源单元数加上被相关 Pi 请求的资源数,应不超过 Cj。

2. 资源图的化简与死锁检测

- 可利用资源图逐步简化(reduction)的方法,来检测系统状态 S 是否为死锁状态;
- 可以证明:S 为死锁状态当且仅当资源分配图是不可完全简化的。
- 简化资源图的方法和步骤:

(1) 在资源分配图中首先找出一个既不阻塞(申请资源数小于或等于系统可用资源数)又非孤立(有相连边)的节点 Pi;

(2) Pi(肯定能完成)释放资源;使 Pi 成为孤立点(消去所有边);

(3) 递归处理剩余的其他进程 Pj。

若最终所有进程都能成为孤立节点,则该图是可完全简化的。

死锁定理　S 为死锁状态当且仅当资源分配图是不可完全简化的。

例 4.8　试对图 4.5 所给出的资源图进行简化。该资源图所表示的系统存在死锁吗?

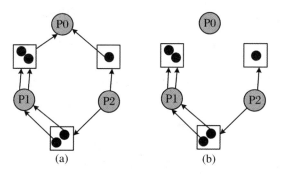

图 4.5　例 4.8 初始资源图及化简开始时的一个中间结果

因为该资源图最终可完全简化,所以,该图所表达态的系统没有死锁。

死锁检测方法应用的关键是资源图的表示实现、更新维护实现,以及选择一个是恰当的或可自适应的检测时间间隔。

4.5.4.2　死锁的解除(recovery)

死锁的解除有两种方法:

(1) 资源剥夺法　终止参与死锁的进程,收回它们占有的资源。

(2) 撤销部分死锁进程　撤销全部进程,或按照某个顺序逐个撤销死锁进程。

例 4.9　若系统有 m 个同类资源,被 n 个进程共享,每个进程最多可申请 x 个这类资源。试问 m、n、x 之间必须满足什么约束关系,才能保证系统一定不会发生死锁?

解　为保证系统不发生死锁,它们之间应满足下式关系:

$$n(x-1)+1 \leqslant m$$

习　题

选择题

1. 在下列调度算法中,对所有进程和作业都是公平合理的调度算法是(　　),最有利于提高系统吞吐量的作业调度算法是(　　),能兼顾作业等待时间和作业执行时间的调度算法是(　　),为实现人机交互而采用的调度算法是(　　),能对紧急作业进行即时处理的调度算法是(　　)。

　　A. FCFS　　　　　　B. SJF　　　　　　C. Round-Robin
　　D. 多级反馈队列　　　E. 高响应比优先　　F. 可抢占式优先级调度

2. 下列算法中,可用于进程调度、磁盘调度、I/O 调度、多 CPU 调度的算法是(　　)。

　　A. FCFS　　　　　　　　　　　　　B. SJF

C. 时间片轮转　　　　　　　　　　D. 优先级调度算法

3. 选择调度算法面向系统的准则是（　　）。

A. 系统吞吐量高　　B. CPU 利用率高　　C. 周转时间短

D. 各类资源平衡使用　E. 响应时间快　　F. 以上都是

4. 在单 CPU 多进程系统中，进程何时占有 CPU 和能占用多长时间，取决于（　　）。

A. 进程程序段的长度　　　　　　　B. 进程总共需要运行时间的长短

C. 进程自身和调度策略　　　　　　D. 进程完成什么功能

5. 下列选项中，满足短任务优先且不会发生饥饿现象的调度算法是（　　），如果系统中所有作业是同时到达的，则使作业平均周转时间最短的作业调度方式是（　　）。

A. FCFS　　　　　　　　　　　　B. HRN

C. 时间片轮转　　　　　　　　　　D. 非抢占式短任务优先

6. 下列选项中，降低进程优先级的合理时机是（　　）。

A. 进程的时间片用完　　　　　　　B. 进程完成 I/O，进入就绪队列

C. 进程长期处于就绪队列中　　　　D. 从就绪态转为运行态

7. 现有三个同时到达的作业 J1、J2 和 J3，它们的执行时间分别 T_1、T_2 和 T_3，且 $T_1 < T_2 < T_3$。若采用 SJF 调度算法，则平均周转时间是（　　）。

A. $T_1 + T_2 + T_3$　　　　　　　　B. $(T_1 + T_2 + T_3)/3$

C. $(3T_1 + 2T_2 + T_3)/3$　　　　　C. $(T_1 + 2T_2 + 3T_3)/3$

8. 在进程管理中，当（　　）时，进程状态从运行态转换到就绪态。

A. 进程被调度程序选中　　　　　　B. 时间片用完

C. 等待某一事件发生　　　　　　　D. 等待的事件发生

9. 在某个单 CPU 多进程系统中，有多个就绪状态进程，则下列关于 CPU 调度的叙述中，错误的是（　　）。

A. 在进程结束时可能进行 CPU 调度

B. 创建新进程后可能进行 CPU 调度

C. 在进程处于临界区时，不能进行 CPU 调度

D. 在系统调用完成并返回用户态时能进行 CPU 调度

10. 在支持多道程序设计的操作系统中，不断选择新进程运行来实现 CPU 共享，但其中（　　）不是引起操作系统选择新进程的直接原因。

A. 运行进程的时间片用完　　　　　B. 运行进程出错

C. 运行进程要等待某一事件发生　　D. 有新进程进入就绪状态

11. 产生死锁的根本原因是（①）和（②），发生死锁的四个必要条件是：互斥条件、（③）条件、不可剥夺条件和（④）条件。银行家算法用于（⑤）死锁。对于包含大量缓冲区的缓冲池管理，采用生产者－消费者方式进行同步和互斥，通常需要用到（⑥）个信号量。

① A. 资源分配不当　　B. 系统资源数量不足　C. 作业调度不当　　D. 用户数太多
② A. 资源推进顺序不当　B. 进程调度失误　　C. 进程数太多　　　D. CPU 太慢
③ A. 请求与阻塞　　　B. 请求与释放　　　C. 请求与保持　　　D. 释放与阻塞
④ A. 环路　　　　　　B. 环路等待　　　　C. 资源偏序　　　　D. 资源无序
⑤ A. 避免　　　　　　B. 预防　　　　　　C. 控制　　　　　　D. 模拟
⑥ A. 1　　　　　　　B. 2　　　　　　　　C. 3　　　　　　　　D. 4

12. 当出现(　　)情况时,系统可能产生死锁。

A. 进程释放资源　　　　　　　　　B. 一个进程进入死循环
C. 多个进程竞争共享设备　　　　　D. 多个进程竞争资源出现了循环等待
E. 系统进入临界区
F. 资源数量大大少于进程数,或进程同时申请的资源数大大超过系统资源数

13. 资源的有序分配策略可以破坏死锁的(　　)条件。一个进程获得资源后,只能在使用完资源后由自己释放,这属于死锁必要条件的(　　)。

A. 互斥　　　B. 请求与保持　　　C. 不剥夺　　　D. 环路等待条件

14. 银行家算法是最著名的死锁(①)算法,破坏环路等待条件属于死锁(①),而剥夺资源是(①)的基本方法。死锁检测时,检查的是(②)。

① A. 预防　　　B. 避免　　　　　　C. 控制　　　　D. 死锁检测与解除
② A. 前驱图　　B. 资源分配图　　　C. 安全图　　　D. 优先图

15. 某计算机系统中有八台打印机,有 K 个进程竞争使用,每个进程最多需要三台打印机。该系统可能会发生死锁的 K 值最小是(　　)。

A. 2　　　B. 3　　　C. 4　　　D. 5

16. 某系统有三个并发进程,都需要四个同类资源,当系统中这类资源数最少是(　　)时,系统不会发生死锁。

A. 9　　　B. 10　　　C. 11　　　D. 12

判断题

1. 采用最高优先级调度算法时,处于运行态的过程一定是优先级最高进程。(　　)
2. 某进程被唤醒后,立即投入了运行,说明系统采用了剥夺式调度算法。(　　)
3. 在一个有 n 个进程的单 CPU 系统中,可能出现 n 个进程都阻塞的情况。(　　)
4. 死锁在操作系统中是绝对不允许出现的。(　　)
5. 当系统有死锁发生时,相关进程都处于等待状态。(　　)
6. 一个系统的状态如果不是死锁状态,那么一定是安全状态。(　　)

简答题

1. 若系统中运行的主要是"I/O 繁忙"型和"计算繁忙"型两类进程,采用哪种调度算法更有利于资源的利用率? 为什么?

2. 假设一个计算机系统具有如下的性能特征:处理一次中断,平均耗时 1 ms;一次调度平均要 2 ms;将 CPU 分配给选中的进程,又要耗时 1 ms。假设计算机定时器中断每秒产生 100 次中断。请回答:

(1) 操作系统将百分之多少的 CPU 时间用于时钟中断处理?

(2) 如果操作系统采用轮转调度算法,10 个时钟中断为 1 个时间片,那么,操作系统将百分之多少的 CPU 时间用于进程调度(包括调度、分配 CPU 和引起调度的时钟中断处理时间)?

3. 选择调度方式和调度算法时,应遵循的准则是什么?

4. 什么是动态优先级调度法?

5. 简述进程死锁与"饿死"的区别。

6. 简要描述简单自调度、成组调度和专用处理机调度的基本思想,并比较它们的优缺点。

综合题

1. 续例 4.1,分析 R-R 算法及不可剥夺优先权算法(时间片取 50 单位)。

2. 根据表 4.6 给出的五个进程到达时间、执行时间和优先级,请计算 SJF、优先级优先和 R-R(时间片为 2 单位)三种调度算法的执行次序和平均周转时间。(优先数大者,优先级低。)

表 4.6

进程	达到时间	执行时间	优先数
P1	0	10	3
P2	2	1	2
P3	3	2	1
P4	5	1	4
P5	5	5	2

3. 一个单 CPU 的计算机系统中,四个进程 P1、P2、P3、P4 的到达时间和所需运行时间如表 4.7 所示(时间单位:小时)。

表 4.7

进程	到达时间	运行时间
P1	0.0	8.0
P2	0.4	4.0
P3	1.0	1.0
P4	4.0	3.0

(1) 分别计算 FCFS、SJF、响应比高者优先三种调度算法的调度次序、平均等待时间和平均周转时间。

(2) 是否存在其他可缩短平均周转时间的调度次序？如有，请给出这种次序，并计算平均等待时间和平均周转时间。

4. 某时刻进程资源使用如表 4.8 所示。

表 4.8

进程	已分配资源			尚需分配资源			可用资源		
	R1	R2	R3	R1	R2	R3	R1	R2	R3
P1	2	0	0	0	0	1	0	2	1
P2	1	2	0	1	3	2			
P3	0	1	1	1	3	1			
P4	0	0	1	2	0	0			

此刻是否存在安全序列？如果存在，请写出安全序列。

5. 假设在一个具有五个进程、四类资源的系统中，某时刻的进程使用资源状态情况如表 4.9 所示。

表 4.9

进程	已分配资源				尚需要资源				可用资源			
	A	B	C	D	A	B	C	D	A	B	C	D
P0	0	0	3	2	0	0	1	2	1	6	2	2
P1	1	0	0	0	1	7	5	0				
P2	1	3	5	4	2	3	5	6				
P3	0	3	3	2	0	6	5	2				
P4	0	0	1	4	0	6	5	6				

(1) 该时刻系统是否处于安全状态？

(2) 若进程 P2 申请资源 Request(2,1,2,2,2)，系统能否同意？请说明理由。

6. 试简化图 4.6 的进程-资源图（假设进程每次只申请一个资源）。

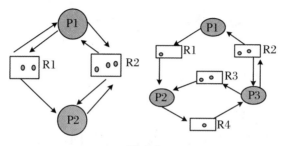

图 4.6

第 5 章 进程同步与通信

5.1 多进程计算环境下的潜在问题

早期单任务系统,比如 DOS,在某个时刻只能执行一个程序;只有等一个程序执行结束后,才能执行另一个程序。这种单任务执行方式称为顺序(sequentially)执行。而在引入了进程概念的现代操作系统中,系统是多任务的,可以在已有任务或进程未结束时,继续启动多个其他进程,让多个进程并发地(concurrently)执行。

多任务并发执行并不意味着多个任务在同一时刻并行(parallelly)执行。在只有单个 CPU 的系统中,进程并发执行本质上是通过让多个进程共享一个 CPU,让它们以交替方式被 CPU 执行来实现的。只是因为交替轮换的时间很短,从宏观上看,就好像它们同时被执行一样。

并发执行的多个进程之间,一方面需要共享/竞用 CPU、主存和其他系统资源(sharing and competing for resources);另一方面还可能需要进行一定的交互(interactions)和通信(communication)。操作系统必须提供基本的底层机制,必须对它们进行同步(synchronization)与协调(cooperation),以支持并发进程之间的这种既竞争又合作的关系。

5.1.1 多进程计算环境下的资源及其特性

资源的定义 指任何满足以下特性的实体(entity)或抽象的机器成分(abstract machine components),它具有如下特性:

(1) 有限性;
(2) 进程必须向操作系统请求需要的资源;
(3) 发出资源请求后,进程的执行将被阻塞或挂起,直到获得所请求的资源;
(4) 如共存的并发进程在同一时间竞争相同的资源,必须加以同步和协调。

资源分类：
$$\begin{cases} 可分配资源，用完需归还（reusable\ resources）；\\ 消费性资源，用完不需归还（consumable\ resources）。\end{cases}$$

资源的抽象表示：
$$\begin{cases} R=\{k_j|0\leqslant j\leqslant m\}，m\ 是系统资源的种类数；\\ C=\{C_j|对每种资源类型\ R_j\}，C_j\ 是第\ j\ 种资源的可用数。\end{cases}$$

5.1.2 多进程并发可能引发的潜在问题

多进程并发执行时，由于相互间存在既合作又竞争的复杂的相互制约关系，必然会引发一些潜在的问题，包括互斥（mutex /mutual exclusive）、死锁（deadlock）和饥饿（starvitation，长时间等不到请求的资源）等。表 5.1 列出了常见的制约关系类型及潜在的控制问题。

表 5.1 并发进程之间存在的制约关系类型及潜在的控制问题

制约关系种类	相互感知程度	对其他进程的影响	潜在的控制问题
互斥（竞争）	相互不感知（不知其他进程存在）	一个进程操作对另一个进程的运行结果无影响，但存在竞争临界资源问题	互斥、饥饿、死锁
通过共享进行协作	间接感知（双方通过第三方进行交互，如共享内存）	一个进程的运行结果受其他进程的影响	互斥、饥饿、死锁
通过通信进行协作	直接感知（双方直接交互，如通信）	一个进程的运行结果依赖于从其他进程获得的信息	饥饿、死锁

> 现代操作系统区分 mutex 和 mutant：用户层互斥术语用 mutex；而在内核层互斥术语用 mutant。

制约关系可归结为两种：一种是互斥；另一种是同步（共享、协作、通信）。其中，互斥本质上也可认为是一种特殊的同步。引起进程相互制约的原因可归结为：竞用资源与相互合作。在操作系统中，需要对并发进程进行同步的主要原因是并发进程固有的异步性。

5.1.3 问题的复杂性、困难性和应对策略

本章是操作系统课程的重点和难点。相比于其他计算机系统底层处理技术，同步、互斥问题算法控制具有较大的复杂性与微妙性（complexity & subtlety），需要对相关算法控制逻辑进行非常精细的分析和考虑。此外，现有算法语言，包括 C 语言、JAVA 语言等高级语言，大都未提供对并发同步机制的直接支持。

在进行同步算法研究或学习时，除了进行大量的算法应用练习外，还通常采用以下两种应对策略：

- 先易后难，先简单后复杂。将简单情形下的研究成果推广到复杂情形。
- 先列举一些无效的或不完美的解决方案（solution），分析其不合理原因，再给出修正的、正确有效的解决方案。

5.2 临界区同步问题

5.2.1 什么是临界区

临界区（Critical Section，CS），指进程中涉及访问临界资源（读写共享变量或使用共享资源）的代码片段或语句。

若干不同进程中，使用了同一临界资源的多个不同临界区之间，构成了互斥关系。多个进程在进入（使用同一临界资源的）各自临界区时，必须进行互斥方式的同步控制。

一个进程中可以有任意多个、位于不同位置的这类代码片段（临界区）。不同进程中访问同一共享资源的临界区称为相关临界区；位于不同进程的相关临界区代码允许有所不同，比如，进程 PA 和 PB 中都含有一个访问共享变量 X 的临界区，其中，PA 中访问 X 的临界区代码是 $X = X + C$，而 PB 中访问 X 的临界区代码可能是 $X = X - D * m$。当位于不同进程的相关临界区存在并发执行的可能性时，必须对它们进行同步控制，以避免产生不可预料的、不符合应用逻辑的执行结果。

假设进程 $Pi1$ 和 $Pi2$ 都使用了临界资源 j，临界区分别表示为 $CS[i1, j]$ 和 $CS[i2, j]$，它们是两个相关临界区。虽然都使用了相同的临界资源 j，但 $CS[i1, j]$ 和 $CS[i2, j]$ 中的具体代码不一定相同。

5.2.2 临界区问题的引出

假设有一个包含两个进程 P1 和 P2 的应用在单 CPU 系统上运行，P1 和 P2 中需要并发执行一个存取公共变量 X 的代码片段，相应临界区代码的高级语言及汇编语言表示如表 5.2 所示。

表 5.2 一个典型的临界区代码示例

临界区代码的高级语言表示	对应的汇编代码
进程 P1 的代码片段： ... balance = balance + amount ...	mov R1，balance mov R2，amount add R1，R2 mov balance，R1
进程 P2 的代码片段： ... balance = balance − amount ...	mov R1，balance mov R2，amount sub R1，R2 mov balance，R1

不妨假设开始时，P1 在 CPU 上执行。当执行完语句 mov R2，amount 时，时间片用完，调度器再调度后可能选择 P1 或 P2 进入运行。

（1）如果接着是 P1 获得了 CPU，P1 接着运行，已分别读入到寄存器 R1 和 R2 的变量 balance、amount 值将被相加，且相加结果会被更新到变量 balance 对应的内存单元。

（2）如果接着是 P2 获得了 CPU，P2 将读取变量 balance 的原有值（已经被 P1 加载到 R1 的那个值），计算并修改更新 balance 值。之后，P1 终于获得了执行权，但它只会使用之前中断现场保存的、较早版本的 R1 和 R2 中的变量 balance、amount 值进行运算，并将结果更新到变量 balance 对应的内存单元。这次计算完全未用 P2 已更新的结果，即 P2 的工作结果丢失了。

这个例子表明，对同样的一组相关临界区代码，因为调度顺序的不同会导致不同的执行结果。这在应用层面是不允许的，因此，必须对相关临界区代码的执行顺序进行控制，以保证符合应用逻辑的结果。

5.2.3 临界区问题处理方法分析

要实现对相关临界区代码的执行顺序进行控制，首先必须将各临界区"封装"起来：① 在临界区前，加上一段控制进入临界区的前导"进入区（entry section）"，以实现临界资源申请，并在暂时得不到所请求的临界资源时，阻挡当前进程继续往

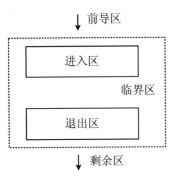

图 5.1 临界区控制代码模式结构

前执行等功能;② 在临界区代码后,加上一段与进入区对应的"退出区(exit section)",负责实现临界资源的释放归还,或唤醒因使用同样临界资源而被"阻挡"在临界区外的其他相关进程。图 5.1 给出了这种对临界区进行"封装"的临界区控制代码模式结构。

有关进程同步问题的大量研究成果表明,作为一个有效的相关临界区执行控制方法,必须满足以下四条基本准则:

(1) 忙则等待。如果已有进程 P_i 正在执行临界区 $CS[i,j]$,临界资源 j 处于"忙"状态,则其他进程 $P_{i'}$ 不能通过其 $CS[i',j]$ 的"进入区",必须在"进入区"等待。

(2) 空闲则入。如果没有进程 P_i 正在执行 $CS[i,j]$,临界资源 j 处于"空闲"状态,则必须允许其他进程 $P_{i'}$ 进入其 $CS[i',j]$ 执行。

(3) 有限等待。进程在"进入区"中等待的时间必须是有限的。

(4) 让权等待。进程如果要在"进入区"中等待,必须主动放弃 CPU,启动进程再调度。

以上这四条准则中,前两条是必须满足的,是衡量一个同步方案是否有效的必要条件,而后两条则是可选的、增强有效性的准则。

5.2.4 几种临界区问题的初步解决方案及有效性分析

5.2.4.1 借助一个共享锁变量来实现同步

让两个进程通过使用一个共享的锁变量,显式协调它们的行为。

while (lock){NULL;}   //获取锁

Lock = true;

Balance + = amount;   //执行临界区

Lock = false;   //释放锁

虽然概念上可利用锁变量进行互斥/同步,但它却引入了另一个潜在问题:测试锁变量本身,可能出现两个进程同时通过获取锁的测试,故无法确保"忙则等待"的同步准则。

5.2.4.2 借助多个共享标志锁进行同步

1. 多标志,先测试检查后修改的算法

BOOL flag[2];   //为简单起见,只给出双标志两进程同步

```
void P1(){        //进程 P1 的代码,P2 的代码类似
  while(1){
    while(flag[2]){NULL};    //测试其他进程
    flag[1] = true;
    〈critical section〉;
    flag[1] = false;
    remainder section;
  }
}
```

该算法仍存在多个进程同时通过测试,进入临界区问题;未实现"忙则等待"准则。

2. 多标志,先修改后测试的算法

```
BOOL flag[2];        //为简单起见,只给出双标志两进程同步
void P2(){           //仅给出进程 P2 的代码,P1 的代码类似
  while(1){
    flag[2] = true;        //先表达自己想进入的"愿望"
    while(flag[1]){NULL};   //再测试其他进程
    〈critical section〉;
    flag[2] = false;
    remainder section
  }
}
```

该算法解决了"忙则等待"问题,但存在多个进程都不进入临界区问题;未实现"有空让进"。

3. 在原有多标志锁基础上,再增加一个同步锁标志

可保证最多只有一个进程通过测试进入临界区,且每个进程最多只谦让一次。

```
BOOL flag [2];
void p1(){
  while(1){
    flag[1] = ture;
    turn = 2;        //只谦让一次其他进程
    while(flag[2] = = true && turn = = 2){;};
    〈Critical Section〉
    flag[1] = false;
```

            remainder section
        }
    };

该算法虽然不严谨,但基本实现了"忙则等待""空闲则入"这两条必要准则。能保证进程互斥进入临界区,且不会出现"饥饿"现象。

5.2.4.3 利用硬件方法解决互斥/同步问题

解决临界区问题的硬件方案包括禁止中断、Test-and-Set 指令和 Swap 指令。

1. 禁止中断

这是最简单的方法,进程一旦进入临界区就禁止一切中断,在离开临界区前放开中断。

P1 的代码模式:
…; disableInterrupts(); balance += amount; enableInterrupts();…
P2 的代码模式:
…; disableInterrupts(); balance -= amount; enableInterrupts();…

该方案的主要弱点是:被封装部分可能执行不确定的很长时间,会影响系统的并发性能。将"禁止一切中断"的权力赋予用户,若用户没有及时开放中断,系统的正常运行将受到严重影响。故该方案只有概念上的意义,无实用性。

已提出了一种改进的禁止中断算法,它通过另外引入一个共享锁变量,让禁止一切中断仅限在"设置和测试锁变量"的很短时间内,从而可以避免禁止一切中断的不确定时间,增强了实用性。改进的禁止中断算法描述说明和应用方法如下:

```
Enter(lock) {
    disableInterrupts();
    while (lock) {
        enableInterrupts();
        disableInterrupts();
    }
    lock = true;
    enableInterupts();
}
Exit(lock) {
    disableInterrupts();
    lock = false; enableInterrupts();    }
```

```
//定义 lock 为 P1/P2 共享的全局标志
变量
    P1: Enter (lock);
        P1 临界区代码;
        Exit(lock);

    P2: Enter (lock);
        P2 临界区代码;
        Exit(lock);
```

2. Test-and-Set 指令

许多计算机指令体系中，都提供了专门的硬件指令 Test-and-Set，简称 TS 指令。不同的机器 TS 略有不同，在 IBM 370 中称为 TS 指令，在 Intel 8086 中称为 XCHG 指令，但是它们的基本功能是相同的。

TS 指令的语义如下：

```
boolean TS(boolean & target){
    TS = * target;
    * target = true;
}
```

指令 TS(& m) 可导致内存单元 m 上的布尔值，被加载到一个 CPU 寄存器作为返回值，并在取回返回值后将该单元值置为 true。由于读和写在一条指令内完成，期间不会发生 CPU 被切换情况，因而能实现可靠的同步互斥功能。

TS 指令的应用模式如下：

```
Boolean lock = FALSE;        //全局共享锁变量
...
while (TS(& lock));
    〈critical section〉
lock = FALSE;
...
```

3. Swap 指令

功能类似于 TS 指令，只是语义稍有不同。

```
void Swap (boolean & a, boolean & b) {
    boolean temp = * a;
    * a = * b;
    * b = temp;
}
```

Swap 指令应用方法举例：

在并发互斥进程间，设置全局变量 lock；在各进程内部，分别设置局部变量 key。

```
while (1) {
    key = true;
    while(key = = true) swap(& lock,& key);
    〈临界区〉
    Lock = false;
    其他代码……
}
```

5.2.4.4 利用原子操作进行内核同步

在现代操作系统中,也有通过引入"原子操作"技术,来解决部分内核代码同步问题。原子操作可以保证一组指令以原子的方式被执行——执行过程不被打断。例如,Linux 内核中,提供了一个专门的 atomic_t 类型计数器,其定义如下:

```
typedef struct {
    int counter;
} atomic_t;
```

内核为该类型提供了一些专门的、原子型操作函数和宏。其用法示例如下:

```
atomic_t v = ATOMIC_INIT(0);
atomic_set(& v, 4); atomic_inc(& v); atomic_dec(& v); …
```

5.2.4.5 临界区问题的初步解决方案小结

以上基于软件或硬件同步法的共同特点是:都采用基于"多进程平等协商"机制来实现互斥型同步,采用基于"轮询"的"测试和设置"手段来解决禁止多个进程同时进入临界区问题。它们都没有解决让权等待问题,进程等待进入临界区时,采用的是忙等(busy waiting)方式,很耗费 CPU,效率低下。

完全采用"多进程平等协商"的软件方法实现进程互斥局限性明显,代码编写也不方便,现已很少单独采用。硬件方法采用一条指令完成读写操作,能保证读和写两个操作不被打断。虽然同步功能相对简单,但使用起来方便、高效,仍有一定的用场。在现代操作系统中,常用它来实现内核中的自旋锁(spinlock)。

自旋锁是一种采用不断地反复测试(忙等)直至成功的同步方法。由于它非常耗费 CPU 资源,只能用于内核中很短时间内的互斥同步——防止多个内核任务同时进入临界区。

自旋锁广泛用在防止多 CPU 并行运行的内核任务竞争共享资源。例如,单 CPU 体系中可简单采用关闭中断来防止中断服务程序重入,但在多 CPU 体系中,只能用自旋锁来实现。在单 CPU 的系统中,若在调度禁区中使用自旋锁,易引起死锁。

使用自旋锁的基本形式如下：
DEFINE_SPINLOCK(mr_lock);   //定义一个自旋锁(内核共享变量)
spin_lock(& mr_lock);
　　/* 临界区 */
spin_unlock(& mr_lock);

5.3 用信号量机制实现同步

5.3.1 信号量原理与定义

1965 年，荷兰学者 Dijkstra 首次提出了基于信号量(semaphores)的进程同步技术。信号量机制是一种能有效实现进程同步的经典软件方法。

5.3.3.1 Dijkstra 的最初信号量定义

- 同步机构由信号量 s（非负整数）及两个可测试和设置 s 的原子操作，即 P 操作(P-operation)[①]和 V 操作(V-operation)构成。

> P 是荷兰语单词"proberen(meaning to test)"的缩写，V 是荷兰语单词"verhogen (meaning to increment)"的缩写。

- PV 操作的定义：

P(s)：{while (s==0) {wait};　s = s−1}
V(s)：{s = s+1; }

5.3.3.2 现代操作系统中的 PV 操作定义

现代操作系统中，基本信号量通常采用以下记录型结构：
struct semaphore {　　　　　　　//信号量数据记录结构
　　value ： integer;　　　　　　//信号量整数
　　queue ： queue of processes;　//进程等待队列

---

① 本书作者认为 Dijkstra 的 P(s)不是严格原语，因为在循环执行{wait}过程中会被切换。

}
semaphore S;   //定义记录型信号量

与记录型信号量 S 相关的 PV 操作定义如下[①]：

procedure P(S){

 S.value -= 1;

 if (S.value < 0){

  构造一个包含进程 PID 的等待描述块,插入到信号量的等待队列 S.queue 中;

  block(S.queue);   //调用阻塞原语,主动放弃 CPU(非忙等)

 }

}   //这个 P 操作显然可按严格原语来实现

procedure V(S){

 S.value += 1;

 if (S.value <= 0) wakeup(S.queue);

}

  在现代操作系统中,信号量 semaphore 是一种可供多进程共享的、操作系统内核数据类型或内核对象,它封装了一个代表资源数量的整型变量 value、缓存等待进程信息的队列 queue,以及两个测试/设置 value 值的 PV 原子操作。在条件不具备时进入睡眠,在条件具备时开始唤醒,是 PV 操作固有的一部分(否则就退化成基于标志位进行测试和设置的简单软件同步了)。

  信号量的睡眠特性,使得信号量适用于锁可能会被长时间持有的情况,适合于进程上下文中的应用。信号量不能用在(不能被调度,即调度禁区的)中断上下文中。另外,当任务持有信号量时,不能再持有自旋锁。

  PV 操作的物理意义：当 S.value≥0 时,值代表可供并发进程使用的资源实体个数;当 S.value<0 时,表示正在等待使用资源实体的进程个数。在 V 操作中,若 S.value≤0,说明有其他进程正在等待(其绝对值表明正在睡眠等待的进程个数),这时,应从 S.queue 中摘取第一个等待块,将对应进程状态改为就绪态后,才能结束 V 操作而继续执行其后的代码。

  P 操作和 V 操作都是原语,是执行不会被中断的指令序列。因为它们都是对信号量的操作,从概念上讲,在执行 P、V 操作时一定不能让进程切换,所以必须采用原语实现。

[①] 实际操作系统也可能是仅当 S.value>0 时,P 操作才执行 S.value-=1;V 操作权当等队列非空时执行 S.value+=1。具体可参见 5.3.2 小节。

若采用如下无让权等待的、忙等方式实现的简单信号量及 PV 操作：
P(s):{ s - = 1; while (s<=0) do skip; /*忙等*/ }
V(s):{ s + = 1; }

在这种情况下，P 操作并非严格意义上的原语，因为在忙等期间必须允许 CPU 切换，但抢夺 CPU 者不一定是相关同步进程，因此，在忙等进程重新获得 CPU 执行后，等待资源条件仍不一定满足，还要重新测试。

而若采用具有让权等待机制的记录型信号量，进程因执行 P 操作可能因等待资源而被阻塞。等待进程之后一定是被相关进程执行 V 操作唤醒，唤醒时已得到了 P 操作所申请的资源；当它再次被调度获得 CPU 执行后，将从 P 操作后面的一条语句开始执行。故这种模式下，P 操作是严格的原语。

5.3.2 信号量分类与用途

按用途分类：公用信号量(互斥)、私用信号量(同步)。
按值大小分类：二元信号量(0/1 互斥)、一般信号量(非负整数，资源同步)。
按结构分类：简单整型信号量；记录型信号量。
其他进一步扩展：AND 信号量、信号量集。
信号量的用途：信号量广泛用于进程间同步、互斥和描述前驱关系。

考虑到在一些应用场合，一个进程需要先获得两个或者更多的共享资源后方能执行其任务。这时，如果采用如下的多个 PV 操作分别申请不同资源方式，容易导致发生死锁：

P1:P(mutex1);   P2:P(mutex2);
   P(mutex2);   P(mutex1);
   〈access R1〉〈access R2〉   〈access R1〉〈access R2〉
   V(mutex2)   V(mutex1)
   V(mutex1)   V(mutex2)

为此，一些现代操作系统中，又引入了 AND 信号量，其基本思想是：将进程在整个运行过程中需要的所有资源，一次性全部分配给进程；进程使用完后再一起释放，这种资源分配方式也称为静态资源分配。由死锁理论可知，这种方法可以避免上述死锁情况发生。由于它需要在 P 操作中增加一个"AND"条件，故称为 AND

同步，或称为同时等待(wait)操作，即 Swait(Simultaneous wait)。

在记录型信号量机制中，PV 操作仅能对信号量施以加 1 或者减 1 操作，这意味着每次只能获得或释放一单位的临界资源。而当一次需要 N 个某类临界资源时，便要进行 N 次 P 操作，显然这是低效的。此外，在有些情况下，当资源数量低于某一下限值时，便不予分配。因而，在每次分配前，都必须测试该资源的数量，看其是否大于其下限值。基于上述两点，可以对 AND 信号量机制加以扩充，形成更一般化的"信号量集"机制。

5.3.3 信号量实现

5.3.3.1 用中断屏蔽方法实现信号量

```
/* 采用中断屏蔽方法，并使用 C++ 类封装的信号量实现 */
class semaphore {
    int value;
  public:
    semaphore(int v = 1) {value = v;}
    P() {
        dispableInterrupts();
        while (lock) {      //忙等
            enableInterrupts();
            disableInterrupts();
        }
        value--;
        enableInteruptes();
    }
    V(){
        disableInterrupts(); value ++ ; enableInterrupts();
    }
}
```

5.3.3.2 用 TS 指令实现简单的二元信号量

```
void P(s) {
   while (TS(&s));      /*忙等*/
};
void V(s) {s = false;}
```

以上两种实现都没有睡眠等待机制,只是采用循环测试直至成功的非让权等待,即"忙等"方法来实现同步。这种方式的同步工具又称为空转锁(spinlock)。它是一种不主动进入睡眠的同步方法,非常浪费 CPU 资源。

5.3.3.3 具有睡眠等待机制的信号量实现

```
typedef struct {
        int value;
        LIST_ENTRY queue;
} semaphore;      /* 信号量定义 */
void P(semaphore s) {       /* Wait (semaphore s) */
    if (s.value > 0) {
       -- s.value;
    } else {
       构造一个包含进程 PID 的等待描述块,
           插入到信号量的等待队列 s.queue 中;
           调用阻塞原语,主动放弃 CPU 进入睡眠等待;
    }
}
V(semaphore s) {      /* Signal(semaphore s) */
    if (!empty(queue)) {      //等待队列非空
       从 s.queue 中移出第一个等待块,将对应进程状态改为就绪态;
    } else {
       ++ s.value;
}}
```

5.3.3.4 AND 信号量集同步及其实现机制
对进程所需多项资源采用一次性分配策略。

```
Semaphore mutex = 1, block = 0;
P.sim(int S, int R) { /* sim—simultaneous */
    P(mutex);
    S -= 1;  R -= 1;
    If ((S<0) || (R<0)) {
       V(mutex);
       P(block);
```

```
        } else
            V(mutex);
    }
    V.sim(int S, int R)  {
        P(mutex);
        S+ =1; R+ =1;
        If (s＜=0||R＜=0){
            V(mutex);
            V(block);
        } else
            V(mutex);
    }
```

5.3.4 用信号量解决几个经典同步问题

5.3.4.1 用信号量解决临界区问题

可把临界区想象成一个需凭通行证入内的工作场所,"信号量"则是发放通行证的"票务处"。通行证的数量是有限的,一旦发完,想要领票的进程(线程)就只好睡眠等待,直到有已在里面的进程(线程)完成了其操作后退出临界区并交还通行证,才会被唤醒并领到通行证进入临界区。

利用信号量解决临界区问题的应用示例如下:

```
Proc_0 {                              Proc_1 {
    while (TRUE) {                        while (TRUE) {
        〈normal compute section〉;            〈normal compute section〉;
        p(mutex);                             p(mutex);
        〈critical section0〉;                 〈critical section1〉;
        v(mutex);                             v(mutex);
    }                                     }
};                                    };
======以下为主程序======
semaphore mutex=1;
fork(proc_0,0);
fork(proc_1,0);
```

5.3.4.2 利用信号量解决基本同步问题

通常,执行了 P 操作的进程稍后就会执行 V 操作;但也可以把这两种操作分开来,让一些进程只执行 V 操作,另一些进程只执行 P 操作。这种情况下,两进程就形成了供应者/消费者的关系。以下是利用信号量解决基本同步问题(the basic synchronization problem)的一个简单应用示例。

```
proc_A {                                proc_B {
    while (TRUE) {                          while (TRUE) {
        〈compute A1〉;                         P(s1);    //wait for proc_A
        write(x);   //produce x              read(x);
        V(s1);      //signal proc_B          〈compute B1〉;
        〈compute A2〉                          write(y);  //produce y
        P(s2);      //wait for proc_B signal  V(s2);     //signal proc_A
        read(y);                             〈compute B2〉;
    }                                       }
};                                      };

semaphore s1 = 0; s2 = 0;     //全局变量
fork(proc_A, 0);  fork(proc_B, 0);    //启动两进程的全局代码
```

5.3.4.3 有界缓冲问题(生产者-消费者问题)

有界缓冲问题(the bounded buffer problem),即生产者-消费者问题(the producer-consumer problem):假设有一个含 N 个缓存单元的缓冲池,一组生产者进程,每次能产生不超过缓存单元大小的数据,并把数据存储在缓冲池的一个缓存单元中;还有另外一组称为消费者进程,它们每次从缓冲池的一个缓存单元中提取数据消费,提取完数据后清空对应的缓存单元。

以下是针对以上问题的一个典型生产者-消费者问题算法实现描述(对应图 5.2)。

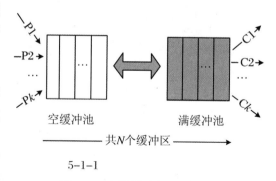

图 5.2 有界缓冲问题示意图

```
/* 定义一下全局型信号量 */
bufType    buffer[N];
semaphore mutex=1;        //互斥使用 buffer
semaphore full=0, empty=N;
/* 在主程序中启动消费者、生产者进程 */
fork(Producer,0);
fork(Consumer,0);
```

```
Producer(){ /*生产者进/线程代码*/
  bufType *next, *here
  while (1) {
      ProduceItem(next);//生产数据
      P(empty);//申请一个空缓存单元
      P(mutex);   //缓冲池操作
          //摘取一个空的缓存单元
          here = obtain(empty);
      V(mutex);
      CopyBuffer(next, here);
      P(mutex);   //缓冲池操作
          //释放满数据单元到满池段
          Release(here, fullPool);
      V(mutex);
      V(full);   //通知已有满数据单元
  }
}
```

```
Consumer(){ /*消费者进/线程代码*/
  bufType *next, *here;
  while (1) {
      P(full);   //等待一个满数据单元
      P(mutex);   //缓冲池操作
          //摘取一个满数据的缓存单元
          here = obtain(full);
      V(mutex);
      CopyBuffer(here, next);
      ClearBuffer(here);
      P(mutex);   //缓冲池操作
          //释放清空缓存单元到空池段
          Release(here, emptyPool);
      V(mutex);
      V(empty);  //通知已有空的缓存单元
      ConsumeItem(next);//消费数据
  }
}
```

5.3.4.4 读者-写者问题

计算机系统中的数据常被多个进程并发共享,其中有的进程是"读数据",有的则要"写数据"。为使尽可能多的读写进程能并发运行,同时又希望避免数据不一致或结果不确定错误,必须对读进程、写进程进行同步,即所谓读者-写者问题(the reader-writer problem)。它最早由 Courois 等人在 1971 年提出并解决。考虑到读者和写者在争夺访问数据时可以有不同的优先级,读者-写者问题常分为几种变形:

1. 读者优先
   - 只要已经有读者在临界区读数据,后续的读者就可以直接进入临界区。

- 第一个要进入临界区的读者,需与写者平等竞争(先到者先进入)。
- 最后一个读者从临界区出来时,必须唤醒等待的写者。

2. 写者优先
- 当有写者欲访问临界区数据时,应尽可能让它先访问。
- 只要有等待的写者,就不允许后续读者进入临界区访问数据。

显然,无论是哪种情况,有效同步协调都必须确保实现读-写、写-写互斥。

读者优先解决方案分析及算法实现:

(1) 需要一个信号量解决读-写、写-写互斥,用二元信号量 writeBlock;

(2) 需要对已在临界区中的读者数目(readcount)计数,而各读者对 readcount 本身的计数值更新/访问,也要进行互斥。

```
semaphore writeBlock = 1;        //读-写、写-写互斥
int readcount = 0;               //读者计数
semaphore mutex = 1;             //互斥 readcount 读写
main () {
    fork(reader,0);  fork(writer,0);   //启动读者、写者进程;可以启动多个
}
reader() {
    while (TRUE) {
        〈other computing〉;
        P(mutex);
        readcount + = 1;
        //第一个读者要阻止写者
        If (readcount = = 1) P(writeBlock);
        V(mutex);
        〈在临界区中读〉
        P(mutex);
        readcount- = 1;
        //最后一个读者出来,允许写者进入
        If (readcount = = 0) V(writeBlock);
        V(mutex);
    }
}
writer {
    while (TRUE) {
```

```
    〈other computing〉;
    P(writeBlock);
    〈在临界区中执行写操作〉
    V(writeBlock);
}}
```

写者优先解决方案及其算法实现：

写者优先问题解决方案更复杂些。需要在读者优先算法基础上，增加一个写者计数变量 writecount 标识是否有等待的写者，并引入 mutex2 控制不同写者对它的互斥访问。另外，增加一个信号量 readBlock，用于在有写者到达后封锁后续的读者。

```
semaphore  writeBlock = 1;            //控制临界面的读-写、写-写互斥
semaphore  readBlock = 1;             //当有写者等待时,封锁读者
int readcount = 0, writecount = 0;    //读者计数,写者计数
semaphore mutex = 1, mutex2 = 1;      //mutex 控制 readcount 读写互斥; mutex2 控制
                                        writecount 读写互斥
main () {
    fork(reader,0);  fork(writer,0);  //启动读者、写者进程;可以启动多个
}
```

```
reader() {                              writer {
  while (TRUE) {                          while (TRUE) {
    〈other computing〉;                     〈other computing〉;
    P(readBlock);    //当有写者请求时,      P(mutex2);
                     阻挡后续读者            writecount += 1;
    P(mutex);                               if (writecount == 1) P(readBlock);
    readcount += 1;                             //阻挡后续读者
    If (readcount == 1) P(writeBlock);      V(mutex2);
    V(mutex);                               P(writeBlock);
    V(readBlock);                           〈在临界区中执行写相关操作〉
    〈在临界区中执行读相关操作〉              V(writeBlock);
    P(mutex);                               P(mutex2);
    readcount -= 1;                         writecount -= 1;
    If (readcount == 0) V(writeBlock);      if (writecount == 0) V(readBlock);
    V(mutex);                                   //无执行或等待写者,释放读者
  }                                         V(mutex2);
}                                         }}
```

5.3.4.5 哲学家就餐问题(the dining philosophers problem)

假设有五位哲学家一起坐在一张圆桌上思辨(thinking-debating)问题。每人桌前都有一盘点心,每两个盘中间都放了一把叉子(fork)。当某位哲学家在思辨中饿了,如自己餐盘两边的叉子都没人用,就可以拿起两边的叉子吃一块点心,吃完一块后放下叉子继续思辨。

这个同步问题的关键是:当哲学家的左边或右边有人在吃点心时,他就无法同时得到两个叉子,就无法吃点心。把五位哲学家作为五个并发进程,五把叉子作为临界资源是算法控制的核心。具体同步算法如下:

```
semaphore Fork[5];
philosopher(int i){
    while(TRUE)
    {〈thinking-debating〉
        //want to eat
        P(Fork[i]);
          P(Fork[(i+1)mod 5]);
            〈eating〉
          V(Fork[(i+1)mod 5]);
        V(Fork[i]);
    }
}//主程序(初始化)
Fork[0..4]=1;
for (i=0;i<5;i++) fork(philosopher,1,i);
```

值得注意的是,这个算法存在死锁问题。例如,当每个哲学家同时拿起左边叉子或同时拿起右边叉子时,可能造成没有一个哲学家能正常吃点心的情形。

即使没有死锁,也有可能使资源耗尽。例如,若规定当哲学家等待另一只餐叉超过1分钟后就放下自己手里的已有叉子,并且再等1分钟后进行下一次尝试。这个策略可消除死锁,但仍然有可能发生"活锁"——如果五位哲学家动作完全相同的话。

采用顺序资源分配法,约定所有资源都按编序获取,按反序释放,可以解决哲学家就餐同步算法的死锁问题。将资源(叉)编为1~5号,每个哲学家总是先拿起左右两边编号小的叉子,用完后先放下编号大的叉子。在这种情况下,当前四位哲学家同时拿起他们手边编号较低的叉时,第五位哲学家就不能使用任何一只餐叉了。

5.3.5 Windows 的信号量实现及其应用 *

5.3.5.1 与信号量相关的内核数据结构定义

```
typedef struct_OBJECT_HEADER  {   /*定义通用的对象头数据结构*/
    STRING Name;                   /*对象名*/
    LONG RefCount;                 /*被引用计数*/
    LONG HandleCount;              /*对象被打开计数*/
    POBJECT_TYPE ObjectType;       /*对象类型,区别是否为可等待对象*/
    CSHORT Type;                   /*对象子类型*/
    CSHORT Size;                   /*对象大小*/
    ...
} OBJECT_HEADER, * POBJECT_HEADER;
typedef struct_DISPATCHER_HEADER{/*定义可调度的对象头类型*/
    OBJECT_HEADER    object_header;
    LONG             SignalState;    /*信号量值字段*/
    LIST_ENTRY       WaitListHead;   /*等待该对象的等待块队列*/
} DISPATCHER_HEADER, * PDISPATCHER_HEADER;
typedef struct _KSEMAPHORE {  /* 定义信号量对象的类型结构 */
    DISPATCHER_HEADER Header;
    LONG Limit;                //信号量值的上界
} KSEMAPHORE, * PKSEMAPHORE;
typedef struct _KMUTANT {  /* 定义互斥对象的数据结构 */
    DISPATCHER_HEADER Header
    struct _KTHREAD   * OwnerThread;   //属主或拥有者线程
    LIST_ENTRY       MutantListEntry;  //用于插入"属主的 MUTANT 链"
    ...
} KMUTANT, * PKMUTEX;
/* 在线程 TCB 中,涉及同步、调度有关的数据结构说明 */
typedef struct _KTHREAD {
    DISPATCHER_HEADER DispatcherHeader;
    ...
    LONG      WaitStatus;       /* 等待返回状态,实际也是等待原因*/
    PKWAIT_BLOCK   WaitBlockList;  /* 指向本线程的等待块队列*/
    KWAIT_BLOCK    WaitBlock[4];   /* 本线程的等待块,最多四个 */
    ...
```

} KTHREAD;
typedef struct _KWAIT_BLOCK { /* 定义等待块的数据结构 */
  struct _KTHREAD * Thread;//指向正在等待的线程 TCB
  struct _DISPATCHER_HEADER * Object;//指向要等待的目标对象
  LIST_ENTRY   WaitListEntry;//双链指针,挂接目标对象的等待块队列
  struct _KWAIT_BLOCK   * NextWaitBlock;//单链指针,指向同一线程的下个等
                              待块
  USHORTWaitType;   //WaitAny | WaitAll
} KWAIT_BLOCK, * PKWAIT_BLOCK;

5.3.5.2 利用信号量相关 API 函数构建同步应用

利用部分信号量相关 API 函数构建同步应用如下:
```
DWORD WaitForSingleObject(
    HANDLE hHandle,
    DWORD dwMilliseconds
); /* 相当于 P 操作 */
BOOL ReleaseSemaphore(
    HANDLE hSemaphore,
    LONG lRealseCount,
    LPLONG lPreviousCount
) /* 相当于 V 操作 */
/* 多个不同进程/线程,可通过使用相同信号量名创建/打开信号量,来实施同步控制 */
HANDLE〈Create|Open〉Mutex(//Create 和 Open 二选一
    LPSECURITY_ATTRIBUTES lpMutexAttributes,
    BOOLbInitialOwner,
    LPCTSTRlpName   //信号量名参数
);
HANDLE〈Create|Open〉Semaphore(
    LPSECURITY_ATTRIBUTES lpSemaphoreAttributes,
    LONGlInitialCount,
    LONGlMaximumcount,
    LPCTSTRlpName    //信号量名参数
)
process_i(){ /* 进程或线程中的应用代码示例 */
    …  //创建信号量对象
    HANDLE  h_Semaphore1 = creatSemaphore(NULL,0,N,NULL);
```

HANDLE   h_Mutex1 = OpenMutex(MUTEX_ALL_ACCESS,FALSE, "my_mutex_name");
…
WaitforSingleObject(h_Mutex1);   //P 操作
〈临界区代码〉
ReleaseSemaphore(h_Mutex1,1,NULL);   //V 操作
…
WaitforSingleObject(h_Semaphore1);/＊P 操作＊/
…
ReleaseSemaphore(h_Semaphore1,1,NULL);   /＊V 操作＊/…}

5.3.5.3　Windows 系统的 P 操作实现逻辑

Windows 系统的 P 操作实现逻辑如图 5.3 所示。

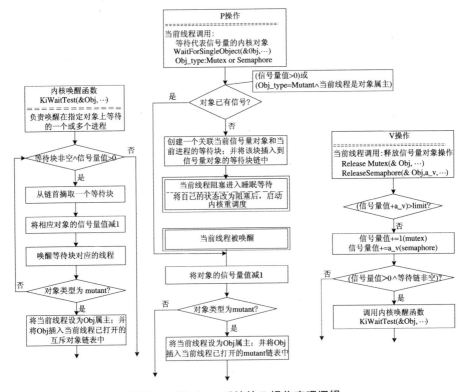

图 5.3　Windows 系统的 P 操作实现逻辑

5.3.6 Linux 的信号量实现及其应用*

在 Linux 的内核态与用户态中,信号量及其应用是有所不同的。

5.3.6.1 内核态中的信号量及其应用

1. Linux 内核态信号量的定义

struct semaphore {
  spinlock_t lock;   //高版本内核才引入,防止多 CPU 并行造成错误
  unsigned int count; //信号量资源数值
  struct list_head wait_list;//信号量等待队列
}

2. 内核信号量的相关函数

(1) 初始化

void sema_init (struct semaphore * sem, int val);

void init_MUTEX (struct semaphore * sem); //将 sem 的值置为 1,表示资源空闲

void init_MUTEX_LOCKED (struct semaphore * sem); //将 sem 的值置为 0,表示资源忙

(2) 申请内核信号量资源(P 操作)

void down(struct semaphore * sem); //可引起睡眠

 /* 该函数把 sem.count 的值减 1,如信号量值非负,直接返回;否则,调用者将被挂起,直到别的任务释放该信号量才能继续运行。*/

int down_interruptible(struct semaphore * sem); //能被信号(signal)打断的睡眠等待

 /* 与 down 的差别:在睡眠等待信号量过程中,也可能被(如 Ctrl+C 发出软中断等)信号打断,返回-EINTR。*/

int down_trylock(struct semaphore * sem); //非阻塞函数,不睡眠;若无法锁定资源,则马上返回

(3) 释放内核信号量所保护的资源(V 操作)

void up(struct semaphore * sem);

3. 内核信号量应用示例

static DECLARE_MUTEX (my_sem);
down_interruptible(&my_sem);
 //临界区
up(& my_sem);

/* 内核信号量实现 */
```c
void down(struct semaphore * sem){
    unsigned long flags;
    spin_lock_irqsave(& sem->lock, flags);
//加自旋锁,使信号量在关闭中断的状态下操作,以防止多 CPU 并发操作造成错误
    if (sem->count > 0)
        sem->count --;
    else
        --down(sem);  //进入睡眠等待态(这时,执行资源数没有减 1)
//调用:--down_common(sem, TASK_UNINTERRUPTIBLE, MAX_SCHED-
    ULE_TIMEOUT);
        spin_unlock_irqrestore(& sem->lock, flags);   //解除自旋锁
};
static int --down_common(struct semaphore * sem, long state, long timeout){
    struct task_struct * task = current;
    struct semaphore_waiter waiter;   //等待块
    waiter.task = task;
    waiter.up = 0;
    list_add_tail(& waiter.list, & sem->wait_list);   //将当前进程加入等待队列尾
    for (;;){
        if (signal_pending_state(state, task))
            goto interrupted;  //如果当前进程(由于发出 Ctrl_C 等原因)被信号唤醒,则返回
        if(timeout<=0)  goto time_out;   //如果等待超时,也返回
        --set_task_state(task, state);    //设置进程态
        spin_unlock_irq(& sem->lock);    //释放自旋锁
        timeout = schedule_timeout(timeout);   //执行进程调度切换
//- - - - - -唤醒后,重新被调度执行- - - - - - - - - - - -//
        spin_lock_irq(& sem->lock);    //当进程被唤醒时,再次加自旋锁
        if (waiter.up)    //如果进程是被信号量等待队列的其他进程唤醒,则正常返回
            return 0;
    }
    timeout:
    list_del(& waiter.list);         return-ETIME;
```

```
        interrupted:
        list_del(& waiter.list);        return-EINTR;
};
struct semaphore_waiter {
    struct list_head   list;
    struct task_struct  *  task;
    in up;
};
void up(struct semaphore * sem) {
    unsigned long flags;
    spin_lock_irqsave(& sem->lock, flags);       //加自旋锁
    if (list_empty(& sem->wait_list))
    sem->count + + ;      //如果信号量的等待队列为空,则释放信号量
    else
       --up(sem);         //唤醒该信号量的等待队列首进程
    spin_unlock_irqrestore(& sem->lock, flags);        //解除自旋锁
};
```

5.3.6.2 用户态的互斥锁与信号量

在用户态下,Linux 提供了几种实现线程间同步互斥的机制,包括互斥锁、条件变量和信号量。互斥锁和条件变量包含在 pthread 线程库中,使用时需要包含〈pthread.h〉头文件。而使用信号量时需要包含〈semaphore.h〉头文件。

1. 互斥锁

```
pthread_mutex_t   mutex;        //类型声明
//用互斥量来保护一个临界区的代码示例
pthread_mutex_t mutex = PTHREAD_MUTEX_INITIALIZER;//带初始化的声明
pthread_mutex_lock(& mutex);      //获得锁(P 操作)
/*临界区代码*/
pthread_mutex_unlock(& mutex);    //释放锁(V 操作)
pthread_mutex_destroy(& mutex);   //销毁互斥锁
```

2. 信号量

Linux 用户态信号量有无名、命名信号量之分:无名信号量可用于线程之间的同步和互斥;命名信号量可用于进程间的通信。命名信号量与命名管道相似,以文件的形式存储在磁盘上。

(1) 无名信号量

类型声明：sem_t sem。

初始化：int sem_init(sem_t * sem, int pshared, int value)。

参数 pshared 为 0，表示信号量只能由初始化这个信号量的进程中的线程使用。value 表示要将 sem 初始化的值。value 不能为负。

操作：int sem_wait(sem_t * sem);   //P 操作
　　　int sem_post(sem_t * sem);   //V 操作

销毁：int sem_destroy(sem_t * sem)。

用法：通常先由主线程调用 sem_init 对信号量进行初始化；然后在其他线程中调用 post 或 wait 函数。

示例代码如下：

```
static sem_t sem;   /*声明一个无名信号量*/
sem_init (&sem,0,1);
sem_wait (&sem);
    /*临界区*/
sem_post(&sem)。
```

(2) 命名信号量

类型声明：sem_t sem。

初始化：sem_t * sem_open(const char * name, int oflag,…)。

参数 oflag 用来确定是创建信号量还是仅仅获取对其共享访问。若 oflag 中的 O_CREATE 位置为 1，则需要另外两个参数，即 mode_t mode（文件权限）和 unsigned value（信号量值）。

操作：int sem_wait(sem_t * sem);   //P 操作
　　　int sem_post(sem_t * sem);   //V 操作

关闭：int sem_close(sem_t * sem)。

删除：int sem_unlink(sem_t * sem)。

用法与无名信号量基本相同。

5.4 进程间通信

5.4.1 进程间通信概述

5.4.1.1 进程间通信的定义

进程间通信(Inter-Process Communication，IPC)，指同机器同操作系统下的不同进程之间交换信息(通过网络的跨主机通信一般不归入 IPC 范畴)。这种交换的信息量可大可小。

对任何现代操作系统，IPC 都是其系统结构的一个重要组成部分，都会提供多种 IPC 机制以适应不同的应用场合。进程同步实际上就是一种 IPC，只不过交流的信息量很少而已。

5.4.1.2 实现 IPC 的必要条件

任何两实体间的通信都需要满足一个必要条件:存在双方都可以访问的中间介质。同机器同系统下不同进程之间交换信息，一般有以下三种通信介质：

- 借助内核空间中的变量、数据结构或缓冲区(速度最快;交换信息量小;一般用于同步)；
- 借助用户空间的共享内存区(速度较快;允许交换大量信息)；
- 借助磁盘存储空间(速度较慢,效率较低;允许交换大量信息)。

☆ 实现 IPC 的三个基本要求：

- 应具有在不同进程之间交换信息的手段(中间介质)；
- 进程间交换信息的手段应满足一定程度的实时性；
- 具有进程间的同步协调机制,能在行为上进行协调,实现有序信息交换。

5.4.1.3 IPC 的分类

1. 按通信量大小划分

(1) 低级通信　主要包括同步互斥和软中断两种。

在进程互斥与同步机制下，进程间只能共享内核变量或对象来传递状态，交换少量信息，故属于低级通信形式。其优点是速度快，缺点是传递的信息少，通信效率低(每次通信可能需要进行多次信息交换)，对用户不透明(要求用户直接实现通信的细节,编程复杂,容易出错)。软中断机制也属于一种低级通信方式。每个进程可发送信号(发出软中断),指定信号的处理功能(中断服务)。

(2) 高级通信　指进程之间能以较高效率传送大量数据的通信方式。

需借助一个可容纳大量信息的"传递工作区"进行,且在通信的各方之间具备一定的同步协调行为。高效的高级 IPC,一般总是先从少量信息传递开始以协调双方行为,在此基础上再交换大量的信息。

2. 按信息传递工作区的位置及组织方式,进一步划分高级 IPC

◇ 共享存储区;

◇ 管道;

◇ 消息块通信。

3. 按通信过程中是否有第三方作为中转来划分

(1) 直接通信　指发送方直接把消息(块)发送到接收方。

发送方要指定接收方(地址或标志,可以是单个或多个,或广播);接收方可接收任意发送方的消息,并在读出消息的同时获取发送方的地址。消息缓冲块通信属于这种通信方式。

(2) 间接通信　通信过程要借助收发双方进程之外的共享数据结构作为中转。

在间接方式中,接收方和发送方的数目可以任意。共享存储、管道、信箱等通信方式都属于间接通信。

5.4.2　共享内存区

共享内存区常被用于需要大量且快速的进程间通信场合。基本实现方法是:多个进程以区域映射方式映射同一个文件到内存区,并分别获得一个读写共享内存区的指针,从而实现进程间的共享信息。当然,为了协调各进程使用共享内存,还必须引入信号量。下一章,我们将进一步讨论这种共享机制,并做编程实践。

5.4.3　管道通信

5.4.3.1　管道通信概述

1. 管道(pipe)的定义

管道是一条在进程间以字节流方式传送的通信通道,是用于连接两个通信进程的共享文件(pipe 文件)。发送进程(写进程)以字符流形式将大量的信息送入管道,而接受进程(读进程)则从管道中接收数据。

2. 实现管道机制要解决的主要问题

为了协调双发的通信,管道机制必须提供以下三个方面的协调能力:

- 互斥(使用管道);
- 同步(一次读写一定大小缓冲块,并按类似生产者-消费者的方式实现同步);
- 确认对方是否存在。

3. 管道的优缺点
- 优点:交换信息量大;
- 缺点:I/O 次数较多,同步控制较复杂。

5.4.3.2 UNIX 的管道机制

UNIX 是最早提出并引入管道的操作系统,分无名管道和有名管道两种。

1. 无名管道

无名管道是 UNIX 早期版本已实现的功能,它本质上是一个(由系统自动命名)临时文件,其创建和操作方法如下:

- 创建管道语法:int pipe(int filedes[])

该操作首先为管道文件申请分配一个包含 10 个磁盘块(约 4 K)的磁盘区,并在内存中为该磁盘区的各块分别建立一个内存索引节点 $i\_addr[0\sim9]$,然后为进程返回一个读指针 filedes[0]和一个写指针 filedes[1];

$i\_addr[0]\sim i\_addr[9]$、filedes[0]、filedes[1]相当于生产者-消费者中的缓冲区和读写指针,互斥信号量为 i_flag。

- 读写无名管道

写进程写管道文件,调用

$$\text{int write(filedes[1],〈源内存首址〉,〈字节数〉)}$$

读进程读管道文件,调用

$$\text{int read(filedes[0],〈目的内存首址〉,〈字节数〉)}$$

对于读写管道操作,操作系统核心已透明实现了类似"读者-写者模式"的同步控制机制。

- 调用 close(filedes[0/1])

只有在父子进程之间可以使用匿名管道方式进行通信。

2. 有名管道

为了克服无名管道使用上的局限性,让更多的非父子进程也能利用管道进行通信,UNIX 后来的版本中又增加了有名管道。

- 系统调用 mknod 创建管道文件,成功后返回管道文件路径描述。有名管道文件因其有名称而永久存在,其他进程可以知道它的存在,并能利用该路径名访问该文件。
- 有名管道文件的访问方式与普通共享文件相同(也有 delete/read/write 等

操作）。

5.4.3.3 Windows 2000/XP 管道

类似于 UNIX，Windows 也提供无名管道和命名管道两种管道机制。

1. Windows 2000/XP 的无名管道

类似于 UNIX 系统的无名管道，但提供的安全机制比 UNIX 更加完善。利用 CreatePipe 可创建无名管道，并得到两个读写句柄；然后利用 ReadFile 和 WriteFile 可进行无名管道的读写。

```
BOOL CreatePipe（PHANDLE hReadPipe,      //读句柄
                 PHANDLE hWritePipe,     //写句柄
                 LPSECURITYE_ATTRIBUTES lpPipeAttributes,  //安全属性指针
                 DWORD nSize             //管道缓冲区字节数）;
```

2. Windows 2000/XP 的命名管道

这是服务器进程与一个客户进程间的一条通信通道，可实现不同机器上的进程通信。它采用客户/服务器（C/S）模式连接本机或服务器上的多个进程。

在建立命名管道时，存在一定限制：服务器方只能在本机上创建命名管道，命名方式只能是\\.\Pipe\PipeName；但客户方可以连接到其他机器上的命名管道，命名方式为\\serverName\Pipe\PipeName，服务进程为每个管道实例建立单独的线程或进程。

以下是 Windows 系统中与有名管道操作相关的 API 接口函数名：

CreateNamedPipe：在服务器端创建并返回一个命名管道句柄；

ConnectNamedPipe：在服务器端等待客户进程的请求；

CallNamedPipe：从管道客户进程建立与服务器的管道连接；

ReadFile、WriteFile：用于阻塞方式的命名管道读写；

ReadFileEx，WriteFileEx：用于非阻塞方式的命名管道读写。

5.4.4 基于消息块传递的进程间通信

5.4.4.1 消息传递通信原理

- 属高级 IPC，进程间信息交换以"消息块"为单位。
- 基本操作是发送/接收消息块，操作系统提供了一组消息块通信原语：
  Send（p, message） 和 Receive(q, message)
- 是一种直接通信方式：

发送进程通过调用发送原语，直接将要传递的消息块挂接到接收进程的消息块缓冲队列中，然后通知接收进程；

接收进程,通常是服务进程,定时去"等待"消息块到来,其"等待"会因等到了消息块或超时而返回;

接收进程从等待返回后,循环从消息块缓冲队列中摘取未处理的消息块,并进行相关的"消费"处理。如图5.4所示。

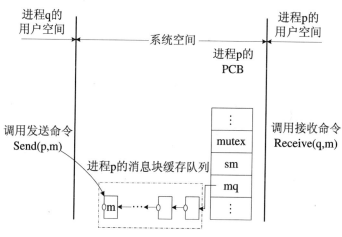

图 5.4 消息块通信的系统内核机制

5.4.4.2 消息块缓冲通信的主要数据结构

1. 消息块的数据结构

struct message {
  //至少包括消息头和消息正文两部分
  in tsender; //发送者进程标志
  in tsize; //消息长度
  char * text; //保存消息正文
  message * POINTER; //链接指针,指向下一消息块
}

在消息块的格式结构中,一般至少会有收/发送者进程标志、操作命令、附加数据等部分。

2. 还要在进程 PCB 中增加如下三个数据项:

mq:消息队列的首指针;

mutex:协调访问 mq 的互斥信号量;

sm:资源信号量,通知有消息块到来。

5.4.4.3 消息块缓冲通信的实现算法描述

1. 发送原语的实现算法描述

主要工作：发送者请求一消息块，并将它挂接到接收者的消息块缓存链。

```
void send(int receiver,  message m) { //m 为用户空间参数
    message msg_i;
    getbuff(msg_i.size, & msg_i);      //在内核空间中，申请一空白消息块
    copy(& m, & msg_i);                //把 m 复制到 msg_i
    msg_i.sender = getpid();           //获取本进程标志
    q = getpid(receiver);              //获取接收进程标志
    P(q.mutex);        //互斥访问接收进程消息队列
    enQueue(q.mq, & msg_i);    //将新消息块挂接到接受者消息块缓存链
    V(q.mutx);         //释放接收进程消息队列访问权
    V(q.sm);           //通知或唤醒接收进程——有信息块到来
}
```

2．接收原语实现算法描述

主要工作：接收进程从自己的消息块缓存链上摘取一个消息块，并复制到用户空间进行处理。

```
void receive(int q, message * b){
    j= getpid();
    P(j.sm);       //睡眠等待消息块，可因超时而退出
    P(j.mutex);    //互斥访问消息块缓存链
    deQueue(j.mq, &b);
    V(j.mutex);
}
```

5.4.5　一种基于端口的消息通信机制（实现模型）*

本小节介绍一个基于 Windows 内核本地过程调用（Local Procedure Call, LPC）机制及消息通信机制实现的端口通信模型。它是一个既包括进程间同步，又包括进程间数据交换，且数据量可大可小的综合 IPC 应用模型。对深化理解基于消息块的 IPC、信号量同步，以及端口通信原理等，都有一定裨益。

该模型程序采用一种面向连接的、基于快速报文传递的进程间通信方法。通信双方（两进程）需要先建立起"连接"。在建立了连接的双方之间有三种交换报文的方法：① 不带附加数据的纯报文；② 可带少于 256 B 附加数据的短报文；③ 对更大数据量通信，则由发送方先建立一个共享内存区（section）并将该区域对象传送给对方，随后在建立连接时，双方各自进行映射获得读写区间。

5.4.5.1 相关数据结构的定义

```
typedef struct_IPC_MESSAGE{ /* IPC报文消息块的数据结构定义 */
    ULONG      messageId;          //标志
    USHORT     messageType;        //类型
    USHORT     messageSize;        //大小=dataSize+xDataSize+sizeof(IPC_MESSAGE)
    USHORT     dataSize;           //报文正身部分的报文数据体长度
    ULONG      xDataSize;          //报文附加数据(不解释)部分的数据长度
    ULONG      SendSectionSize;    //共享区对象的大小
    LARGE_INTEGERSend  SectionOffset;      //共享区对象的加载基址
    struct SECTION_OBJECT * SendSectionObject;   //共享区对象指针
    UCHAR      data[0];    //不定长数组,存储不解释的报文体内容,上限256 B
    UCHAR      xData[0];   //存储报文的、不解释的附加数据,上限256 B
} IPC_MESSAGE, * PIPC_MESSAGE;
typedef struct _XPORT{ /* 端口对象的数据结构定义 */
    KMUTEX     mutex;      //互斥访问本端口的接收报文缓存队列
    KSEMAPHORE semaphore;      //端口同步控制信号量
    USHORT     type;       //端口的类型:服务端连接、服务端通信、客户端通信
    USHORT     state;      //端口状态:未连接、等待连接、已连接
    struct _XPORT * theOtherPort;      //对端的端口对象指针
    LIST_ENTRY queueListHead;      //接收报文——缓存队列的首指针
} XPORT, * PXPORT;
typedef struct _QUEUEMSG{  /* 报文消息块"容器":队列消息块的结构定义 */
    IPC_MESSAGE  message;          //报文消息块
    LIST_ENTRY   nextQueueMsg;     //指向队列中的下一个报文块容器
    PXPORT       sender;       // 指向发送端口对象的引用指针
} QUEUEMSG, * PQUEUEMSG;
typedef struct _MAPVIEW{   /* 映射共享区段返回的虚存区域 */
    PVOID    base;     //基址
    ULONG    size;     //大小
} MAPVIEW, * PMAPVIEW;
```

5.4.5.2 发送接收原语及其实现

```
/* 向指定端口发送消息块 */
void Send(IN PXPORT           toPort,   //目的端口
          IN PIPC_MESSAGE msg,       //要发送的消息块内容
          IN USHORT msgType/* 块类型 */, IN PXPORT fromPort/* 发端口
```

```
*/){
    申请一个空白的消息块容器,返回指针 pQMsg;
    //接着,开始初始化消息块容器 pQMsg
    If(msg!=NULL) Memcopy(& pQMsg→Message, msg, msg→MessageSize);
    pQMsg→message.messageType = msgType;
    pQMsg→message.messageId =〈报文序号,每次递增〉;
    pQMsg→sender = fromPort;
    /* 将该新消息块挂到目的端口的接收报文缓存队列的队尾 */
    P(toPort→mutex);
    enQueueMessagePort(toPort, pQMsg);
    V(toPort→mutex);
    V(toPort→semphore);  /* 唤醒等待在目的端口上的进程 */
}
/* 从指定端口接收消息 */
void receive(IN PXPORT recvPort, OUT PIPC_MESSAGE rMsg,
             OPTION OUT PXPORT sender){
    PQUEUEMSG pQMsg;
    P(recvPort→semphore);      //在接收端口上睡眠等待
    /* 从该端口报文队列中摘下一个消息报文 */
    P(recvPort→mutex);
       pQMsg = deQueueMessagePort(recvPort);
    V(recvPort→mutex);
    Memcopy(rMsg,& pQMsg→message, pQMsg→message.messageSize);
    sender = pQMsg→sender;
}
```

5.4.5.3 建立通信连接链路(建立一对"连接的"通信端口)

1. 服务进程的主要程序算法

```
MAPVIEW          writeMap, readMap;
IPC_MESSAGE      recvMsg, replyMsg;
PXPORT           p_connXPORT, sender;
```

以指定的公开名字,创建有名连接端口:返回对象指针 p_connXPORT。
创建连接端口服务线程——该线程在连接端口上循环侦听和处理,代码如下:

```
for(;;){
    receive(p_connXPORT, & rMsg, sender);
       if(rMsg.messageType = ='连接请求'){/* 接受连接请求处理 */
```

■ 新建一个服务端无名通信端口,返回端口对象指针 PSrvCommPort;
■ 将 PSrvCommPort 与客户端链接请求端口"对接":
PSrvCommPort→theOtherPort = sender;
PSrvCommPort→theOtherPort→theOtherPort = PSrvCommPort;
PSrvCommPort→state = CONNECTTED;
PSrvCommPort→theOtherPort→State = CONNECTTED;
映射写入共享区(已方提供),返回指针为 writeMap;
映射读入共享区(对方提供),返回指针为 readMap。
■ 向请求连接的客户端口"发同意连接"的应答报文,并唤醒对方线程;
申请并准备一个应答报文 replyMsg;
调用 Send(sender, & replyMsg, pSrvCommPort)。
■ 分析连接请求报文,创建等待在本通信端口上的专门服务线程,并传入以下线程工作参数:已连接的通信端口(pSrvCommPort);
共享写入区 writeMap(NULL 表示没有);
共享读出区 readMap(NULL 表示没有)。
　　}
}

2. 客户端进程的主要程序算法

```
/* = = = = = = = = = = = = = = = = = = = = = = = = = = = = = = =
客户端进程(线程)调用以下函数请求建立连接:
Status = ConnectSrvPort(connName,& writeMap,& readMap,& ourPort)
成功后返回以下工作参数:已连接的通信端口(ourPort);
                共享写入区 writeMap(NULL 表示没有);
                共享读出区 readMap(NULL 表示没有)。
- - - - - - - - - - - - - - - - - - - - - - - - - - - - - - - */
BOOL ConnectSrvPort(IN PUNICODE STRING ConnName,
             OUT PMAPVIEW writeMap, OUT PMAPVIEW readMap,
             OUT PXPORT ourPort) {
    创建一个无名通信端口,返回端口对象指针 ourPort;
    根据参数 connName,获取连接服务端口,返回指针 pNamedConnPORT;
    申请并初始化一个连接请求报文 requestMsg;
    send(pNamedConnPORT, requestMsg, ourPort);
    //等待服务端连接响应
    receive(ourPort, rMsg);
    if (rMsg→messageType = = '同意连接') {
```

映射写入共享区(己方提供),返回指针为 writeMap;
映射读入共享区(对方提供),返回指针为 readMap;
return TRUE;
}{ return FALSE;}
}}

当在客户线程及服务线程之间建立连接后,双方就可以利用各自所获得的"连接态"通信端口,以及连接时已建立的写入/读出共享虚拟区域,进行报文交换和大块数据交换。

习 题

选择题

1. (多选)以下属于临界资源的是( )。
   A. 打印机　　B. 公用队列结构　　C. 私用数据　　D. 可重入的程序代码
   E. 磁盘　　F. 共享变量、共享缓冲区

2. 有两个并发进程 P1 和 P2,共享初值为 1 的变量 x。P1 对 x 加 1,其操作的汇编指令为:{…;load DX,x;inc DX;store x, DX;…};P2 对 x 减 1,其操作的汇编指令为:{…;load BX,x;dec BX;store x,BX;…}。两个操作都完成后,x 的可能值为( )。
   A. 0,1,2　　B. -1,0,1　　C. -1 或 2　　C. -1,0,1,2

3. 不是同步机制应遵循的准则是( )。
   A. 让权等待　　B. 空闲让进　　C. 忙则等待　　D. AND 条件

4. 若系统中有五个并发进程涉及某个相同的变量 A,则变量 A 的相关临界区是由( )个临界区构成的。
   A. 1　　B. 3　　C. 4　　D. 5　　E. 6

5. 一个访问临界资源的进程由于 I/O 操作请求而被阻塞时,( )。
   A. 可以允许其他进程进入该进程的临界区
   B. 不允许其他进程进入使用相同临界资源的相应临界区和抢占 CPU 执行
   C. 可以允许其他就绪进程抢占 CPU,继续执行
   D. 不允许任何进程抢占 CPU 执行

6. 设与某资源相关联的信号量初值为 3,当前值为 1。若 M 表示该类资源的可用个数,N 表示等待资源的进程数,则 M 和 N 分别是( )。
   A. 0 和 1　　B. 1 和 0　　C. 3 和 0　　D. 2 和 0

7. 设与某资源相关联的信号量初值为 3,当前值为 -1,表示当前有( )个进程在等待。
   A. 4　　B. 1　　C. 2　　D. 3　　E. 0

8. 设系统有 10 个并发进程通过 PV 操作原语共享同一临界资源,则该临界资源的互斥

信号量的值域为( )。

A. [-10,10]　　B. [-10,0]　　C. [-9,1]　　D. [0,10]

9. 设有 n 个进程共享一个相同的程序段(临界区)。如果每次最多允许 $m(m<n)$ 个进程同时进入临界区,则信号量的初始值为( )。

A. n　　B. m　　C. $m+n$　　D. $n-m$

10. 在一个有 n 个进程的系统中,允许 $m(n>=m>=1)$ 个进程同时进入它们的临界区,其信号量 S 的值变化范围是 $[-(n-m),m]$。处于等待状态的进程数量最多是( )个。

A. n　　B. m　　C. $m+n$　　D. $n-m$

11. AND 信号量机制是为了( )。

A. 信号量的集中使用　　B. 解决结果的不可再现问题
C. 防止系统的不安全　　D. 实现进程的相互制约

12. 以下选项中,( )不是高级 IPC 机制。

A. 文件机制　　B. 消息缓冲通信机制　　C. 管道机制
D. 信号量机制　　E. 共享存储区机制　　F. A 和 D
G. 共享文件

13. 以下选项中,( )不是低级 IPC 机制。

A. 文件机制　　B. 信号量　　C. 管程　　D. 原语
E. 软中断　　F. 消息机制　　G. A 和 E

14. 两个合作进程无法利用( )交换数据。

A. 数据库　　　　　　B. 文件系统
C. 共享内存　　　　　D. 高级语言中的全局变量

15. 关于信号量,以下说法错误的是( )。

A. 信号量适用于锁可能会被长时间持有的同步场合
B. 信号量只适用于内核空间,不适用于进程上下文中
C. 信号量不能用在中断上下文中
D. 当任务持有信号量时,不能再持有自旋锁

判断题

1. 在一个基于优先级的可抢先系统中,如果 CPU 正在执行一个 P 操作,一个高级中断到来,那么中断处理进程会抢断 CPU。( )
2. 信号量的初值必须是大于零的整数。( )
3. 进程一旦进入临界区执行,类似于原语方式,其执行就不会被抢占。( )
4. 共享文件通信是管道的一种方式。( )

简答题

1. 说明同步、互斥的区别与联系。

2. 进程 P0 和 P1 的共享变量及初值定义为

boolean flag[2]；flag[0] = false； flag[1] = false；

int turn = 0；

若 P0 和 P1 访问临界资源类的代码如下：

```
void P0() {
    while (true) {
        flag[0] = true; turn = 1;
        while (flag[1] && turn == 1);
        临界区代码行;
        flag[0] = false;
    }
}
void P1() {
    while (true) {
        flag[1] = true; turn = 0;
        while (flag[0] && turn == 0);
        临界区代码行;
        flag[1] = false;
    }
}
```

当并发执行进程 P0、P1 时，能否保证进程互斥进入临界区而不会出现饥饿现象？请说明原因。

3. 判断下述同步算法是否正确，若有错请改正。设 A、B 为两个并发进程，它们共享同一个临界资源，它们执行临界区的算法分别如下所示，其中设定信号量 S1、S2 的初值均为 0。

   原　算　法   改正后的算法

```
semaphore S1 = 0, S2 = 0;
void process_A() {
    while (true) {
        临界区代码 CS-A;
        V(S1);
        P(S2);
    }
}
```

```
void process_B() {
    while(true) {
        P(S1);
        临界区代码 CS-B;
        V(S2);
    }
}
```

综合题

1. 某银行提供1个服务窗口和10个供顾客等待的座位。顾客到达银行时，若有空座位，则到取号机上领取一个号，等待叫号。取号机每次仅允许一位顾客使用。当营业员有空闲时，通过叫号选一位顾客服务。顾客和营业员的活动过程描述如下：

```
codebegin {
    process_customer {
        从取号机取一个等待号；
        等待叫号；
        得到服务；
    }
    process_clerk {        //营业员
        while (True) {
            叫号；
            为顾客服务；
        }
    }
}
```

请添加必要的信号量和PV操作，以实现上述过程的同步与互斥过程。要求对信号量标注用途说明和应赋的初值。

2. 设有两个优先级相同的进程P1和P2。信号量S1和S2的初值均为0，试问P1、P2并发执行结束后，变量 x、y、z 的值各为多少？

进程P1
1. y = 1；
2. y = y + 2；   //y = 3
3. V(S1)；
4. z = y + 1；   //z = 4
5. P(S2)；
6. y = z + y；

进程P2
1. x = 1；
2. x = x + 1；//x = 2
3. P(S1)；
4. x = x + y；//x = 2 + 3 = 5
5. V(S2)；
6. z = x + z；

3. 假设缓冲区 buf1 和 buf2 都无限大,进程 P1 向 buf1 写数据,进程 P2 向 buf2 写数据。现要求 buf1 与 buf2 中缓存数的个数差保持在 $[m,n]$ 范围,请用信号量描述此同步关系。

4. 有三个进程 PA、PB、PC 合作解决显示输出问题:PA 将定长文件记录从磁盘读入内存 buf1,每次执行一条记录;PB 将 buf1 的内容复制到 buf2,;PC 每次从 buf2 中取出一条记录显示输出。假设两个内存缓冲区大小相同,都是只能容纳一条输入/输出记录。

5. 有一个仓库,可以存放 A 和 B 两种产品,但要求每次只能存入一种产品(A 或 B),且 A 与 B 两种产品的数量差保持在 $(-N,M)$ 区间。其中,M 与 N 都是正整数。试使用 PV 操作描述产品的入库过程。

6. (牙科医生问题)有一个牙科,内有 3 个牙医、3 张牙床、10 把患者等待椅,每个牙医可在一张牙床上为患者服务。若没有患者,牙医们就躺在各自牙床上休息,病人来后只需唤醒一个牙医即可。若 3 张牙床上都有病人,随后到来的病人找把椅子坐下;若 10 把椅子上都已经有人坐,再来的病人只好走人。请用信号量算法描述该同步互斥问题。

上 机 实 践

1. 在 Linux 的用户态下,设计并实验一个简单的生产者-消费同步程序。
2. 在 Linux 的内核态下,设计并实验一个简单的生产者-消费同步程序。

第6章 存储管理

6.1 存储管理概述

存储管理技术主要研究进程如何使用主存资源和被作为虚存的部分辅存资源。当今计算机都是基于冯·诺依曼的存储程序工作模型,凡是即将被 CPU 存取的程序和数据都必须位于主存中。设计操作系统的重要目标之一是提高计算机资源的利用率,而提高计算机资源利用率的最根本途径是:采用并发技术实现多任务运行环境。因此,操作系统必须合理地管理好主存空间,使尽量多的进程能在系统中共存,共享 CPU、存储器和其他系统资源。

6.1.1 计算机的存储器组织

6.1.1.1 与存储管理有关的一些基本概念术语

- 主存(Primary Memory,PM)　用于存储数据和程序。
- 可执行存储(Executable Memory,EM)　指存储可执行二进制程序映像(program images)的那部分主存。
- 辅存,也称第二级存储器(Secondary Memory,SM)　指磁盘等外部存储器(外存)。
- 存储管理单元(Memory Manage Units,MMU)　CPU 内部的存储管理相关部件。
- 地址空间(Address Space,AS)　指 CPU 的最大可寻址范围。16 位机有 20 根地址总线,可寻址 1 MB(2^{20} B)空间;32 位机有 32 根地址总线,可寻址 4 GB 空间。

现代操作系统中,地址空间通常划分为系统空间和用户空间两大部分。系统空间主要供操作系统核心使用,也是所有进程的公用空间;而用户空间则是指一个用户进程的私有或专用空间。

- 虚拟存储器（Visual Memory，VM）[①]

系统虚拟存储器 指主存＋（被映射到虚拟空间的）部分辅存构成的比实际主存更大的存储空间。

进程虚拟存储器 在32位系统中，系统为每个进程实现了4 GB空间的虚拟存储器，其中，仅有部分空间被映射到物理主存。

一种简明计算机系统模型 CPU执行指令，而存储器（memory）为CPU存放指令和数据。存储器可视为一个线性的字节数组，而CPU能够访问每个存储器的字节位置。

6.1.1.2 存储层次组织结构

计算机存储器系统通常由多种不同容量、成本和访问速度的存储设备构成。在第1章中，我们概要介绍了这种存储层次组织结构（图1.15）。在这个层次结构中，从上至下不同类的存储设备变得更慢但容量更大，且每个字节单元的造价也更便宜。

不同层次存储设备的存取速度差别可能很大。CPU访问寄存器只需0～1个机器时钟周期；访问高速缓存（cache）大约需1～10个周期；访问主存需要50～100个周期；而访问一个磁盘块，则大约需要20 000 000个周期。

存储器分层组织的主要思想是：将一层次上的存储器作为其下一层次上存储器的缓存。CPU寄存器保存着最常用的数据。靠近CPU的小且快的高速缓存，保存着相对慢速的主存中部分可能还需再次访问的数据和指令，作为主存的缓冲区。主存则暂时缓存速度更慢但容量更大的磁盘上的小部分数据，作为磁盘的缓冲区；而磁盘常常又作为比它更慢但更大的磁带或网络资源的缓冲区。

这种存储组织结构的深层思想是程序的局部性原理（principle of locality）。具有良好局部性的程序比局部性差的程序，更倾向于从存储器层次结构的高层处访问数据项，因此运行得更快。

6.1.1.3 局部性原理

一个编写良好的计算机程序倾向于展示出良好的局部性。它们倾向引用的数据项邻近于其他最近引用过的数据项，或者邻近于最近自我引用过的数据项。这种倾向称为局部性原理。它是一个持久的概念，对硬件和软件系统设计都有极大的影响。

局部性通常有两种形式：时间局部性和空间局部性。在一个具有良好时间局部性的程序中，被引用过一次的存储位置很可能在不远的将来再次被引用；在一个

[①] 传统操作系统教材未明确区分系统和进程虚拟存储器，不利于虚存管理机制的清晰理解。

具有良好空间局部性的程序中,如果一个存储位置被引用了一次,那么,程序很可能在不远的将来引用其附近的一个存储器位置。

在硬件层,局部性原理启发计算机设计者通过引入称为高速缓存的小而快的 CPU 高速缓存,来保存最近被引用的指令和数据,从而提高 CPU 对主存的访问速度。

在操作系统层,局部性原理启发系统使用主存作为最近被引用磁盘块的高速缓存。

在应用层,程序员可利用局部性原理优化程序的运行性能。

考虑如下简单 C 语言函数实现代码,它对一个向量的所有元素求和。

```
int  sumvec(int v[N])  {
    int i, sum = 0;
    for (i = 0; i<N; i++)
        sum += v[i];
    return sum;
}
```

这个程序有良好的局部性吗?为了回答这个问题,让我们来看看每个变量的引用模式。在这个例子中,变量 sum 在每次循环迭代中被引用一次,因此,对于 sum 来说,有好的时间局部性。但因为 sum 是标量,故对 sum 来说,没有空间的局部性。

表 6.1 中给出了向量 v 元素的存储布局。本例中,向量 v 元素是按它们存储在存储器中的顺序读取的,一个接着一个。因此,对于向量 v,函数有很好的空间局部性,但是时间局部性很差,因为向量的每个元素只被访问一次。在这个例子中,循环体中的每个变量,要么有好的空间局部性,要么有好的时间局部性,所以我们可以认为 sumvec 函数有良好的局部性。

表 6.1 向量 v 的引用模式

地址内容	0 v_0	4 v_1	8 v_2	12 v_3	16 v_4	20 v_5	24 v_6	28 v_7
访问顺序	1	2	3	4	5	6	7	8

像 sumvec 这样顺序访问一个向量中每个元素的函数,称为具有步长为 1 的引用模式。访问一个连续向量的每第 k 个元素,称为步长为 k 的引用模式。步长为 1 的引用模式是程序中空间局部性常见和重要的来源。一般而言,随着步长的增加,空间局部性下降。

对于引用多维数组的程序来说,步长也是一个重要的因素。考虑如下的 C 函数 sumarrayrows。

```
1   int   sumarrayrows(int a[M][N]){
2       int i, j, sum = 0;
3
4       for (i = 0; i<M; i++)
5           for (j = 0; j<N; j++)
6               sum += a[i][j];
7       return sum;
8   }
```

函数 sumarrayrows 对一个二维数组的元素求和,双重循环按照行优先顺序(row-major order)读数组的元素,即内层循环依次读第一行的元素、第二行的元素……依次类推。该函数具有良好的空间局部性,因为它按照数组被存储的行优先顺序来访问其中的元素,如表 6.2 所示。其结果是得到一个很好的、步长为 1 的引用模式,具有良好的空间局部性。

表 6.2 数组 a 的引用模式 ($M = 2, N = 4$)

地址内容	0 a_{00}	4 a_{01}	8 a_{02}	12 a_{03}	16 a_{10}	20 a_{11}	24 a_{12}	28 a_{13}
访问顺序	1	2	3	4	5	6	7	8

一些看上去很小的程序改动会对其局部性造成很大的影响。例如,将上述算法交换 i、j 循环。按列来扫描数组,而不是按行。因为 C 数组在存储器中是按照行优先的顺序来存放的,结果就得到步长为 N 的引用模式。

取指令的局部性　因为程序指令是存放在存储器中的,CPU 必须取出或读出这些指令,所以,我们也能够评价关于取指令的局部性。例如,前述 sumvec() 函数中 for 循环体里的指令是按照连续的存储器顺序执行的,因此循环有良好的空间局部性。因为循环体会被执行多次,所以它也有很好的时间局部性。

量化评价一个程序局部性的一些原则:如下:

- 重复引用同一个变量的程序时,有良好的时间局部性。
- 对于具有步长为 k 的引用模式的程序,步长越小,空间局部性越好。
- 对于取指令来说,循环有好的时间和空间局部性。循环体越小,循环迭代的次数越多,局部性越好。

6.1.2 存储管理的主要功能与目标

在多道程序环境中,存储管理的主要目的有两个:
(1) 提高资源的利用率,能满足多用户针对内存的并发请求;
(2) 方便用户使用内存,使用户不必考虑作业具体放在内存的哪个区域、如何实现正确运行等复杂问题。

为此,作为存储管理系统,需要具有如下基本功能:
- 内存分配与回收。为每个进程创建运行空间,分配初始所需基本内存,并允许进程在执行中动态申请/释放内存。
- 实现逻辑地址到物理地址的自动转换。
- 实现有效的存储保护与共享。
- 扩充主存。引入虚拟存储技术,用外存扩充主存数量,弥补物理内存数量的不足;使用户程序得到比实际内存容量更大的"内存"空间。
- 提高主存的利用率。采用合理的算法、策略和数据结构,以提高计算机资源利用率;其根本途径是实现高效的并发共享。

6.1.3 传统的存储管理技术体系

传统的存储管理以物理主存分配与管理为主。图 6.1 给出了系统主存分配与管理方法的分类体系。其中,连续分配指一个程序被一次性地全部装入到一段连续的主存区域中;而离散分配则是将一个程序拆分成多块,不同程序块允许装入到不同的主存区中,且不同的主存区允许不相邻。

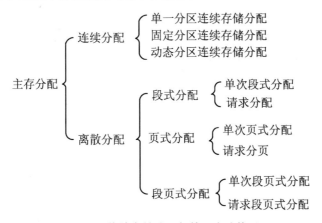

图 6.1 传统存储分配与管理方法体系

最简单的单一分区连续存储分配主要用在早期单任务系统（比如 DOS）中。在任意时刻，唯一的主存分区中只有一道用户程序，只需对操作系统占用的主存区域加以保护即可。多分区连续存储分配管理则是把主存划分成若干分区，每个分区采用连续分配方式装入一道程序。在固定分区下，各分区的大小和位置事先已确定，当一个程序分配到比它大的分区时，会造成"内碎片"，降低主存的利用率。

6.2 节将概要介绍 DOS 系统的内存布局、固定分区连续分配管理以及动态分区连续分配管理技术。6.3 节将介绍离散存储分配技术。

6.2 基于连续分配的存储管理技术

6.2.1 单一分区连续分配管理

DOS 是采用单一分区连续分配的典型单任务系统，最大寻址范围为 1 MB。

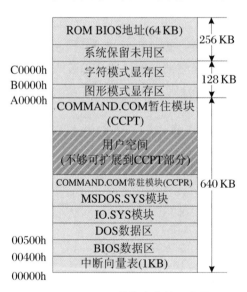

图 6.2 DOS 系统的主存使用布局

图 6.2 给出了 DOS 系统的 1 MB 主存使用布局情况。在内存低端，安排了中断向量表和 BIOS 数据区。剩下从 00500h 开始到 A0000h 总共不到 640 KB 的内存是 DOS 及其应用程序的使用区。可执行外部程序实际可用的内存大约为 500 KB。

6.2.2 固定分区连续分配管理

固定分区，也称为静态分区，是事先将可分配的内存空间划分为若干个固定大小的连续区域，每个区域大小可以相同，也可以不同。当某一作业要调入内存时，存储管理程序根据它的大小，找一个可容纳它的最小可用分区分配给它。如果当时没有足够大的分区能容纳该作业，则该作业必须等待，调度程序按调度策略调度其他作业运行。

由于一个作业大小不可能刚好等于某个分区大小,会在分区内留下不可用的内碎片,因此,固定分区管理的内存利用率不高。

1. 固定分区管理的主要数据结构

为说明各分区的分配和使用情况,需要在内存中设置一张各分区使用情况说明表。

2. 固定分区的存储保护机制

在多道程序设计环境中,存储保护是对内存中的程序和数据段采取保护措施,限制各进程只能在自己的存储区中活动。进程不能对其他进程的程序或数据产生干扰破坏,尤其是不能破坏操作系统的工作区。

在基于固定分区的存储管理方式中,存储信息保护主要体现在不能越界访问。实现这种存储保护,可以采用硬件方法,也可以采用软硬件结合的方法。其中,使用较为普遍的是界限寄存器(硬件)保护法。

(1) 使用上下界存储保护。系统为每道在分区中运行的作业程序设置一对上下界寄存器,分别用来存放其内存工作区的上下界地址。

(2) 使用基址-限长寄存器。基址寄存器存放该作业的首址,限长寄存器存放该作业的长度。

(3) 对于存储保护除了防止越界外,还可对某一区域指定专门的保护方式。常见的有四种:禁止做任何操作;只能执行;只能读;能读/写。

6.2.3 可变分区连续分配管理

6.2.3.1 可变分区连续分配的基本思想

- 操作系统初始化后,主存配置为一个连续完整的大空闲区(共 N_0 个单元)。
- 随后依次启动 k 个进程,并顺序给每个进程分配一个连续分区。令进程 Pi 占用的分区大小为 n_i 个单元,则有 $\sum_{i=0}^{k-1} n_i \leqslant N_0$。
- 之后系统将不断经历现有进程结束和新进程创建的无限动态过程。进程结束会在其前后进程分区之间留下空闲分区。新进程可被分配到能容纳下它的任何空闲区间,具体选择哪个空闲分区取决于所采用的分配策略。此外,当新进程分配到某个空闲区间后,该空闲区间中未被用完的剩余空间将形成一个更小的空闲空间。
- 最终将形成一幅"在各进程占用区间的前后可能留有大小不等空闲区"的内存分布图像。这时,主存空闲单元已不再连续,而是被"占用区"分割成很多大小不等的区片,有些区片因太小而无法使用,被称为"外碎片"。

采用动态连续分配机制，主存中只会有外碎片，不会有内碎片。

通过采用空间紧凑（compact）技术，可以合并零散的空闲空间。但这样做，需在主存中进行进程空间移动调整，代价可能非常昂贵。

6.2.3.2 可变分区分配的数据结构

动态分区分配常采用的数据结构主要有空闲分区表（Free Block Table，FBT）和空闲分区链表（Free Block Chain，FBC）两种。对图6.3(a)所示的存储分区使用情况，相应的FBT和FBC描述分别如图6.3(b)和(c)所示。

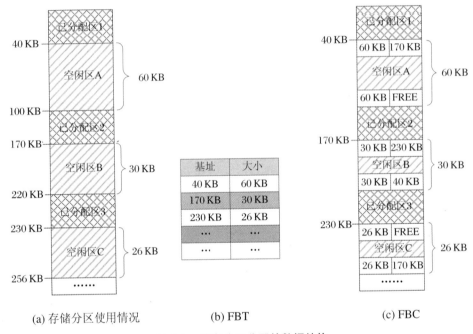

图 6.3 动态分区分配的数据结构

FBT更简单，但存在表目大小难以预估的问题；而采用双链结构的FBC可避免该问题。此外，FBC将链表数据直接存放在各空闲区的头尾处，不需要额外内存来存放管理数据。例如，对图6.3的空闲区B，分区头尾的字段值（30 KB）表示该分区的大小，分区头部的字段值（230 KB）表示下一个空闲分区的开始地址为230 KB，分区尾部的字段值（40 KB）表示前一个空闲分区的开始地址是40 KB。字段值FREE表示当前分区的前面或后面已没有其他空闲分区。

6.2.3.3 几种常用的可变分区分配策略

- 首次适应（first-fit）算法

总是从空闲分区表的开始表项或链表始节点开始,搜索大于请求大小的空闲分区;找到第一个后,就分配给本次请求。该算法分配和释放的时间性能都较好,较大的空闲分区可以被保留在内存高端。但随着低端分区不断地划分会产生较多小分区,每次分配的时间开销会增大。

- 最佳适配(best-fit)算法

总是从空闲分区开始表项或链表始节点开始,搜索大于请求的最小空闲分区来满足本次请求。从个别看,形成的外碎片较小;但整体上,会形成较多外碎片。优点:较大的空闲分区可被保留。

- 最坏适配(worst-fit)算法

总是从空闲分区开始表项或链表始节点开始,搜索大于请求的最大空闲分区,来满足本次请求。不易导致小空闲区(碎片),但较大空闲分区不被保留。

- 循环首次分配(next-fit)算法

总是从最后被分配分区的下一个空闲分区开始,搜索大于请求大小的空闲分区,找到第一个后,即分配给本次请求。它是首次分配算法的变种,该算法的平均性能通常比首次适应算法好。

6.2.3.4 动态分区分配算法

采用不同的分配策略和空闲分区管理数据结构时,动态分区分配算法也会有所不同。算法 6.1 给出了一个采用首次分配策略并使用 FBC 数据结构的动态分区分配算法。

算法 6.1 采用首次适应策略和 FBC 结构的动态分区分配算法。

```
long  get_block(int x,byte * p){       //请求大小为 x
    int i; long y;
    i=1;
    while (FBC[i].size! = 0 && FBC[i].size<x) i++;
    if (FBC[i].size ==0) {p=null;return 0;}
    p=FBC[i].addr;
    y=FBC[i].size - x;
    if (y>= delt){       //delt 是全局变量,描述系统的最小可能主存
        FBC[i].size = y;
        FBC[i].addr = FBC[i].addr + x;
    }
    return x;
}
```

6.3 基于离散分配的存储管理技术

6.3.1 内存地址分类

在 X86 体系架构中,至少使用了三种不同的地址类:

- 逻辑地址(logical address) 指程序中使用的地址。程序员把他们的程序根据信息处理的逻辑组织结构需要,分成一个个的段,如代码段、数据段、堆栈段等。每个逻辑地址都是由一个段基址和段内偏移量组成的。

在 C 语言指针中,读取指针变量本身(& 操作)返回值,就是逻辑地址,是相对于当前进程数据段的地址。

- 线性地址(linear address)(又称虚拟地址) 指一个以字节(B)为单位的、连续存储单元编址序列。在一个总线支持字长位数为 n(比如 16、32、64)的机器中,虚拟地址空间大小为 $N = 2^n$ B,即有编号序列为 $\{0, 1, 2, \cdots, N-1\}$ 的虚拟存储单元序列。例如,32 位系统的虚拟空间大小为 4 GB,用十六进制表示的线性地址范围是 0x00000000~0xffffffff。

- 物理地址(physical address) 指使用物理地址总线中的位表示的地址。该类地址用于寻址内存芯片里的存储单元。它们对应于微处理器引脚到内存总线之间的电信号。类似于线性地址,物理地址也常用无符号的十六进制数来表示。

在 X86 体系架构中,内存管理单元(MMU)可通过一个称为分段部件或段单元(segmentation unit)的硬件电路,将逻辑地址转换成线性地址;接着,通过一个叫作分页部件或页单元(paging unit)的电路,再将线性地址转换成物理地址。若没有启用分页部件,那么线性地址直接就是物理地址。图 6.4 给出了 32 位系统中,从逻辑地址到物理地址转换的大致过程。

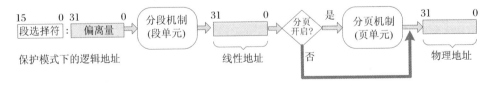

图 6.4 32 位系统中逻辑地址到物理地址的转换过程

6.3.2 段式存储分配管理

6.3.2.1 传统的段式存储管理

1. 分段存储管理的基本思想

段式存储管理采用"把程序按内容或功能关系分成多个段(模块),每个段有自己的名字"这种与用户视点一致的自然方法。它以段为内存分配基本单位,把作业看作由若干个长度允许不同的逻辑段组成;每个段是一个有自己段名、逻辑意义完整的信息集合。运行时,需为每个段分配连续的存储空间,但不同段的存储分配则不要求连续。

程序运行时(进程)对应的虚存空间是二维的,其逻辑地址为:〈段号 S:段内偏移 D〉。其中,每个段内的地址都是从 0 开始的一维线性地址,加上独立变量维——段号 S,就构成了二维地址空间。

2. 段式系统存储分配与管理的数据结构

(1) 程序段表(位于可执行程序文件头部,如 ELF 文件的段头表) 每个分段描述项,至少包含段名、段类型、段长、段在文件中的起始偏移量、属性等字段。

(2) 进程段表 记录进程中各段的存储分配情况,该表被放置在系统空间。段表中每行对应一个段表项(Segment Table Entry,STE),STE 中至少应包括段号、段长、段基址、段属性等字段。其中,段属性中含有段类型、保护模式等。

(3) 系统段表 系统段表主要记录各"进程段表"的基址和段表长度(最大段号),主要字段包括进程标志、段表基址、段表长度(最大表项号)。

(4) 共享段表 为实现分段存储共享,系统还需设置专门的共享段表,记录每个共享段的信息。共享段表项(Shared Segment Table Entry,SSTE)至少应包括共享段号、段基址、段长度、共享计数(记录目前共享该段的进程总数),以及一个指向共享权限子表的指针。共享权限子表的每项记录一进程共享该段的权限,子项结构为〈进程标志 pid,共享权限描述〉。

(5) 系统主存空闲段表 记录系统主存中空闲的区间,通常可采用类似动态分区的 FBT 或 FBC 结构。

3. 段式存储分配算法描述

算法 6.2 段式系统的段表及进程空间分配。

//为一个包含 k 个段,各段大小分别为 s1,s2,…,sk 的程序分配空间。
//若分配成功,通过输出参数 p 返回段表的基址;若分配失败,p 为空值。
begin

　　p:= get a ST;　　　　　　　//请求分配一个存放段表的空间

```
for i = 1 to k do begin
    ST[i] = get a region;        //获得一空闲分区
    if fail then
        p: = 0;
        break;
    end if;
end for;
end;
```

4. 段式存储管理的地址变换

图 6.5 给出了段式存储管理的地址变换过程。进行地址变换时,先将逻辑地址中的段号与段表长度比较,检查访问是否越界。若不越界,就利用段号和段表控制寄存器中的段表基址,算出 STE 在段表中的位置。从该 STE 中获得该段的基址。将该段基址与逻辑地址的段内偏移地址相加,就可得到要访问的物理地址。

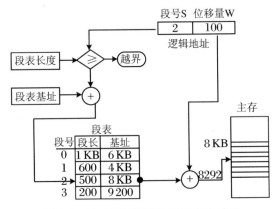

图 6.5　段式存储管理的地址变换过程

5. 段的链接、共享和保护

段式存储管理便于实现程序的动态链接、内存信息的分段共享和实施分段存储保护。

(1) 段的链接

可执行的程序在分模块编译,再链接装配后,通常会自然地包含若干段。在加载运行之前,一次性把所有的段都装配好的方式,称为静态链接。静态链接生成的程序在运行时,都要求把所有的段(无论运行中是否被调用),在启动时一次性全部装入主存中,这种做法很耗主存,尤其是运行大程序时。

为了提高主存的利用率,后来引入了只部分链接的动态链接。在程序加载之前,只将主程序链接装配好,其他段只记录必要的链接相关基本信息。真正的链接推迟到运行时,当程序执行指令是一条要调用尚不在内存的新模块时,才根据基本链接信息,临时定位装载并链接这个新模块。

(2) 共享段的分配与回收

在为共享段分配内存空间时,对第一个请求使用某共享段的进程,系统为该共享段建立一个 SSTE 项,置 SSTE.count = 1;然后,分配一物理内存并把共享段调入该区,同时将该区始址、长度填入 SSTE 中。此外,还需为进程增加一个指向该 SSTE 的私用段表项 STE。之后,当又有其他进程需要调用共享段时,只要建立指向 SSTE 的私有 STE,将 SSTE.count 加 1,并在权限子表中填写进程对该关系段的存取权限即可。

当进程不再需要一共享段时,就应释放该段,包括撤销此进程段表中与共享段所对应的私有 STE,并对共享段表项执行 SSTE.count 减 1。如果 SSTE.count 为 0,则需由系统回收该共享段的物理内存,并从共享段表中撤销该 SSTE;否则,如果 SSTE.count 减 1 后不为零,则只需删除该进程在共享段表中的有关权限描述记录。

(3) 段的保护

在多进程环境下,为了保证段的共享并保证程序的顺利执行,必须实现对段的保护。一般有以下措施:① 利用段表长度及段长来实现段的保护,防止程序执行时地址越界;② 对段实施存取权限保护。在段表中设有"存取权限"一项,可对程序的访问权限进行各种必要的限制。

6.3.2.2 X86 的存储分段管理 *

在保护模式下,进程的逻辑地址包括两个部分:段选择符(segment selector)和段内偏移量。段选择符指定目标段描述符在 GDT/LDT 中的索引,它是一个 16 位字,包含以下内容:

- 一个 13 位的索引值;
- 一个 TI(Table Indicator)标志位,指示对应段描述符是在 GDT(TI = 0) 还是 LDT(TI = 1)中;
- RPL(Request Privilege Level)(2 位),定义请求访问目标段的特权级。

每个段描述符大小是 8 B,可完全描述目标段在虚拟空间的基址、长度和属性。LDT 相当于进程段表,GDT 相当于系统段表;对每个进程,GDT 中含有一个 LDT 表区和一个 TSS 段的描述符。图 6.6 描述了 X86 分段存储管理的地址转换过程。

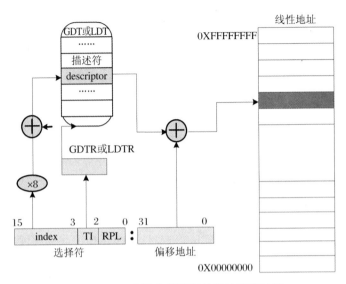

图 6.6 X86 分段存储管理的地址转换过程

(1) 将段选择符的高 13 位值乘以 8,算出段描述符在 GDT(TI = 0)或 LDT(TI = 1)中的偏移位置。

(2) 从该位置读取段描述符获得的段基址。但访问一个段是有限制的,系统会进行一系列的合法性检查,包括界限检查、特权级检查等。若检查不通过,会引发相应的异常;若检查通过,就取出相应描述符放入对应的、用户不可见的 CPU 内部高速缓存寄存器中,以加快之后的段内访问地址翻译过程。

(3) 段基址与逻辑地址中的段内偏移相加,就可得到 32 位的线性地址。如果没有启用分页机制,则该线性地址就是物理地址。

6.3.3 页式存储分配管理

6.3.3.1 传统的页式存储分配管理

1. 分页存储管理的基本思想

(1) 以页(page)为单位,将进程虚拟线性地址空间划分为一系列固定大小的页(页面),构成虚拟空间页面集。每页都有一个编号,叫作页号,从 0 开始依次编排。

(2) 类似地,物理存储器被分割为一个个物理页(大小与页相同),构成物理页面集。位于 RAM 中的物理页面常称为页框(page frame),页框号也从 0 开始依次编号。

在分页管理系统中,页面大小要适中,其选择应考虑硬件体系结构特点,一般取为2的幂次方。X86系统的页面大小通常为4 KB。

若页面太小,虽然可使内存碎片减小,有利于提高内存的利用率,但也会使每个进程占用较多的页面,从而导致进程页表变长。这不仅会多消耗一定的内存,还会降低页面换进换出的效率。若页面太大,虽然可减小页表长度,提高页面换进换出的速度,但却会使页内碎片变大,降低内存利用率。另外,值得注意的是,页面大小与缺页中断率无关。

(3) 通过引入一个映射表(简称页表(page table)),确定虚页面集与页框集之间的映射关系。页表的每个项称为页表项(Page Table Entry,PTE),至少含有页号和块号两个字段。

图6.7说明了这种页表映射机制。显然,与必须在主存中寻找可容纳整个进程大小的连续分配法相比,页式分配法的存储利用率更高、适应性更强。它没有外碎片,每个进程浪费空间最多不超过1页。

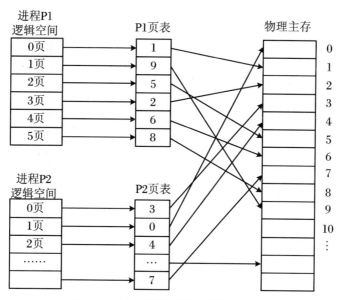

图6.7 页式分配系统的页表映射机制

2. 页式分配管理的基本数据结构

(1) 页表 它是实现进程虚空间的关键数据,必须保存在系统空间中,不允许用户代码访问。由于进程页表可能很大,32位程序最大页表数可达2^{20},按每个页表项4 B计算,占用空间可达4 MB。因此,现代操作系统一般将页表本身安排在允许被交换的系统空间,在PCB中仅存一个指向页表的指针。

(2) 页表入口基址或页表目录基址[①]。

(3) 物理页框状态描述表　描述物理内存空间的分配使用情况,可以采用的数据结构包括位图、空闲页框链表等。

3. 页式分配管理的进程主存分配算法

算法6.3　页式分配管理的页表及进程空间分配。

```
//为一个新建进程请求分配 x 字节的主存空间
//若分配成功,通过输出参数 p 返回页表的基址;若失败,则 p 为空值
begin
    k =⌈x/Frame_size⌉;        //计算需要分配的总页框数
    p = null;
    if (N>=k) then            //N 为系统当前空闲页框的总数
        p = get a PTE[k];     //申请一个含 k 个页表项的页表,并让 p 指向其始址
        for i=1 to k do
            PTE[i] = get a free Frame;  //请求一个页框,并将页框号置入当前页表项
        end for;
    end if;
end;
```

4. 页式分配的地址变换原理

图6.8(a)说明了页式分配的地址变换原理。进程切换时,当前进程的页表基址和页表长度(最大页号)分别被置入"页表基址"和"页表长度"两个寄存器中。由线性逻辑地址计算得到的页号,首先与页表长度比较。如果未越界,就与页表基址结合,定位当前逻辑地址所在的页表项;由该页表项查得物理页框号。再由物理页框号和逻辑地址中的页内地址相加,就可算出逻辑地址所对应的物理主存地址。

在上述地址变换过程中,由于需要额外查找位于主存中的页表,每访问一次存储单元,实际需要两次访问主存。这会使程序的运行速度明显下降。现代计算机系统为解决这个问题,普遍采用:在地址变换机构中增设一个称为快表(Translation Lookaside Buffer,TLB)的高速缓冲存储器技术。图6.8(b)给出了具有快表的页式地址变换原理。

---

① 传统操作系统教材认为有一个系统虚拟空间请求表,以存放各进程的页表基址、长度。

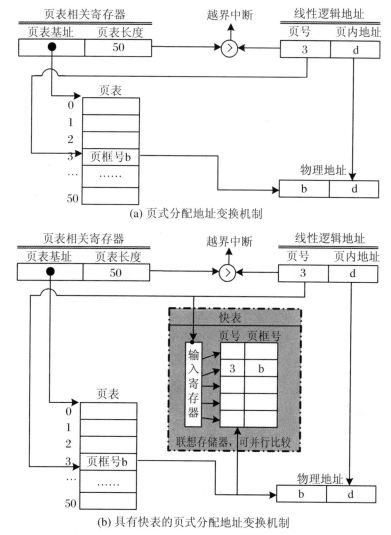

图 6.8 页式分配的地址变换原理

TLB 是一个小规模的、专用地址缓存寄存器组,其索引机制如图 6.9 所示。其中每一行都保存着由多个 PTE 组成的 PTE 组。TLB 用于组选择的索引(TLBI)和行内匹配选择的标记字段(TLBT)是从虚拟线性地址页号(VPN)中提取出来的。例如,如果 TLB 有 $T = 2^t$ 个组,那么 TLBI 是由 VPN 的 t 个最低位组成的,而 TLBT 则是由 VPN 中剩余的位组成的。这种组织机制使快表的查找速度很快,几乎可在一两个 CPU 节拍内完成比较存取。虽然由于成本因素,快表一般不会很大(总表项数通常在 16～256 范围),但只要缓存替换策略得当,程序地址变换仍会有很大的概率在快表中命中。因此,快表机制可大大改善 CPU 执行程序的速度。

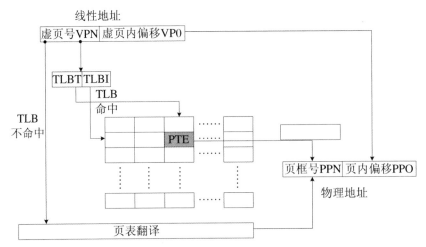

图 6.9　TLB 地址翻译机制

5. 引入目录页的两级页表体系结构

由于进程页表中的页表项(PTE)可能很多。为了加快地址翻译过程,通常将页表组织成两级甚至三级的结构。在具有两级页表体系中,上级称为页目录表,页目录表中的每个项称为目录项(Page Director Entry,PDE)。

图 6.10(a)展示了具有两级的页表组织体系结构,图 6.10(b)给出了两级页表体系下的线性地址翻译过程。32 位逻辑地址被划分最高 10 位(Most Significant Bit 10,MSB10)、中间 10 位(MID10)和最低 12 位(LSB12)。

地址翻译的步骤:① 使用线性地址的 MSB10 在页目录表中定位一个 PDE,由该 PDE 可获得对应页表基址;② 使用线性地址的 MID10 作为页表号,检索对应页表,获得一个 PTE。将 PTE 中的物理页框号加上逻辑地址的 LSB12,就可得到具体的物理单元地址。

6. 页式系统的共享与保护

在页式系统中,实现两个或多个进程共享主存的机制并不复杂。原则上,只要分别将两个进程虚拟空间中的一个逻辑页都映射到物理主存的同一页框,就可实现一个页长度的共享主存区。这种页级共享虽可以实现一个定长分区段的存储共享,但由于虚拟空间页划分是操作系统底层机制,用户无法感知,在进程虚拟空间中,要把逻辑段与进程空间的虚页对应起来非常困难。因此,分页共享对用户而言并没有实际的应用价值,它必须与分段或区域共享技术结合应用。

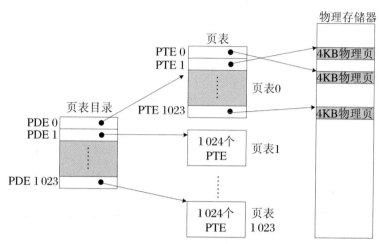

图 6.10(a) 包含两级页表的组织体系结构

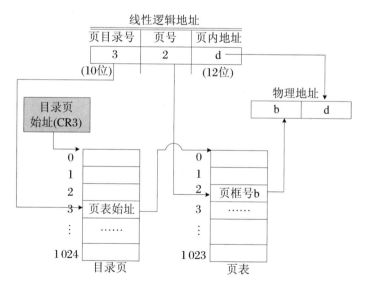

图 6.10(b) 具有两级页表的页式地址变换过程

图 6.11 描述了 P1 和 P2 两进程共享一个具有 3 页长主存区的地址映射。值

得注意的是,为避免因共享页面被交换或移动而需分别修改各共享进程页表的情形,系统需要为每个共享存储区专门设置一个共享页表。然后将各进程中与共享页对应的页表项,设置为指向同一共享页表项即可。

分页共享对存储保护也提出了新的要求。除了仍需要进行越界保护外,对共享页还要进行特别保护。每个共享页表项中除了有物理页框号外,还应记录共享进程数及共享进程队列,并需要在共享页表项中增加存储保护域(限制只进行读、写或执行等)。

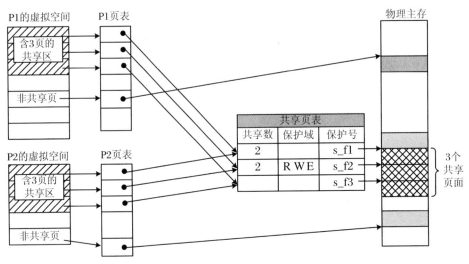

图 6.11 页式系统的共享实现方法示意图

6.3.3.2 反置页表

64 位计算机的应用已经越来越普遍,它要求支持 2^{64} 规模的物理存储空间。如果依然采用 32 位计算机最高三级的页表结构,则需要非常大的空间来存放页表项。假设页面大小是 4 KB,则需要 1 015 KB 以上的空间存放页表,这是非常不合理的。

有一种解决方法是采用逆向页表(或反置页表)。该方法让物理存储器的每个页框对应一个页表项,而不是虚拟地址空间的每个页对应一个页表项。在具有 64 位虚拟地址、4 KB 大小页面、32 MB RAM 的系统上,一个逆向页表只需要 8 192 个页表项。每个表项跟踪对应的虚页,对应关系存放在该表项对应的物理页框中。

逆向页表的缺点是:虚拟地址到物理地址变换变得十分困难。当进程 n 引用虚拟页 p 时,硬件不能再用 p 作为索引查页表得到物理地址,取而代之的是在整个逆向页表中查找表项(vpn,pid),更为严重的是,这种搜索必须在每次访问主存时进行,而不是每次发生页面故障时。

摆脱这种困境的一个方法是使用TLB。TLB只有不命中时,才执行搜索。

6.3.3.3 段式与页式的技术对比

分段和分页的区别如下:

(1) 在页式存储管理系统中,编译链接后的可执行程序代码和数据被加载/映射到一维线性虚拟空间,程序运行时使用的逻辑地址是一维线性地址。系统为避免动态分区分配存在的外部碎片问题,提高内存利用率,在底层以应用程序不感知的、透明的方式,划分为一系列的页;同一程序的不同页,可以映射到主存的不同位置,从而实现以页为单位的离散分配。页的大小固定,但它只是划分线性地址空间的物理单位,页内信息逻辑上可能不完整(比如,一条指令可能被分到两个页)。

(2) 在段式存储管理系统中,程序保持按逻辑分段(模块或节),每段有段名,是信息的逻辑单位,但长度不固定。程序运行时使用的逻辑地址是二维的,即〈段号:段内地址〉。分页管理只有一个统一的线性地址空间,而分段管理有多个线性地址空间(每个段对应一个,均从0开始编号)。

(3) 分页的优点体现在内存空间管理上,而分段的优点体现在地址空间管理上。

(4) 分段管理更便于进程之间实现共享。将一逻辑完整的段实现为共享,显然比以页为单位,但共享页数多少则难以确定的页式共享更为方便。

(5) 分页管理进行动态链接的过程复杂,而分段管理相对比较容易。

表6.3概要归纳了段式与页式管理的技术特点对比情况。

表6.3 段式与页式存储分配管理对比

分 页	分 段
一维连续逻辑地址空间	二维逻辑地址空间
页是信息划分的物理单位	段是信息划分的逻辑单位
页内信息在逻辑上可能不完整	段内信息具有相对的独立性和完整性
页的大小固定	段的大小不固定
由系统划分,用户程序不感知	用户划分,系统实施
分配和交换以页为单位	分配和交换以段为单位
—	实施共享、链接、保护更方便
存在内零头,不需要紧凑技术	存在外零头,需要紧凑技术

6.3.4 段页式存储分配管理

前一小节中,我们分析了段式与页式存储分配管理的不同技术特点,它们各有自己的优势和局限性,而且两者有相当的互补性。正因为如此,后来人们又提出了将这两种技术结合应用的段页式存储分配管理。

1. 段页式存储分配管理的基本思想

(1) 对程序地址空间进行段式管理,即将程序地址空间分为若干逻辑段,每段都有自己的名字;

(2) 每段再分成若干固定大小的页,每段都从零开始依次独立地为自己的页编号;

(3) 对内存空间的管理仍然和分页存储管理一样,将其分成若干与页面大小相同的页框(物理块),对内存空间的分配以物理块为单位;

(4) 程序的逻辑地址包含三个部分:段号、段内页号、页内位移。

2. 段页式存储分配管理的地址变换过程

段页式系统的逻辑地址结构:段号(S)|段内页号(P)|页内偏移(D)。

访问一条指令数据,需要三次访问内存:访问段表、访问页表和实际存取。段页式存储分配管理的地址转换过程如图6.12所示。

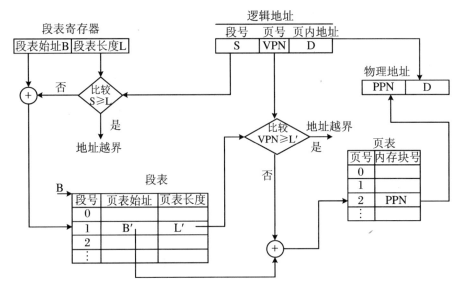

图6.12 段页式存储管理的地址变换过程

3. 段页式存储分配管理的技术优势

- 以页为单位分配内存,没有无法利用的外碎片内存问题,也无需进行空闲空间紧凑操作。
- 段可以动态增长,便于处理变化的数据结构。
- 便于共享,只需在参与共享的进程段表中设置相应的页表项,指向共享段在系统共享段表中的页表项地址。
- 便于控制存取访问。

6.4 虚拟存储管理技术

如何让有限的主存并发执行更多、更大的程序,始终是操作系统设计的一个重要目标。分区分配方式,或基于分段、分页的离散分配方式,都要求在程序加载(进程创建)时,一次性分配进程所需的主存,且进程将保持所分配主存直到结束。这些分配方式显然都不能满足"让有限主存支持高度并发"的需求。

而通过让用户自己设计满足"覆盖结构"或"交换风格"的程序来缓解主存不足,则更不符合操作系统设计理念,因为这种重复、复杂的工作会加大用户编程难度。"让操作系统统一、透明地通过覆盖和交换技术来解决主存空间不足问题"或许才是最佳解决方案,这正是现代虚拟存储器产生的技术背景。

6.4.1 虚拟存储器技术概述

6.4.1.1 早期的覆盖和对换技术

覆盖和对换是早期系统解决内存不足或进行内存扩充的两种方法。前者现已基本淘汰,而后者已被融合应用到现代虚拟存储器中。

覆盖指的是当一个程序不需要把所有指令/数据都装入内存时,可以把程序分为逻辑上相对独立的若干子模块,让那些不同时执行的多个子模块占据同一块内存。这样做的效果看起来好像内存扩大了一样。例如,早期 DOS 系统的内部命令程序实现,就采用了这种方法:让不同内部命令程序运行时占用同一内存区,即 CCPT(见图 6.2)。早期的高级应用设计,为解决内存不足问题,也经常采用这种方法。

覆盖技术要求各子模块相互独立,不互相调用,且有最大长度限制;运行时再由应用逻辑动态地确定加载其中一个模块。这说明,覆盖技术对应用逻辑不透明,程序员必须提供清楚的覆盖结构,划分好子模块,并规定它们的执行顺序。

对换是指把内存中某部分的程序或数据暂时交换到外存,再从外存中调入指定程序或数据到内存中执行的一种技术。虽然我们也可以把对换理解为一种特殊的"覆盖",但这种技术对应用透明:一个程序或数据是否被交换到外存,或何时被交换,应用完全不知道。

6.4.1.2　现代虚拟存储器实现的基本思想

把有限的内存空间与大容量的外存统一起来管理,构成一个远大于实际内存的虚拟存储器。外存被作为内存逻辑上的延伸,用户并不会感觉到内存、外存的区别,会很自然地把两个存储器当作一个存储器来看待。

一个程序运行时,其全部信息装入虚存,实际上可能只有当前运行必需的一部分信息被调入内存,其他则存放在外存。当所访问的信息不在内存时,系统通过缺页中断处理自动将它从外存调入内存。当然,内存中暂时不用的信息也可能被调到外存,以腾出更多的内存供其他程序使用。

这种换入、换出操作由操作系统自动完成,不需要用户干预。对用户而言,好像有了"更大容量的内存",但实际上,这样的"大容量内存"很大一部分是通过外存虚拟的,速度比同样大小的实际内存慢一些。

把具有这种功效的存储管理技术称为虚拟存储管理,按其对换单位是页还是段,又分为页式虚拟存储管理和段式虚拟存储管理两大类。它们总体上是一种以时间换空间的思想,其理论依据是程序局部性原理。例如,在页式虚拟存储管理系统中,程序在整个运行过程中所使用的不同页面总数可能超出物理存储器的总大小,但局部性原理保证了在任意时刻,这些页面将趋向于一个较小的、称为"工作集"的活动页面集合。只要我们的程序有好的时间、空间局部性,虚拟存储系统就能工作得相当好,程序在虚存中运行的速度就能接近在同等大小内存中运行的速度。

6.4.1.3　虚拟存储器的技术特点

- 虚拟扩充不是从物理上而是从逻辑上扩充了内存容量。
- 系统虚存容量[①]不是无限的,极端情况下受内存和外存可利用的总容量限制;虚存容量还受计算机总线地址结构的限制。例如,32 位总线系统中,系统虚拟存储器的最大容量为 4 GB,系统为每个进程提供的进程虚拟存储器最大容量也是 4 GB。(但由于每个进程都可以分别使用 4 GB 虚存,所有进程可用的虚存加起来可超过 4 GB)

---

① 有些实际操作系统虚存仅指用外存模拟的部分,本书中虚存指"RAM+外存模拟虚存"。

- 部分装入、多次对换。每个程序不是全部一次性装入内存,而是只装入一部分;所需的全部程序代码和数据要多次装入,有些部分可能因反复换入、换出而被装入多次。
- 速度和容量存在"时空"矛盾。虚存量的扩大,是以牺牲CPU工作时间以及内外存交换时间为代价的。
- 离散分配。不必占用连续的内存空间。
- 根据地址空间的结构不同,可以分为:请求分页、请求分段,或二者的结合。相应地,虚拟存储器实现也就有相应的三种方式。

6.4.1.4 虚拟存储器的技术意义

虚拟存储(VM)技术,不仅有效"扩大了"计算机系统的存储容量,也为现代存储管理提供了一种高效、简便的方案。"按需请求调页"与"进程独立虚拟地址空间概念"的结合,对系统存储器的使用和管理造成了深远的影响,特别地,VM极大地简化了程序的链接和加载,方便了代码、数据的共享,以及系统的存储分配。

1. 简化了链接

独立地址空间允许每个进程为它的存储映像使用相同模式,而不需要去关心代码和数据实际存放的物理存储位置。

例如,每个Linux进程都使用图6.13所示的虚拟存储空间布局。文本(程序代码)区总是从虚址0x08048000开始;数据段是在接下来的一个4KB对齐的地址处,并通过调用malloc往上增长。开始于0x40000000处的段是为共享保留的。用户栈总是从地址0xc0000000-1处开始,并向下增长(向低地址方向增长)。从栈上部地址0xc0000000开始的段驻留操作系统内核的代码和数据。这样的一致性极大地简化了链接器的设计和实现,允许链接器(以独立于物理存储器方式)生成全链接的可执行文件。

2. 简化了程序加载

加载外部程序过程本质上是创建一个进程的过程。有了按虚拟空间布局的全链接可执行程序,加载工作也就变简单了。加载器主要完成两件事:① 根据可执行文件头部的程序分段结构指示信息,映射程序段和数据段到内存;② 进行动态重定位。

实际上,除了读取程序头部信息区外,在加载过程中没有任何从磁盘到内存的代码/数据拷贝,在进程创建阶段只要分配一个存放PCB页及一个运行栈页,就可以了。只有当CPU执行或引用了某个虚拟页中的指令或数据,发现它不在主存时,才会利用操作系统的页面调入机制,加载缺页的相关磁盘块到主存。

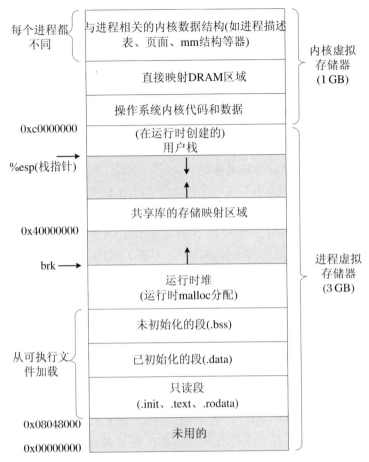

图 6.13 Linux 程序映射到存储空间后的映像布局

3. 简化了存储分配

虚拟存储器也向用户进程提供了一种简单、高效的离散分配存储器机制。例如,当用户进程要求额外堆空间时(调用了 malloc 请求),操作系统通过"分配适当数目(K)的连续虚拟存储页面,并且将它们映射到允许不相邻的任意 K 个物理页面"即可。实际的映射还可以推迟到请求调页时进行。

4. 简化了存储共享

操作系统通过将(位于不同进程中的)多个相关虚拟页面映射到同一个物理页面,就可实现多进程共享访问同一个物理页面。它是现代操作系统基于存储映射(mmap())实现进程分段或区域(area)存储共享的基础。

5. 提供了额外的存储保护机制

CPU 生成一个地址时,地址翻译就会访问一个 PTE。通过在 PTE 上添加一些额外的许可位,来控制对一个虚拟页面的访问,在分段保护基础上提供附加存储保护变得自然且简单。

6.4.2 基于请求分页的虚拟存储管理技术

6.4.2.1 请求分页虚拟存储器的定义

它是在分页系统的基础上,增加了请求调页功能、页面置换功能而形成的页式虚拟存储系统。它允许只装入进程运行所必需的若干页(而非全部程序),便可启动运行。以后,再通过调页功能及页面置换功能,按需将要使用的页面临时调入内存,同时把暂不使用的页面调出内存到外存。

将分页系统扩展为页式虚拟存储系统,至少包括以下几个方面的工作:

(1) 首先要扩充页表项,在原有页号、块号的基础上,增加状态位(标识该页是否已调入内存)、访问位、修改位、外存地址等。

(2) 需要增加、使用请求调页和页面置换两项关键技术。

(3) 必须有一定的硬件支持:

- 具有一定容量的内存,用于存放内核代码和数据结构,以及各进程的部分正在或正准备使用的代码和数据;
- 相当容量的外存,用于存放各进程未装入内存的部分、后备容量及大量的文件;
- 地址变换机构,用于将程序逻辑地址变换为内存物理地址;
- 缺页中断机构,当发现要访问页不在内存时,触发缺页中断,调入缺页。

6.4.2.2 请求分页系统的页表项

图 6.14 给出了一种典型的请求分页系统 PTE 结构。它在页式系统 PTE 的基础上,增加了存在位、保护位、访问位、修改位、共享 PTE 等标志位。32 位系统中 PTE 占 4 B 共 32 位,其中,描述 4 GB 空间最大页框号(1 M)只需用 20 位,剩下的 12 位(低端)被作为各种标志位。当页不在主存(有效位 P = 0)时,页框号所在的高 20 位被解释为外存地址(块相对文件起始的偏移块号),而对于共享页,高 20 位则被解释为共享页 PTE 地址。

6.4.2.3 请求分页系统的缺页处理

请求分页系统还要求 CPU 能提供对缺页中断支持(硬件),能根据页表项中的相关标志位,判断当前页是否有效,来决定是否要产生缺页中断。

缺页中断是特殊的中断,体现在:

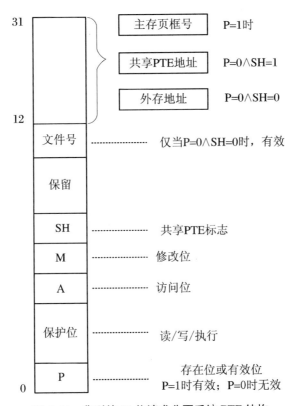

图 6.14 典型的 32 位请求分页系统 PTE 结构

(1) 缺页中断是在指令执行期间产生和处理缺页中断的(而常规中断是在指令执行之后被检测处理时)。

(2) 执行一条指令可能产生多次缺页中断。例如,一条类似 MOV ⟨a⟩,⟨b⟩ 的指令,因指令较长可能跨页,访问这条指令本身就可能产生两次缺页中断,而存取该指令的一个操作数,同样也可能产生两次中断。

(3) 当从中断处理程序返回后,CPU 重新执行原先产生缺页中断的指令。只有缺页情况完全消除后,指令才能正常执行。

对无效页面的一次访问称为"缺页故障"。图 6.15(a)描述了 CPU 执行可能引发缺页指令的相关机制,图 6.15(b)描述了负责处理缺页故障的中断处理程序工作逻辑。

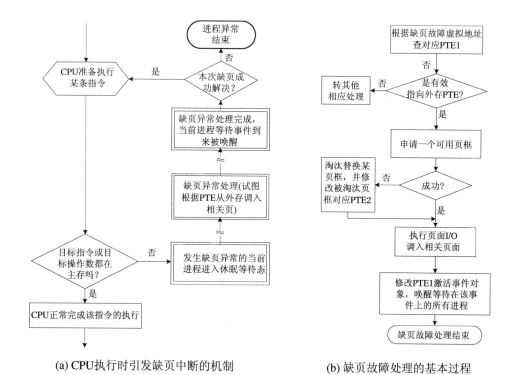

(a) CPU执行时引发缺页中断的机制　　(b) 缺页故障处理的基本过程

图 6.15　缺页中断的机制和缺页故障处理的基本过程

6.4.3　页面调度管理

访问一个虚拟页面地址时,虚拟存储系统首先要读取对应 PTE,并根据 PTE 判定页是否已在主存中。如果是,还必须确定它在主存的位置(页框号);如果不是,则必须知道它在外存(磁盘)的位置,并把它读入到主存中的一个被淘汰置换页(牺牲页)中。以下介绍系统选取牺牲页的常用策略和算法。

6.4.3.1　页面置换策略

在请求分页系统中,给进程分配主存有固定分配和可变分配两种方法,在进行置换时有全局置换和局部置换两种方法,因此,由它们的组合可得到如下三种页面置换策略。

• 固定分配局部置换　进程创建时,每个进程分配固定块数的主存;进程运行中,如出现缺页故障,需加载新页面时,只允许置换本进程的驻留页面。

• 可变分配局部置换　进程创建时,每个进程分配一定块数的主存;在运行期间，系统还可根据需要，动态地给进程增减分配主存块。在进程运行中，如出现缺页故障需加载新页面，则只允许置换本进程的驻留页面。

- 可变分配全局置换　进程创建时，先给每个进程分配一定块数的主存；在运行期间，系统还可根据需要，动态地给进程增减分配主存块。当出现缺页故障时，进程新加载页面允许置换系统的所有驻留页面。

6.4.3.2 常用的页面置换算法

选取牺牲页的算法，也称为页面置换算法。置换算法的好坏会直接影响系统的性能，一个好的页面置换算法，应具有尽可能低的缺页率。理论上，应先置换那些以后不再访问的，或较长时间不访问的页面。

以下是几种比较典型的常用页面置换算法：

(1) 最佳(optimal，OPT)算法

- 选择未来最长时间不使用的页作为淘汰(牺牲)页。
- 这是一种理想的算法，但在实际上难以实现，因为系统很难预测作业将来的页面引用踪迹。

(2) 先进先出(First In First Out，FIFO)算法

- 选择最早进入主存的页作为淘汰页。
- 这是最简单的直观算法，但它或许也是性能最差的算法，实际应用很少。

(3) 最近最久未使用(Least Recently Used，LRU)算法

- 选择(最近一段时间中)最久未被使用的页面，作为淘汰页。这种算法考虑了程序的局部性，能较好地适应各类程序。
- 性能接近最佳算法，但因要对历史(以前)的访问时刻加以记录和更新，实现起来比较困难。如完全靠软件来实现，系统开销比较大；如果由硬件来实现会增加成本。
- 实现方案：在页面(或其对应 PTE)上增设一个"引用位"，并周期性地更新它，以反映页面自上次被访问以来经历的时间 t，选择 t 最大的页予以淘汰。

LRU 实现方法

硬件实现法　使用一个 64 位的计数器 RC，让它在每条指令执行后自动加 1。每次访问内存页面时，将当前 RC 值存到页面 PTE 引用位。置换算法选择 PTE.RC 最小值对应的页面作为淘汰页。

一种近似 LRU 实现法　在页表项中设置引用位(PTE.RC)，当缓存页面被访

问时,其 PTE.RC 位由硬件自动加1,并由页表管理软件周期性地(相对较长)把所有 PTE 引用位清零。页面置换算法选择 PTE.RC 最小值页作为淘汰对象。

(4) 时钟(clock)算法
- 也称最近未用(Not Recently Used,NRU)算法,是 LRU 算法的变种,也是 LRU 和 FIFO 算法的折中。通过为每一个页面增加一个附加位记录使用情况,以较小的开销实现了接近 LRU 的性能。此算法应用比较广泛。
- 算法数据结构:将所有驻留页面组织为一个类似钟表面的环形链表,并使用一个(类似钟表指针的)链表当前节点指针。同时,每个驻留页面增设一个访问或使用位 A,在页面被访问时置 A=1。
- 选取淘汰页面的算法描述:当发生缺页故障时,首先检查表针指向的页面,如果它的 A 位为 0,就选择它作为淘汰页,同时表针前移一个位置;如果它的 A 位为 1,则强制 A=0 后表针前移一个位置。图 6.16(a)给出了这种基本时钟算法流程。

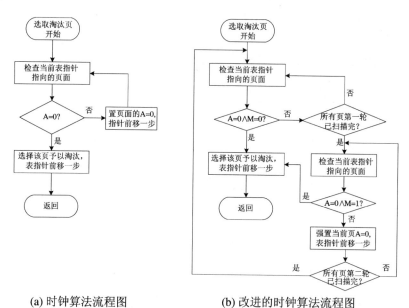

(a) 时钟算法流程图　　(b) 改进的时钟算法流程图

图 6.16　时钟置换算法处理流程图

值得注意的是,新换入的页面 A 位应置 1。另外,如果页面访问能命中(没有缺页故障发生),就不需调用选取淘汰页的算法,虽然不会移动链表指针,但仍会置访问页面的 A 位为1。
- 改进的时钟算法(结合访问位 A 和修改位 M):
  ◇ 数据结构增强:在原有一般时钟算法数据结构基础上,每个页面上再增设一个修改位 M。
  ◇ 算法增强:通过多轮扫描钟表形链表,来选择淘汰页面。

第一轮扫描,选首个满足条件 $A=0 \wedge M=0$ 的页面;如果没有找到满足条件的页面(扫描失败),则进入下一轮。

第二轮扫描,选择满足条件 $A=0 \wedge M \neq 0$ 的页面,扫描时遇不满足者,置 $A=0$ 后,再前移表指针。

如果第二轮扫描也失败,则重新回到第一轮。

◇ 增强时钟算法的处理流程,如图 6.16(b)所示。

例 6.1 假设系统采用固定分配局部替换的页面调入策略,并假设某进程在创建时,分配到了三个页面框。试针对如下的该进程相关页面引用顺序:

7、0、1、2、0、3、0、4、2、3、0、3、2、1、2、0、1、7、0、1

分别计算采用 OPT、FIFO 和 LRU 三种算法时的缺页率。

解 本例采用典型的列表分析法,如表 6.4 所示。

表 6.4 例 6.1 的分析表

页面踪迹	7	0	1	2	0	3	0	4	2	3	0	3	2	1	2	0	1	7	0	1
FIFO 缺页率: 15/20=75%	7	7	7	2	2	2	2	4	4	4	0	0	0	0	0	0	0	7	7	7
		0	0	0	0	3	3	3	2	2	2	2	2	1	1	1	1	1	0	0
			1	1	1	1	0	0	0	3	3	3	3	2	2	2	2	2	2	1
LRU 缺页率: 12/20=60%	7	7	7	2	2	2	2	4	4	4	0	0	0	1	1	1	1	1	1	1
		0	0	0	0	0	0	0	3	3	3	3	3	3	3	0	0	0	0	0
			1	1	1	3	3	3	2	2	2	2	2	2	2	2	2	7	7	7
OPT 缺页率: 9/20=45%	7	7	7	2	2	2	2	2	2	2	2	2	2	2	2	2	2	7	7	7
		0	0	0	0	0	0	4	4	4	0	0	0	0	0	0	0	0	0	0
			1	1	1	3	3	3	3	3	3	3	3	1	1	1	1	1	1	1

例 6.2 页面调度算法中有 LRU、FIFO 和 Clock 算法。针对以下条件,计算上述三种算法的页面调度过程和缺页率。页面访问时间序列为 2、3、2、1、5、2、4、

5、3、2、5、2；分配三个内存块。(时钟算法新调入页面 A＝1，页面命中访问置 A＝1，初始时指向第一个分配页面。)

解 本例给出不用列表的另一种简化分析方法(用 ＊ 标志一次缺页)。

LRU 算法：共 7 次，中断率为 7/12。

2＊，3＊，2，1＊：321|5：215＊|2：152|4：524＊|5：245|3：453＊|2：532＊|5：325|2：352|。

FIFO 算法：共 9 次，中断率为 9/12。

2＊，3＊，2，1＊：231|5：315＊|2：152|4：524＊|5：524|3：243＊|2：243|5：435＊|2：352＊|。

Clock 算法：共 8 次，中断率为 8/12。

2＊，3＊，2，1＊：↑2¹3¹1¹|5＊：5¹ ↑3⁰1⁰|2＊：5¹2¹ ↑1⁰|4＊：↑5¹2¹4¹|5：↑5¹2¹4¹|3＊：3¹ ↑2⁰4⁰|2：3¹ ↑2¹4⁰|5＊：↑3¹2⁰5¹|2：↑3¹2¹5¹。

例 6.3 设某计算机的逻辑地址空间和物理地址空间均为 64 KB。若进程最多需要 8 个页空间，页大小为 1 KB。操作系统采用固定分配局部置换策略，为此进程分配 4 个页框(表 6.5，图 6.17)。

表 6.5

页号	页框号	装入时间	访问位
0	7	130	1
1	4	230	1
2	2	200	1
3	9	160	1

当该进程执行到时刻 231 时，要访问逻辑地址 17CAH 处的数据，请回答下列问题：

(1) 该逻辑地址对应的页号是多少？

(2) 若采用 FIFO 置换算法，该逻辑地址对应的物理地址是多少？要求给出计算过程。

(3) 若采用时钟置换算法，该逻辑地址对应的物理地址是多少？要求给出计算过程。(设时钟搜索指针沿着顺时针方向移动，且当前指向 2 号页框)

图 6.17

解 (1) 64 KB＝2^{16} B，页大小 1 KB＝2^{10} B，17CAH 转换成二进制为 0001011111001010B，可知逻辑页号为 000101，对应十进制为第 5 号页。

（2）根据 FIFO 算法，将淘汰替换装入时间最早的页（第 0 页），5 号页将被装入 7 号页框中，所以物理地址为 0111 1111001010B（十六进制：1FCAH）。

（3）根据时钟算法，如果当前指针所指页框的使用位为 0，则替换该页；否则仅将当前指针所在页框的使用位清零，并将指针指向下一个页框，继续查找。根据题意，将从 2 号页框开始，因这时 4 个页框都在用，前 4 次搜索顺序为 2→4→7→9，且只是将各页框使用位清 0。在第 5 次查找时，指针指向 2 号页框，这时该页框使用位已是 0，故淘汰 2 号页框中的 2 号页，把 5 号页装入 2 号页框。因此，物理地址将是 0010 1111001010B，即十六进制数 0BCAH。

6.4.3.3 工作集与驻留集

计算机系统访问内存的速度远高于访问外存。如果页面置换算法选用不适当，经常发生缺页故障，就需不断从外存调页到内存，从而大大降低进程乃至整个系统的执行性能。

通过对缺页率的长期研究，Denning 于 1968 年基于程序的局部性原理提出了工作集理论。该理论的要点可归纳如下。

- 在未来的某个时间间隔内，一个进程运行时所需要访问的页面集合，称为进程工作集。若用 $W(t,\Delta)$ 表示从时刻 $t-\Delta$ 到时刻 t 之间所访问的不同页面的集合，t 是进程运行实际占用 CPU 时间长度（可通过已占用的 CPU 指令周期来计算），Δ 是时间（即工作集）尺寸窗口。通过窗口来观察进程的行为，$W(t,\Delta)$ 就是进程在时间 t 时刻的工作集。正确选择 Δ 的大小，对物理内存利用率和系统吞吐率有重要影响。

- 将每个进程当前驻留在物理内存中的页面子集称为进程驻留集。

- 如果能预判进程的程序在某段时间内要访问哪些页面，并将它们提前预调入内存，使"驻留集"接近"工作集"就可降低缺页率，提高 CPU 的利用率。

工作集概念对于虚拟存储技术有重要影响。基于局部性原理的工作集策略可以有效地指导驻留策略，减少缺页率。基于虚拟存储管理的系统，应引入一定的工作集管理模型，在有限的系统开销约束下，尽可能地维护一个与工作集保持一致的、随时间变化的驻留集。

（1）跟踪、监视进程的工作集，并尽可能地保持进程在任意执行点即将运行之前，它的工作集已经在内存中了。例如，在页面中维护一个"老化"计数值：所有计数器的高 n 位含有 1 的页都被认为是工作集的成员；如果一个页在连续 n 个时钟周期都没被访问，就将它从工作集中删除。对于不同的系统，参数 n 必须通过试验确定，但系统性能通常对 n 值精度不是特别敏感。

（2）在运行之前，基于对未来工作集的预测，在加载缺页时，以较小的磁盘 I/O

代价,顺带预载入一些未来可能使用的页面。预装入页面也叫预调页。

(3) 周期性地从一个进程的驻留集中去掉那些不在它的工作集中的页。

但因为工作集窗口尺寸 Δ 的最优值是未知的且还会随时间变化,此外,不同进程的行为也是千变万化的,系统要精确实现对每个进程工作集的监视、跟踪,精准预测工作集的变化,维护一个与工作集保持一致的、随时间变化的驻留集,是不实际的。过高要求、引入过复杂的技术,反而会增加额外的系统开销。

工作集概念及其工作模型对程序员的影响至少有两个方面:

(1) 深化程序员对局部性原理的认知和应用;

(2) 在编程时,把要常用的函数模块化,并把它们尽量集中在一起,在程序中尽量不使用大范围的跳转语句。

Windows 的工作集模型

(1) 工作集分类
- 系统工作集(整个系统一套);
- 进程工作集(每个进程一套)。

相应地,对"驻留集"也进行类似的分类。

(2) 进程工作集的动态维护
- 创建时,操作系统为它分配一定数量的初始页面框。
- 若系统采用可变分配策略,则进程可在执行过程中根据需要,动态地增加工作集、驻留集大小。
- 当进程工作集大小达到它的预定上界,或者由于其他进程对内存需求增大时,内存管理器就会启动进程工作集修剪器,以腾出可用页面框。
- 如果缺页故障发生时,已没有空闲的物理内存,则"置换策略+置换算法"被用来确定内存中哪个页面被替换移出,以便为新页腾出空的页框。

6.4.3.4 系统抖动(thrashing)

在虚拟存储管理系统中,影响缺页中断的因素有很多,其中影响较大的包括:

- 进程分配的主存块数　进程分得的主存块数多,缺页率会有所降低。
- 存储容量　存储容量对缺页率影响很大。试验表明,当主存容量增大到一定程度时,缺页中断次数减少就不明显了。试验分析表明,对每个程序来说,要使其有效工作,它在主存中的页面数应不低于它的总页面数的一半。
- 程序特性　程序局部性好,缺页率会降低。

- **替换算法** 替换算法的优劣会影响缺页中断的次数。

当缺页(段)率达到一定程度时,系统大部分时间忙于页(段)的置换,频繁进行页(段)的调入调出。比如,经常出现从主存中刚移走某页面后,根据请求马上又要调入该页。这一现象称为系统颠簸或抖动。发生时,磁盘处于忙碌状态,CPU因经常要等待缺页调入导致利用率下降。

导致系统抖动的主要原因是系统工作集模型工作失效,缺页率急剧上升,甚至发生恶性循环。当系统发生抖动时,可采取的主要措施是撤销部分进程。

6.4.4 物理页框管理

在请求分页系统中,通常采用位图和链表两种方法来管理内存页。

利用位图可以记录内存页框的使用情况。如果该内存页是空闲的,则对应的位图中位是1;如果该内存页已经分配出去,则对应的位是0。例如,有1024 KB的内存,内存页的大小是4 KB,则可以用32 B构成的位图来记录这些内存的使用情况。

分配内存时就检测该位图中的各个位,找到所需个数的连续位值为1的位图位置,进而就获得所需的内存空间。也可利用链表记录已分配的内存页和空闲的内存页。采用双向链表结构将空闲内存页链接起来,可以加速空闲内存页的查找或链表的处理。

6.5 程序的编译、链接与加载

相对于其他文件类型,可执行程序文件可能是操作系统中最重要的文件类型,它们是计算机系统的真正发令者。可执行程序文件的格式结构,与程序加载、进程创建及存储管理过程紧密相关。

UNIX/Linux平台下主要有三种可执行文件格式:a.out(assembler and link editor output,汇编器和链接编辑器输出)、COFF(Common Object File Format,通用对象文件格式)、ELF(Executable and Linking Format,可执行链接格式)。Windows使用COFF的一个变种——可移植可执行(Portable Executable,PE)格式。

以下分析现代操作系统中使用最为广泛的ELF格式,讨论ELF格式程序文件的结构、生成过程和加载机制。这里,将涉及三个重要的概念:编译(compile)、链接(link)和加载(load)。每个源程序文件被编译成一个目标文件,多个目标文件被链接成一个可执行文件,可执行文件被加载到内存中作为进程运行。

本节将结合如下的 C 语言小程序,进行相关原理说明。

```
/*-----main.c----*/          /*-----swap.c-----*/
void swap();                  extern int buf[];
int buf[2]={1,2};             int *bufp0 = &buf[0];
int main(){                   int *bufp1;
    swap();                   void swap(){
    return 0;                     int temp;
}                                 bufp1 = &buf[1];
                                  temp = *bufp0;
                                  *bufp0 = *bufp1;
                                  *bufp1 = temp;
                              }
```

这个例子包含两个源文件:main.c 和 swap.c。函数 main()调用 swap(),交换外部全局数组 buf 中的两个元素。

GNU 编译系统提供了构造实例程序的基本工具。在 shell 中输入命令:
$> gcc -O2 -g -o p main.c swap.c
调用 GCC 编译驱动程序,就可生成目标文件及可执行文件。

图 6.18 概括了编译程序将示例程序从 ASCII 码源文件翻译成可执行目标文件的过程。选项-O2 指定编译优化级;-g 指示产生 debug 信息;-c 表示只编译不链接;-o 指定输出文件的名字(替换默认名)。通过使用-v 选项运行 GCC,可看到如下实际的分步行为:

◇ 编译器首先运行 C 预处理器(cpp),将 C 源程序 main.c 翻译成一个 ASCII 码的中间文件 main.i:

cpp [其他参数选项] main.c /tmp/main.i

◇ 接着运行 C 编译器(cc1),将 main.i 翻译成一个 ASCII 汇编语言文件 main.s:

cc1 /tmp/main.i[其他参数] -o /tmp/main.s

◇ 再运行汇编器(as),将 main.s 翻译成一个可重定位目标文件(relocatable object file)main.o:

as [other arguments] -o /tmp/main.o /tmp/main.s

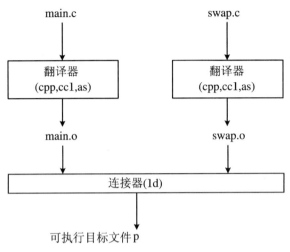

图 6.18 典型的编译处理过程

◇ 编译器采用类似过程生成 swap.o。

◇ 最后运行链接器程序 ld,将 main.o 和 swap.o 以及一些必要的系统文件组合起来,创建一个可执行的目标文件(executable object file) p:

$>ld -o p /tmp/main.o /tmp/swap.o

6.5.1 ELF 可重定位目标文件组织格式

源程序通过编译(但不链接)后,将生成可重定位目标文件。图 6.19 展示了一个典型的 ELF 可重定位目标文件。

在 ELF 头和(描述各节如何组织的)节头部表之间,是各种以分节方式组织的具体内容。一个典型的 ELF 可重定位目标文件至少包含下面几个节:

◇ .text 已编译程序的机器代码。

◇ .rodata 只读数据,比如 printf 语句中的格式串和开关语句的跳转表等。

◇ .data 已初始化的全局变量。

◇ .bss 未初始化的全局变量。区分初始化变量和未初始化变量是为了空间效率。在目标文件中,这个节不占据实际空间,它仅是一个占位符。

◇ .symtab 该节含一张符号表(symbol table),存放程序中定义或引用的函数、全局变量信息。每个可重定位目标文件在.symtab 中都有一张符号表。然而,与编译器中的符号表不同,.symtab 符号表中不包含局部变量符号。

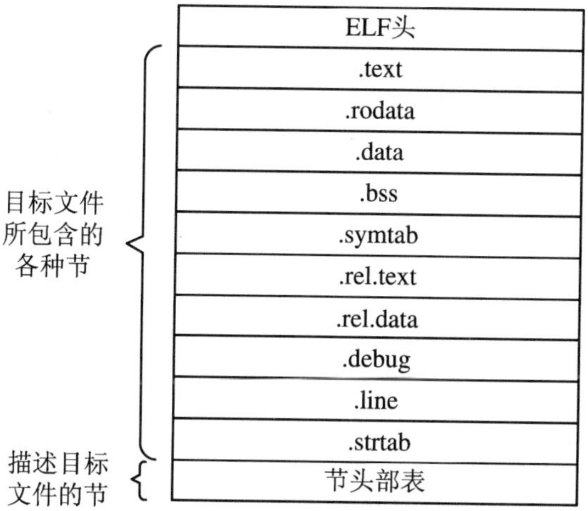

```
                    ┌──────────────┐
                    │    ELF头     │
                    ├──────────────┤
                    │    .text     │
                    ├──────────────┤
                    │   .rodata    │
                    ├──────────────┤
                    │    .data     │
      目标文件       ├──────────────┤
      所包含的       │    .bss      │
      各种节        ├──────────────┤
                    │   .symtab    │
                    ├──────────────┤
                    │   .rel.text  │
                    ├──────────────┤
                    │   .rel.data  │
                    ├──────────────┤
                    │    .debug    │
                    ├──────────────┤
                    │    .line     │
                    ├──────────────┤
                    │   .strtab    │
      描述目标       ├──────────────┤
      文件的节       │  节头部表    │
                    └──────────────┘
```

图 6.19 典型的 ELF 可重定位目标文件布局

◇ .rel.text 含重定位时，.text 节中需要修改的位置信息列表（需重定位符号表）。当链接器把这个目标文件和其他目标文件结合时，.text 节中的许多位置都需要修改。一般而言，任何调用外部函数或者引用全局变量的指令都需要修改，而调用本地函数的指令则不需要修改。

◇ .rel.data 模块中定义或引用的、需重定位的任何全局变量信息。一般而言，任何初始化的全局变量，如果其初始值是另一个全局变量或者外部定义函数的地址，都需要修改。

◇ .debug 一张调试符号表。只有以-g 选项调用编译驱动程序时，才会得到这张表。

◇ .line 原始 C 源程序中的行号和 .text 节中机器指令之间的映射。只有以-g 选项调用编译驱动程序时，才会得到这张表。

◇ .strtab 一个字符串表，其内容包括 .symtab 和 .debug 节中的符号，以及节头部中的节名字。字符串表就是以 null 结尾的字符串序列。

文本代码段位于 .text 节中，已初始化全局变量在数据节 .data，而未初始化全局变量和静态变量则在 .bss 节。其中，最值得关注的是位于 .symtab 节中的符号表，以及位于 .rel.text/.rel.data 节中的需重定位的符号表。

C 语言中使用 static 属性声明的变量（不论在函数内，还是在函数外），都属于本地全局变量，仅在模块内部可访问。任何声明带有 static 属性的全局变量或函数都是模块私有的。反之，任何不带 static 属性的全局变量和函数都是公共的，可以被其他模块访问。

符号表中包含模块中所定义和引用的符号信息。用 readelf 工具,查看目标模块 main.o,可得到如下符号列表:

Num	Value	Size	Type	Bind	Ot	Ndx	Name
8	0	8	OBJECT	GLOBAL	0	3	buf
9	0	17	FUNC	GLOBAL	0	1	main
10	4	4	NOTYPE	GLOBAL	0	UND	swap

而目标模块 swap.o 的符号列表如下:

Num	Value	Size	Type	Bind	Ot	Ndx	Name
8	0	4	OBJECT	GLOBAL	0	3	bufp0
9	0	0	NOTYPE	GLOBAL	0	UND	buf
10	0	39	FUNC	GLOBAL	0	1	swap
11	4	4	OBJECT	GLOBAL	0	COM	bufp1

列表中,每个表行对应一个符号定义,它具有如下的结构:

```
typedef struct {
    int name;           //指向符号名串的偏移量,名以 null 符结尾
    int value;          //目标符号在其定义节中的相对偏移量
    int size;           //目标符号所对应目标的大小,以字节(B)为单位
    char type:4,        //目标符号的类型: data | func,占 4 位
         binding:4;     //目标符号作用域:local | global,占 4 位
    char reserved;      //保留不用的字段
    char section;       // section header index| ABS | UND(EF) | COM(MON)
} Elf_Symbol;
```

每个符号都与目标文件的某个节(section)相关联,由节头表索引 Ndx 域表示。例如,Ndx=1 标识.text 节,Ndx=2 标识.rodata 节,而 Ndx=3 标识.data 节。有三个特殊的 Ndx 常数,分别是:ABS,代表不必重定位的绝对位置符号;UND,代表未定义的符号;COM,表示还未分配位置的未初始化数据目标。对于 COMMON 符号,value 域给出对齐请求,而 size 给出最小的值。

类型域 type 表示目标符号类型(数据或函数)。其他字段含义显而易见,解释从略。

6.5.2 ELF 可执行目标文件组织格式

由源程序经编译、连接装配后生成的可执行程序,是以零地址为相对基址的、多段式的绝对程序,有代码段、数据段、堆栈段和一些其他辅助段。所有的全局或静态变量被集中到一个数据段中,但局部或自动变量则只有在运行时才会在进程堆栈中临时分配存储单元。

当程序被加载到主存的一个区域时,局部/自动变量并不需要进行特别的处理。但在程序代码中,凡引用全局变量的地址单元,或引用其他代码段地址的单元(过程入口点),则必须根据各段的加载位置进行相应修改,才能保证引用的正确性。这个过程称为(地址)重定位(relocating)。

图 6.20 是典型的 ELF 可执行文件的结构格式。ELF 头部是一些从总体上描述文件组织结构的关键信息。下面是 ELF 头部的数据结构:

图 6.20 ELE 可执行文件的结构

```
typedef struct{
    unsigned char e_ident[16];    // 魔数和相关信息
    Elf32_Half    e_type;         // 目标文件类型
    Elf32_Half    e_machine;      // 硬件体系
    Elf32_Word    e_version;      // 目标文件版本
    Elf32_Addr    e_entry;        // 程序进入点
    Elf32_Off     e_phoff;        // 程序头部表偏移量
```

```c
    Elf32_Off      e_shoff;       // 节头部表偏移量
    Elf32_Word     e_flags;       // 处理器特定标志
    Elf32_Half     e_ehsize;      // ELF 头部长度
    Elf32_Half     e_phentsize;   // 程序头表中一个表项的长度
    Elf32_Half     e_phnum;       // 程序头表中条目个数
    Elf32_Half     e_shentsize;   // 节头表中一个表项的长度
    Elf32_Half     e_shnum;       // 节头表中条目个数
    Elf32_Half     e_shstrndx;    // 节头部字符表索引
} Elf32_Ehdr;
```

字符数组 e_ident 的前四个字节[0]～[3]为".ELF";字节[4]是硬件系统标识,1(32 位)|2(64 位);字节[5]表示数据编码存储顺序,1(小端法)|2(大端法);字节[6]指定 ELF 头的版本,当前必须为 1;字节[7]～[15]填充为 0。有些反病毒程序设置字节[7]为 0x21,表示本文件已被感染。ELF 头部的其他大多数字段都是对各子头部数据的描述,含义简单明了,具体含义已在数据结构的注解中说明。值得注意的是,某些病毒可能会修改字段 e_entry(程序进入点)值,以指向病毒代码。

Linux 中,利用命令 readelf-h〈可执行文件名〉,可获取文件头信息列表;用命令 readelf-l〈可执行文件名〉可查看程序的段头表信息。

紧接 ELF 头部的便是程序头表,它的每个表项描述一个段,每个段由若干个节构成,实际的段描述数据中还会列出了它所包含的各种节。其结构定义如下:

```c
typedef struct {
    Elf32_Word     p_type;        // 段类型
    Elf32_Off      p_offset;      // 段位置相对于文件开始处的偏移量
    Elf32_Addr     p_vaddr;       // 段在内存中的地址
    Elf32_Addr     p_paddr;       // 段的物理地址
    Elf32_Word     p_filesz;      // 段在文件中的长度
    Elf32_Word     p_memsz;       // 段在内存中的长度
    Elf32_Word     p_flags;       // 段的标记
    Elf32_Word     p_align;       // 段在内存中的对齐标记
} Elf32_Phdr;
```

用命令 readelf-l〈可执行文件名〉获得的程序段头表信息

Elf file type is EXEC (Executable file)
Entry point 0x4003e0
There are 8 program headers, starting at offset 64

```
Program Headers：
Type      Offset      VirtAddr    PhysAddr    FileSiz   MemSiz   Flg  Align
PHDR      0x000034    0x08048034  0x08048034  0x000c0   0x000c0  R E  0x4
INTERP    0x0000f4    0x080480f4  0x080480f4  0x00013   0x00013  R    0x1
    [Requesting program interpreter：/lib/ld-linux.so.2]
LOAD      0x000000    0x08048000  0x08048000  0x00684   0x00684  R E  0x1000
LOAD      0x000684    0x08049684  0x08049684  0x00118   0x00130  RW   0x1000
DYNAMIC   0x000690    0x08049690  0x08049690  0x000c8   0x000c8  RW   0x4
NOTE      0x000108    0x08048108  0x08048108  0x00020   0x00020  R    0x4

Section to Segment mapping：
Segment Sections... //描述各段所包含的节
  01.  interp    //段名
      .interp .note.ABI-tag .hash .dynsym .dynstr .gnu.version
      .gnu.version_r .rel.dyn .rel.plt .init .plt .text .fini .rodata .eh_frame
  02.  data .dynamic .ctors .dtors .jcr .got .bss
  03.  dynamic
  ……
```

标记 p_type 为 PT_INTERP 的段，表明了运行此程序所需要的程序解释器（/lib/ld-linux.so.2 或/lib64/ld-linux-x86-64.so.2），实际上也就是动态链接器（dynamic linker）。

标记 p_type 为 PT_LOAD 的段，表明了为运行程序而需要加载到内存的数据。本示例中有两个可加载段，第一个为只读可执行（Flg 为 RE），第二个为可读可写（Flg 为 RW）。

ELF 可执行文件被设计为很容易加载到存储器的格式。连续的可执行文件组块（chunks）可被映射到连续的存储器段。段头表（segment header table）（表6.6）描述了这种映射关系。

表6.6 段头表

	Read-only code segment						
1	LOAD off	0x00000000	vaddr	0x08048000	paddr	0x08048000	align 2**12
2	filesz	0x00000448	memsz	0x00000448	flags	r-x Read/write	data segment
3	LOAD off	0x00000448	vaddr	0x08049448	paddr0	x08049448	align 2**12
4	filesz	0x000000e8	memsz	0x00000104	flags	rw-	

从段头表中,我们可看到,加载器将会根据可执行目标文件的内容初始化两个存储器段。第1、2行告诉我们第一个段(代码段)对齐到一个 4 KB(2^{12} B)的边界,有读/执行许可。开始于存储器地址 0x08048000 处,段大小是 0x448 B,并且被初始化为可执行目标文件的头 0x448 B,其中,包括 ELF 头部、段头表以及.text、.rodata、.data 等节。

第3、4行告诉我们第二个段(数据段)对齐到一个 4 KB 边界,有读/写许可。开始于存储器地址 0x08049448 处,段大小是 0x104 B,并用从文件偏移 0x448 处开始的 0xe8 B 初始化。在此例中,偏移 0x488 处正好是.data 节的开始。该段中剩下的字节对应运行时将被初始化为零的.bss 数据。

6.5.3 链接器工作原理分析

链接(linking)是将多个目标模块组合成为一个可执行文件的过程。链接可以在编译时(compile time)执行,比如静态链接;也可以在加载到存储器时(load time)执行;甚至可以在运行时(run time)执行。早期计算机系统中,链接是手动执行的;现代系统中,链接由称为链接器(linker)的程序自动执行。

UNIX ld 程序是一个典型的静态链接器。它以一组可重定位目标文件和命令行参数作为输入,生成一个完全链接的、可执行文件作为输出。链接器必须完成两个基本任务:

(1) 符号解析(symbol resolution) 将每个符号引用和一个符号定义联系起来。

(2) 重定位(relocation) 一般而言,编译器或汇编器生成的目标文件总是使用(从零开始的)相对地址。链接程序把目标文件拼接起来后,还必须利用符号解析结果,修改每个符号的引用地址,使它们能正确指向定义符号的存储器位置。

6.5.3.1 链接器如何解析符号引用

对那些本模块中定义的本地符号,包括静态变量,符号解析是非常简单明了的。编译器能保证每个本地符号名及其定义的唯一性。

对其他模块定义的全局符号引用,解析则较复杂。编译器生成目标文件时,会在目标文件符号表中,为每个全局符号(变量或函数)添加一个表目。如果链接器在所有其他目标文件符号表中,都找不到定义,就输出错误信息并终止。

1. 如何解析多义全局符号

相同的符号可能会被多个目标文件定义(多义),这是解析的一个难点。

在各目标文件符号表中,符号定义区分强、弱两种。函数和已初始化的全局变量是强符号,未初始化的全局变量是弱符号。例如,本节的 main-swap 示例程序中,buf、bufp0、main 和 swap 都是强符号,bufp1 是弱符号。

根据符号定义的强弱性,UNIX 链接器使用以下规则来处理多重定义符号:

规则 1　不允许有多个强符号。
规则 2　如果有一个强符号和多个弱符号,那么选择强符号。
规则 3　如果有多个弱符号,那么从多个弱符号中任选一个。

应用规则 2 和 3 会造成一些不易察觉的运行时错误。对这类错误,编译系统不会给出警告,通常要在执行中才会表现出来,且可能远离错误发生点。

2. 如何解析对静态库函数的引用

之前,我们都假设链接器读取一组可重定位目标文件,并把它们链接起来,生成一个可执行文件。但实际上,所有的编译系统都提供了一种机制:允许将一些公共目标模块封装在一个称为静态库(static library)的文件中。静态库文件也可用作链接器的输入。当链接器构造一个输出的可执行文件时,它只复制静态库中被引用的"少数"目标模块(不会复制库中所有的目标模块)。

在 UNIX 系统中,静态库是由一组可重定位目标文件打包生成的特殊存档(archive)格式文件,文件名由后缀 .a 标识。文件头部包含一个描述每个成员目标文件大小和位置的信息区。以 ANSI C 为例,它定义了一组广泛的标准 I/O、串操作、整数算术函数和浮点型算术函数,这些函数集成在一个名为 libc.a 的库中,对每个 C 程序来说,都是可用的。

例如,我们想将以下两个模块文件:

```
- - - - addvec.c - - - -                          - - - - multvec.c - - - -
void addvec(int * x, int * y, int * z, int n){    void multvec(int * x, int * y, int * z, int n){
    int i;                                            int i;
    for((i = 0; i < n; i + +){                        for((i = 0; i < n; i + +){
        z[i] = x[i] + y[i];                               z[i] = x[i] * y[i];
    }                                                 }
}                                                 }
```

创建成一个名为 libvector.a 的静态库,通过以下两条命令即可完成:

```
$> gcc -c addvec.c multvec.c
$> ar    recs libvector.a addvec.o multvec.o
```

要使用这个库,可按如下方式来编译、创建可执行文件:
$>$ gcc -O2 -c main2.c
$>$ gcc -static -o p2 main2.o ./libvector.a

命令行中的 -static 参数告诉编译程序,链接器应该构造一个完全链接的可执行目标文件,它可以加载到存储器并运行(在加载时,无需更进一步的链接)。当链接器运行时,它判定 addvec.o 定义的 addvec 符号是被 main.o 引用的,所以它拷贝了 addvec.o 到可执行文件。因为程序不引用任何有 multvec.o 定义的符号,所以,链接器不会拷贝这个模块到可执行文件。链接器还会从 libc.a 拷贝 printf.o 模块,以及许多 C 运行时系统中的模块。

在符号解析的阶段,链接器从左到右——按它们在命令行上出现的相同顺序——扫描可重定位目标文件和静态库文件。在这次扫描中,链接器维持一个可重定位目标文件集合 E、一个未解析的符号集合 U(引用了但尚未定义的符号集),以及一个已扫描处理目标文件中已定义的符号集合 D。初始时,E、U 和 D 都是空集。

- 对于命令行上的每个输入文件 f,链接器会判断 f 是一个目标文件(.o)还是一个存档库文件(.a)。

如果 f 是一个目标文件,那么链接器把 f 加到 E,修改集合 U 和 D 以反映 f 中的符号定义和引用,并继续下一个输入文件。

如果 f 是一个存档库文件,那么链接器就尝试匹配 U 中未解析的符号和由存档文件成员定义的符号。如果某个存档成员 m 定义了 U 中一个符号引用,那么就将 m 加到 E 中,并且修改 U 和 D 以反映 m 中的符号定义和引用。对于存档库文件中所有的成员目标文件都反复进行这个过程,直到 U 和 D 都不再发生变化。链接器接着继续扫描处理下一个输入文件。

- 当链接器完成对命令行上所有输入文件的扫描后,如果 U 仍是非空的,那么链接器就会输出一个错误并终止。否则,它会合并和重定位 E 中的目标文件,从而构成输出的可执行文件。

以上链接器处理算法,常常会导致一些令程序员困扰的链接时错误。命令行上的库和目标文件顺序非常重要。如果在命令行中定义一个符号的库出现在引用这个符号的目标文件之前,那么库函数引用不能被解析,链接会失败。一般做法是将库文件放在链接命令行的结尾。但若引用库不止一个,不同库之间仍存在排序问题。

6.5.3.2 链接器如何进行重定位

完成了符号解析这一步后,链接器就把代码中的每个符号引用和确定的一个符号定义联系起来了。此时,链接器已知道所有输入目标模块中代码节和数据节的确切大小,可以开始着手重定位。在这个步骤中,将合并输入模块,并为每个符号分配运行时地址。重定位由两步组成:

- 第一步:将所有同类的节合并为一个聚合节,并给每个节赋予运行时起始地址。例如,来自各输入模块的所有.data 节被合并到可执行目标文件的.data 节。该步完成后,程序中静态链接部分的每个指令和每个全局变量都有确定的运行时存储器地址了。
- 第二步:重定位各节中的符号引用。在这一步中,链接器修改各节中对每个符号的引用,使得它们指向正确的运行时地址。为了执行这一步,链接器要借助可重定位目标模块中的重定位表目(relocation entry)。

当编译器生成一个目标模块时,它并不知模块最终将映射的存储空间位置,也不知该模块引用的任何外部定义函数或者全局变量的位置。所以,若编译器遇到最终位置未知的目标引用,就会生成一个需重定位表目,告诉链接器在将目标文件合并成可执行文件时该如何修改这个引用。代码的重定位表目放在.rel.text 中,已初始化变量的重定位表目放在.rel.data 中。ELF重定位表目的格式如下:

```
typedef struct {
    int offset;        // 需重定位引用的偏移量
    int symbol:24,     // 引用指向的符号
        type:8;        // 重定位类型
} Elf32_Rel;
```

其中,offset 是引用的节内偏移。symbol 标识该引用指向的符号。type 是重定位类型,有两种基本类型值:

- R_386_PC32:重定位一个使用 32 位 PC 相对地址引用。这时,

    重定位修正值 = 符号定义存储地址 − 符号引用点单元存储地址

    (符号引用点地址单元)原内容值 + = 重定位修正值

(注:PC 相对地址,指距程序计数器 PC 当前值的偏移量,而 PC 当前值,通常是存储器下一条指令的地址。)

- R_386_32:重定位一个使用 32 位绝对地址的引用。这时,

    (重定位)修正值 = 符号定义存储地址

    (符号引用点地址单元)原内容值 + = 修正值

对所有节中每个位置的引用,都要执行以上重定位修正。

作为示例，分析 main-swap 程序 main.o〈.text〉节的 call swap 指令。符号 swap 是在 swap.o 中定义的。利用 GNU OBJDUMP 工具进行反汇编，可得到这条 call 指令的反汇编列表：

6：e8 fc ff ff ff   call 7〈main+0x7〉 swap()；
                       7：R_386_PC32 swap   relocation entry

从这个列表中，可看到 call 指令开始于节偏移 0x6 处，由 call 指令操作码 0xe8，紧跟着一个 32 位的值 0xfffffffffffc(十进制 -4)，表示下一条指令距离当前指令偏移 4 B(PC 总是指向当前指令的下一条指令)。第二行显示 swap 引用的重定位表目(它与指令位于目标文件不同节中，但为便于查看 OBJDUMP 把两者罗列在一起)。重定位表目 r 由 3 个域组成，本例中，

r.offset = 0x07；r.symbol = swap；r.type = R_386_Pc32

假设链接器已设置好"节 s"和"符号 swap"运行时的存储地址：

ADDR(s) = ADDR(.text) = 0x80483b4

ADDR(r.symbol) = ADDR(swap) = 0x80483c8

引用点运行时的存储地址：

refaddr = ADDR(s) + r.offset = 0x80483b4 + 0x07

对引用点存储位置(refptr = s + r.offset)上的值，进行重定位修正：

refptr * += ADDR(r.symbol) - refaddr

//0x80483c8 - 0x80483b4 - 0x07 = 13

refptr 单元中的原值为 -4，加 13 后等于 0x09。这说明在得到的可执行目标文件中，这条 call 指令被重定位后，将变为

80483ba：E8 09 00 00 00   call 80483c8〈swap〉

在运行时，call 指令本身所在地址为 ADDR(s) + 6，即 0x80483ba 处。当 CPU 执行 call 指令时，PC 值为紧跟在 call 指令之后的指令地址 0x80483ba + 4，即 0x80483bf。为了执行这条 call 指令，CPU 实际执行以下步骤：

push PC   //将返回地址值 0x80483bf 压栈
PC += 0x09   //为 0x80483c8，这正好是 ADDR(swap)
……
pop PC   //调用完成后，PC 又指向 call swap 的下调指令

6.5.4　动态链接

通过静态库提供的静态共享简化了编程应用、提高了编程效率和程序可靠性，但该技术仍有一些明显的缺点：如果库中变量或函数有任何变化，则都必须重新链

接程序；如果多个不同进程引用了同一个库函数，则此函数对应的映像会在内存中出现多次，浪费存储空间。

动态共享库(dynamic shared library)是致力于解决静态库缺陷的一个现代创新产物。共享库是一个目标模块（或特殊的段或区域），在运行时，可以加载到任意的存储器地址，并在存储器中和当前运行指令中的引用临时链接起来。这个过程成为动态链接(dynamic linking)，是由一个叫作动态链接器(dynamic linker)的程序来执行的。微软操作系统中大量使用了动态共享库(Dynamic Linking Library,DLL)，扩展名为.dll；UNIX/Linux 的共享库文件扩展名为.so。

与静态库不同，动态共享库在外存系统目录下只对应一个库文件，它的.text节在存储器中也只有一个副本，供不同的进程共享。

图 6.21 概括了实例程序的动态链接过程。为了构造 6.5.3.1 小节中的向量运算示例程序的共享库 libvector.so，可用如下的特殊指令运行 gcc：

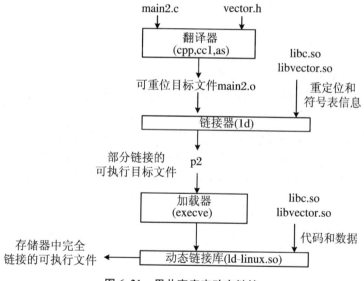

图 6.21　用共享库来动态链接

$> gcc -shared -fPIC -o libvector.so addvec.c multvec.c

-fPIC 选项指示编译器生成与位置无关的代码。-shared 选项指示链接器创建一个共享的目标文件。一旦创建了这个共享库文件 libvector.so，就可以将它与应用链接：

$> gcc -o p2 main2.c ./libvector.so

采用动态链接创建可执行文件时，没有任何.so 代码和数据被实际复制到可执行文件中。取而代之的是复制了一些重定位和符号表信息,它们使得运行时可以解析对 .so 中代码和数据的引用。

当加载器加载和运行可执行文件 p2 时,初始仅加载几个基本页。接着,它注意到 p2 包含一个 .interp 节,这个节包含动态链接器的路径名(动态链接器本身就是一个共享目标,比如,Linux 中的 ld_linux.so)。完成初始加载后,加载器不再像它通常那样将控制传递给应用,取而代之的是加载并运行这个动态链接器。然后,动态链接器通过执行下面的重定位完成链接任务:

- 重定位 libc.so 的文本和数据到某个存储器段。在 IA32/Linux 系统中,共享库被加载到从地址 0x40000000 开始的区域中。
- 重定位 libvector.so 的文本和数据到另一个存储器段。
- 重定位 p2 中所有对 libc.so 和 libvector.so 中定义符号的引用。

最后,动态链接器将控制传递给应用程序。从这个时刻开始,共享库的位置就固定了,并且在程序执行的过程中不会改变。

实现动态链接

动态链接指当程序运行到需要调用一模块时,再去链接模块所在的段。对未使用的模块,就可不必链接。采用请求段式存储分配方式可以自然地实现这种链接方式。

在分区和页式存储管理中,进程的地址空间都是线性的,这要求程序在编译链接阶段,就要把程序中的各模块(段/节)按地址空间排列起来。通过页级共享可实现对一个基址、长度都可预先确定的区域共享,但要实现对逻辑段的共享或临时拼接则是不可能的,因为逻辑段虚址的上下界在线性空间中已分不清。故从链接的角度看,分区管理和页式管理只能采用静态链接。

但一个大型应用进程可能由数百个模块组成,对它们进行静态链接要用大量 CPU 时间,将它们装入内存也需大量空间。而在实际执行时,一段时间可能只用到其中的一些子集。因此,从时间和空间代价来看,静态链接都不能满足大型应用需求,需要引入动态链接技术。

为了实现快速的动态链接,系统需要提供或实现段表机制、缺页中断机制和地址变换机构,其中,缺页中断和地址变换机构都需要一定的硬件支持。

段表机制 由于应用程序的许多段中,只有一部分装入内存,其余一些段仍在外存,故需要通过段表来指示这些段的状态,段表项中应包括段名、起始地址、段长、存取方式、访问计数等项。

缺页中断处理 当进程访问段中某页位置时,若发现尚未调入内存,便由缺页中断机制产生一个中断,再由操作系统将包含该页的段一次性调入内存中。

利用段页式虚拟存储器,实现段的共享和动态链接[①]

进程访问段时,按段名查进程的段名段号对照表及共享段表,经判断可能分三种情形:

(1) 所有进程都未链接过(共享段表、段名段号表中均无)。
- 为该段建立页表,再将该段对应文件全部读入 swap 区,部分读入内存,填写页表;
- 为该段分配段号,填写段名段号对照表;
- 如该段可共享,填写共享段表,共享计数置1;
- 填写段表项,对共享段而言,该段表项应指向共享段表项;
- 根据段号及段内地址形成无障碍指示位的一般间接地址。

(2) 其他进程已经链接,但本进程尚未链接过(共享段表有,段名-段号对照表无)。为该段分配段号,填写段名段号对照表;填写段表(指向共享段表项),共享段表项中共享计数加1;根据段号及段内地址形成无障碍指示位的一般间接地址。

(3) 本进程已链接过的非共享段(共享段表无,段名段号对照表有)。根据段号及段内地址,形成无障碍指示的间接地址。段内地址由两部分构成,即逻辑页号和页内地址。

6.5.5 映射可执行文件到存储器

在 Linux 平台上,运行可执行文件 p 命令如下:

$>./p

因为 p 不是内置的 shell 命令,所以,shell 判断 p 是一个可执行目标文件,通过调用驻留主存中的加载器(loader)代码执行加载。任何 Linux 程序也都可以通过调用 execve 函数来调用加载器。loader 加载 ELF 可执行文件的大致过程如下:

(1) 首先读 ELF 文件头部,然后,根据头部段头表的指示,找到标记为可加载(loadable)的段,并调用函数 mmap()把段内容加载(映射)到一个内存区域中。段的权限标记(读/写/执行)被直接传递给 mmap()。

[①] Linux 中,与"段"对应的概念实际是区域。

(2) 分析 ELF 文件标记为 PT_INTERP 段中所对应的动态链接器名称,并加载动态链接器(现代 Linux 中,通常是 /lib/ld-linux.so.2)。

(3) 加载器把控制传递给动态链接器。动态链接器检查程序所依赖的动态共享库,加载尚未进入主存的动态库。然后,动态链接器对程序的外部引用进行重定位,即修改程序中引用了动态库的外部变量/函数地址。

(4) 动态链接器把控制传递给程序,跳转到程序的入口点,也就是符号 _start 地址处的、对所有 C 程序都一样的启动代码(startup code):

```
0x080480c0 <_start>:          /* 入口点 */
    call    _libc_init_first  /* 执行动态库必要的初始化代码 */
    call    _init             /* 执行 ELF.init 节中的代码 */
    call    main              /* 执行应用主程序 */
    call    _exit             /* 将控制返回给操作系统 */
```

加载程序要完成的两件最重要的事为:① 调用 mmap()映射程序段和数据段到内存区域;② 进行外部动态库定义符号的重定位。加载完成后,创建如图 6.6 所示的存储器映像。

实际上,一次加载程序过程本质上也是创建一个进程的过程。程序最终都运行在一个进程上下文中,有自己的虚拟地址空间。但直到加载器跳转到 _start 地址,准备调用 main 函数时,除了一些程序头部信息,在加载过程中没有任何从磁盘到存储器的代码/数据复制(mmap 只是完成映射)。只有当 CPU 执行或引用了一个虚拟页中的指令或数据,发现它不在主存时,才会利用操作系统的页面调入机制,加载缺页相关磁盘块到主存。

UNIX/Linux 的 fork 函数与 execve 函数

虚拟存储器和存储器映射在将程序加载到存储器的过程中扮演着关键角色。当 fork 函数被当前进程调用时,内核为新进程创建各种数据结构,并分配给它一个唯一的 PID。为了给这个新进程创建虚拟存储器,它原样复制了一个当前进程的 mm_struct、区域结构(vm_area_structs)和页表。因此,在 fork 执行完返回时,新进程与父进程使用同一个虚拟存储器。但当两个进程中的任一个后来进行写操作时,写时复制机制就会为子进程分配新页表,这时子进程才有了自己独立的虚拟存储器。

当运行在当前进程中的程序代码执行了语句 execve("〈可执行程序名〉", argv, environ)时,execve 函数就在当前进程虚拟存储器中,以覆盖方式加载并运行包含在新的可执行程序的代码和数据,代替原来父进程的程序。

6.5.6 小结

从源程序生成一个可在内存中执行的程序(进程)，通常要经过：① 编译：由编译程序将源程序编译成若干个目标模块；② 链接：由链接程序将编译好的目标模块以及它们所需要的库函数，链接在一起，形成一个可装入模块；③ 装入：由装入程序(loader)将可装入模块装入内存。

每个目标模块由包含程序代码的.text节、含已初始化全局变量.data节、含未初始化全局变量和静态变量的.bss节、含符号表的.symtab节，以及包含需重定位符号表的.rel.text和rel.data等各种节，加上节头表、文件头等构成。

程序的链接可分为以下三类：

(1)(编译时)静态链接　事先进行完全链接的方式。所有调用到的外部库函数相关代码，都被复制到可执行程序中。

(2)(装入时)静态链接　在程序加载入内存时，由操作系统中的装入程序将存放在磁盘上的诸多目标模块边装入、边在内存中链接成一个统一的可执行程序模块。

(3)(运行时)动态链接　将某些目标模块的链接推迟到运行时才进行，即在执行加载或运行过程中，若发现一个被调用模块尚未装入内存时，再由操作系统去找到该模块，将它装入内存，并把它链接到调用者模块上。在这种方式下，编译时链接处理只是在可执行文件中设置相关外部定义的引用信息，真正的链接和重定位是在程序加载或运行时进行。

相应地，程序的装入也有三种基本方式。

(1)绝对装入方式(absolute loading mode)　绝对装入程序按照程序模块中的地址，将程序和数据装入内存。装入内存后，不需要对程序和数据的地址进行修改。程序中所使用的地址为绝对地址，既可在编译时给出，也可以由程序员直接赋予。由程序员直接给出绝对地址时，不仅要求程序员熟悉内存的使用情况，而且一旦程序或数据被修改后，可能要改变程序源码中的所有地址。因此，更普遍的做法是在程序中使用符号地址，然后在编译时，再由编译器将这些符号地址转换为绝对地址。

这种方式只能用在单道程序环境中，装入完全静态链接的程序。

(2)可重定位装入方式(relocation loading mode)　在多道程序环境下，由于编译程序不能预知或设定目标模块将来在内存中的位置，无法再用绝对地址装入方式。

可重定位装入程序将根据内存的当前使用情况，将模块装入到内存的某个适当的位置。在装入时对目标程序中指令和数据地址的修改过程称为重定位。其中,若重定位只在装入时一次完成,以后不再改变的地址变换过程称为静态地址重定位(static address relocation);否则称为动态地址重定位(dynamic address relocation)。

可重定位装入方式通常指静态地址重定位情况。它是在程序执行之前,由加载程序完成全部地址映射工作。对于虚拟空间内的指令或数据来说,静态地址重定位只完成一个首地址不同的连续地址变换(这要求所有待执行程序必须在执行之前完成它们之间的链接),并在加载时一次性完成所有需重定位地址的修改。

静态重定位的优点是不需要硬件支持,缺点是该方法一旦将程序装入内存之后就不能再移动,并且必须在程序执行之前全部装入,占用一连续的内存空间(分区)。因此,它只适用于分区存储管理方式,不适用于虚拟存储管理方式,且难以实现程序和数据的共享。

静态地址重定位也可借助基地址寄存器(BR)、分区限长寄存器(LR)和程序虚拟地址寄存器(VR)的硬件机构更快地完成。

指令或数据的内存地址 MR 与虚拟地址关系为
$$MR = BR + VR$$

具体过程是:
- 设置 BR、LR、VR 内容值:将程序装入内存,且将占用的内存区首址赋予 BR,区间长度赋予 LR;在程序执行过程中,将所要访问的虚拟地址送入 VR 中。
- 如果 VR>LR,就会产生越界访问中断;否则,地址变换机构把 BR 和 VR 的内容相加,得到实际访问的物理地址。

(3) 动态运行时装入方式或动态重定位　这种方式在把目标模块装入内存后,并不立即把其中需重定位的地址转换为物理地址,而是把重定位地址转换推迟到相关指令要执行时才临时进行。

动态重定位的主要优点是:可以对内存进行非连续分配,能适应请求分页、分段等虚拟存储管理。动态运行时装入方式需要特殊硬件支持,具体硬件需求可参看请求分页/分段管理的地址变换描述。

现代操作系统,一般采用运行时(严格来说是进程创建时),完成在虚空间的完全链接,相当于装入时一次性动态链接。但通过请求分页、动态地址变换机制,实现了动态重定位的特性。

6.6 Linux 存储管理*

6.6.1 Linux 虚拟空间管理的主要数据结构

除了按页划分虚拟空间，Linux 还使用了 mm_struct、vm_area_struct 两个虚拟空间管理数据结构。在相当于进程 PCB 的任务结构(task_struct)中，有一个指向 mm_struct 的指针：

```
struct task_struct {
    ......
    struct desc_struct * ldt;         //（相当于进程段表的）LDT 指针
    struct thread_struct tss;         //任务状态段
    struct mm_struct * mm;            // mm_struct 结构指针
    ......
}
```

mm_struct 代表一个进程的虚拟空间，其结构定义如下：

```
struct mm_struct {
    int count;
    pgd_t       * pgd;                //指向页表目录指针，进程"页表"入口
    unsigned long context;
    unsigned long start_code, end_code;      //代码段在虚拟空间的位置
    unsigned long start_data, end_data;      //数据段在虚拟空间的位置
    unsigned long start_stack, start_mmap;   //堆栈段、mmap 区在虚拟空间的起始位置
    unsigned long arg_start, arg_end, env_start, env_end;    //参数环境变量位置
    ......
    struct vm_area_struct * mmap;     //指向区域结构链表的指针
    ......
};
```

mm_struct 结构记录了进程内存管理相关的全部信息，比如，进程的页目录基址、进程的代码、数据、堆栈、堆、环境变量、入口参数等在虚拟空间中的存储位置，虚拟内存区域链表及其链接信息，以及一些统计信息等。

该结构中,最值得关注的是 pgd 和 mmap。其中,pgd 指向页目录表基址,而 mmap 指向一个名为 vm_area_structs 的区域结构链表。每个 vm_area_struct 描述虚拟空间的一个区域(一段连续的虚拟空间)属性,包括区域的开始地址、结束地址、访问权限、映射文件 inode 指针和相互链接指针等。具体定义如下:

```
struct vm_area_struct {
    struct task_struct * vm_task;          //VM 区参数
    unsigned long vm_start, vm_end, vm_page_prot; //虚拟区域起、终地址和访问权限
    struct vm_area_struct * vm_next;       //链向下一个区域
    struct vm_area_struct * vm_share;      //指向一个共享区域
    struct * vm_inode;    //指向关联外存文件的 inode 结构;若无关联文件,则为 null
    unsigned long  vm_offset;    //区域信息在 inode 关联文件中的偏移量
    ……
}
```

Linux 将一个进程的虚拟存储器组织成一些区域(即段)的集合,并将它们组织成双向链表结构。一个区域(area)就是已分配的、含若干连续页的页组;同一页组中的页面以某种方式相关联。例如,代码段、数据段、堆,以及用户栈等都分别对应一个区域。创建进程时,系统将自动创建这些默认区域。反之,也可认为每个页必须归属在某个区域中,否则不可能被进程引用。

区域是页面对齐的,并且相互之间不会重叠,它可以是一个 malloc 使用的进程堆、一个内存映射文件,也可以是 mmap() 分配的匿名内存区域。如果是一个文件的映像,则 vm_inode 字段有效。

6.6.2 Linux 的虚拟空间映射方案

6.6.2.1 X86 的物理地址空间布局

以 X86_32,4 G RAM 为例来说明,页面大小默认为 4 KB。

Linux 内核是以物理页面(页框)为单位管理物理内存的,它将所有的物理页面划分到命名为 ZONE_DMA、ZONE_NORMAL、ZONE_HIGHMEM 的三个内存管理区中。

- ZONE_DMA   范围是 0~16 MB,该区中物理页面专供 I/O 设备 DMA 使用。DMA 直接用物理地址访问内存,不经过 MMU,且需要物理上连续的缓冲区。
- ZONE_NORMAL   范围是 16~896 MB,该区被内核空间的低端 3G+16~896 MB 直接映射,内核可方便地直接使用这块主存。
- ZONE_HIGHMEM   范围是 896 MB 至结束,该区为高端内存,内核不能

直接使用;内核与用户进程都通过建立页表映射方式来间接使用该区的物理页框。

6.6.2.2 Linux 内核虚拟空间布局与映射

内核空间占据了虚拟空间上端的(3G~4G-1)的1GB。内核常数 PAGE_OFFSET 定义为 0xc0000000,以对应这个3G边界。从3G开始到3G+896M的虚拟空间到物理存储映射,采用简单高效的直接映射:

$$物理地址(pa) = 虚拟地址(va) - PAGE\_OFFSET$$

不允许 pa 小于 0 的越界保护,限制了内核不能直接访问 3G 以下的用户空间虚址。

出于高效性需要,内核将频繁使用的数据如内核代码、GDT、IDT、PGD、mem_map 数组等,都存放在3G+16M~3G+896M这段被直接映射到 ZONE_NORMAL 区的虚拟空间中。其中,紧靠3G+16M 虚址以上的一段是内核映像 (kernel image,内核代码&数据),紧靠内核映像之上的是系统物理页框状态描述数组 mem_map。

高端内核范围的 0xF8000000~0xFFFFFFFF(3G+896M~4G),约为128M。Linux 内核以页为单位从中分配虚拟空间,每个虚页通过一个内核 PTE 页表项,临时映射 ZONE_HIGHMEM 区的一个物理页面用完后及时释放归还,以利于这段紧俏空间的循环使用。内核通常将用户数据、页表(PT)等不常用数据放在 ZONE_HIGHMEM 里,只在要访问这些数据时才建立映射关系(kmap( )),在使用完之后便断开映射关系(kunmap( ))。

通过以上直接映射和页表映射两类机制,内核就可以访问所有主存了。

6.6.2.3 用户虚拟空间的布局与映射

对于 32 位 Linux,每一个进程都有 4 GB 寻址空间,有自己的一套页表,相当于有一个独立的、4 GB 大小的虚拟存储器。

创建新进程时,内核会为新进程创建一个新页目录(PGD),并复制内核页目录(swapper_pg_dir)中的 PDE 到新进程 PGD,这样,每个进程的页目录就分成了两个部分:"用户私有空间"(0~3G-1)和系统空间(3G~4G-1)。每个进程 PGD 中映射系统空间的 PDE 完全相同,各进程高端 1G 虚拟空间都是映射到内核工作区,从而实现了以透明、一致方式共享操作系统内核。

不同进程用户空间不是共享的,而是互相隔离的(因为它们的页表不同),即使访问同一虚址,实际也是访问不同的物理地址。单 CPU 系统中,每一个时刻只有一个进程在运行,进程发生切换时,也要同时更换当前工作的 PGD(载入 CR3 中)。进程从用户态进入内核态不会引起 CR3 的改变,但会引起堆栈的改变。

当进程访问虚拟空间中某个地址时,要根据其 PGD,找到相应的 PTE 来确定物理地址。由于每个用户进程只能通过页表映射方式,限定分配 896 M 以上的高端物理内存。因此,任何用户进程无法访问 896 M 以下的内存工作区。

内核为新进程创建 task_struct 结构时,只分配两个连续页面(即 8 KB),并将底部的 1 KB 大小用于 task_struct 本身:

♯define alloc_task_struct() ((struct task_struct *) __get_free_pages (GFP_KERNEL,1))

其余部分被作为进程在系统空间的堆栈区。当从用户空间转入系统空间时,堆栈指针 esp 变成了 alloc_task_struct() + 8192)。这也是系统内核中,可使用宏定义 current 获取当前进程 task_struct 地址的原因。图 6.22 给出了 Linux 虚拟空间的这种映射布局。

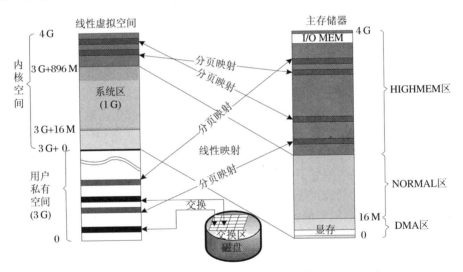

图 6.22　Linux 虚拟空间的映射布局

6.6.3　Linux 的分段机制

考虑到很多硬件平台不支持段机制,只支持分页机制,Linux 内核设计并没有全部采用 Intel X86 的段方案,仅有限度地使用了分段机制。出于可移植性需要,应不用段机制。但由于 X86 段机制不可禁止,不可能绕过段机制直接给出线性地址,逻辑地址总是"选择符:偏移量"的虚地址形式,段机制无法避免。因此,Linux 采用了最低限度使用段机制、尽量少用段的策略。

从 2.2 版本开始，Linux 让所有进程都使用相同的逻辑地址空间，段结构也类似，只有代码段（即文本段）和数据段，不区分数据段和堆栈段。而且 Linux 内核将代码段和数据段的基址都设为 0，段长都设为 4G，只是在段类型和段访问权限上有所区分。此外，Linux 内核和所有进程共享 1 个 GDT（全局描述符表），不使用 LDT（让所有进程的 LDT 指针都指向一个公用的、默认的 LDT 段）。

这种简化的分段机制，使得逻辑段偏移地址、虚拟地址、线性地址总是一致，基址都是 0，范围都是 0～4G。对 ELF 可执行文件来说，代码段的起始地址 0x08048000 既是逻辑地址，也是线性地址或虚拟地址。表 6.7 给出了 Linux 内核中使用的段描述符定义。

表 6.7　Linux 内核中使用的段描述符定义

段名 宏定义名	段基址 （base）	段界 （limit）	粒度 （granularity）	系统或 普通	类型 （type）	保护级 （DPL）
内核代码段 _KERNEL_CS	0x00000000	4 GB	$G=1$	$S=1$	0xa （RE）	0
内核数据段 _KERNEL_DS	0x00000000	4 GB	$G=1$	$S=1$	0x2 （RW）	0
用户代码段 _USER_CS	0x00000000	4 GB	$G=1$	$S=1$	0xa （RE）	3
用户数据段 _USER_DS	0x00000000	4 GB	$G=1$	$S=1$	0x2 （RW）	3
内核 TSS 段容纳各 进程 TSS 段	0x00000000	4 GB	$G=0$	$S=0$	0x9 或 0xb	0
内核共享默认 LDT 段描述符	0x00000000	0x18 （24 B）	$G=0$	$S=0$	0x9 或 0xb	0

内核代码段和数据段对所有进程都是一样的，每个进程在 GDT 中实际占用两个条目，即 TSS 和 LDT。每个进程的 TSS 段描述符指向自己的上下文 & tss_struct；每个进程的 LDT 指向默认的共享 LDT 段，这个默认 LDT 段共有 24 B，包含 3 个项{LDT[0] = 空，LDT[1] = 用户代码段，LDT[2] = 用户数据/堆栈段描述符}，正因为所有进程的用户代码段和数据段描述符都一样，所以可以共享默认 LDT 段。

在 Linux 中,除了表 6.7 所列的六个段描述符,还有四个用于高级电源管理特性(APM)描述符及四个保留未用条目。因此,GDT 中可用的最大条目数为:$2^{13} - 1 - 14$,约 8 180。因为每个进程要占两个条目,所以最大允许并发的进程数为 NR_TASKS = 8 180/2 = 4 090。

6.6.4 Linux 的分页机制

由于 64 位结构处理器应用已经很普遍,Linux 采用了可兼顾 32 位和 64 位处理器的三级分页模式。

图 6.23 是 Linux 的三级分页机制示意图。Linux 定义了三种类型的页表:
- 页总目录(Page Global Directory,PGD);
- 页中间目录(Page Middle Directory,PMD);
- 页表(Page Table,PT)。

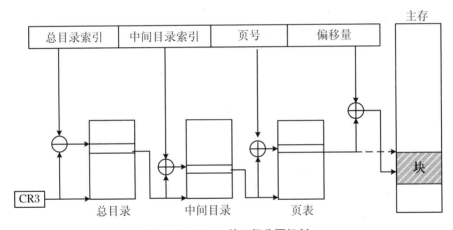

图 6.23 Linux 的三级分页机制

每一个进程有自己的页目录和自己的页表集。当发生进程切换时,Linux 把 CR3 的内容保存在之前执行进程的 PCB(TSS)中,然后把下一准备运行进程的 TSS 中保存的页目录指针载入 CR3 中。

6.6.5 Linux 的存储器映射

采用区域对象进行存储器映射,常用于以下三种目的:
(1) 加载或执行.exe 和.dll,不需对文件进行缓存;
(2) 访问大型数据文件,减少文件 I/O 次数;

（3）实现多进程间的数据共享(共享内存)。

Linux 通过将一个区域与一个磁盘上的对象关联起来，来初始化这个虚拟存储区域的内容。这个过程称为存储映射(memory mapping, mmap)。虚拟存储器可以映射到两种类型的对象：

（1）普通文件　一个区域可以映射到一个普通文件的连续部分。文件被分成页面大小的片，每一片包含一个虚页初值。

（2）匿名文件　一个区域也可以映射到一个匿名文件，匿名文件由内核创建，包含的全是二进制零。在父子进程间可通过匿名映射区进行通信。

无论在哪种情况中，一旦一个虚页被初始化，它就在内存与一个由内核维护的交换文件(swapfile)之间换来换去。

实现文件区域映射的 API 函数是 mmap()，可用 munmap() 解除一个映射关系，munmap() 和 msync()（实现盘文件与共享内存区的内容一致）都会导致写盘。

6.6.6　Linux 的物理内存管理

Linux 内存管理包括虚拟内存管理和物理内存管理两大部分。以上重点介绍了虚拟内存管理。对物理内存管理，我们只介绍了简单的、基于页框的分配管理。在 Linux 中，物理内存分配释放的最小单位是页(框)，Linux 内核用 struct page 描述每个物理页(短暂存在页框中的内容)。

```
typedef struct page {
    unsigned long index;          //mem_map 数组索引
    atomic_t count;               //引用计数
    unsigned long flags;          //页状态，每位表示一种状态
                                  //包括封锁锁位、访问位、脏位等共 16 个位
    struct list_head lru;         //LRU 链表指针
    void * virtual;               //对应的虚存指针
    struct zone_struct * zone;    //页所在的 zone 区(DMA|NORMAL|HIGHMEM)
    struct address_space  mapping;    //指向描述该页在缓存区位置的一个结构
    ……
} mem_map_t;
```

Linux 首先采用如下的简单数组结构(全局变量)，来描述全局物理页面：
struct page * mem_map;
物理内存是有限的宝贵资源，如何提高物理内存的利用率、高效地进行分配/

释放,是操作系统的基本要求之一。只简单采用页为单位进行分配,会带来页外碎片和页内碎片两方面问题。在 Linux 中,通过采用伙伴(buddy)分配算法解决了页外碎片问题,采用 Slab 分配算法解决了页内碎片问题。

6.6.6.1 伙伴算法

为解决含多个连续页的大块内存分配问题,同时也为了减少外碎片,Linux 引入了伙伴算法。它将所有的空闲物理页分成 10 组,第 1 组有若干空闲块(每块含 2^0 页)……第 k 组有若干空闲块(每块含 2^{k-1} 页,$k=0,1,\cdots,9$)。

由于一个空闲块中的各页是物理连续的,所以,根据块首页和块大小,就可确定同一块中的其他页。根据这个特点,Linux 采用如下数据结构来描述一个空闲块组:

struct free_area_struct {
  struct page * next, * prev;
  unsigned long * map;
} free_area_t;

一方面,将组中各空闲块的首页用双链链接在一起;另一方面,还引入一个位图 map,以标识所有物理页按该组块大小划分后,得到的所有各组块是否可用。值得注意的是,位图的总位数与组中空闲块的个数无关,只与总物理页数(max_fpn)及组块大小有关。例如,第 0 组中,块大小为 1 页,位图长度(B)= max_fpn/8;第 1 组中,块大小为 2 页,位图长度(B)= max_fpn / (8×2);第 2 组中,块大小为 4 页,位图长度(B)= max_fpn / (8×4)……显然,块越大,位图越短。第 i 组位图长度的计算公式为 max_fpn - 1 $\gg$ i + 3。

考虑到位图主要用来判别与当前回收块同等大小的前向伙伴邻居是否空闲,所以,位图长度实际还可以减少一半,即第 i 组位图长度的实际计算公式应为 zone_max_fpn - 1 $\gg$ i + 4。

图 6.24 给出了描述所有 10 个空闲块组的数据结构(数组 free_area_t free_area[10])示意图。

伙伴算法的分配原理   先从最适合大小的组中查,看有没有空闲内存页块。例如,要分配一个含 8 页的连续内存,从块大小为 2^3 页的第 3 组链表中找。如果找到,就摘下直接分配,将全局变量总空闲页数减去块页数(本例减 8)。同时,根据块的首页索引,定位页框数组 mem_map,修改位图及相应页框的状态。

如果找不到,就找下一个更大的空闲块组,本例找块大小为 16 页的第 4 组。如果找到一个空闲块,就把该空闲块的后 8 页分配出去,并将前 8 个剩下的页构成的空闲块挂到第 3 组中。同时,根据首页号定位第 3 组的位图,将相应的位标志为空闲可用状态。

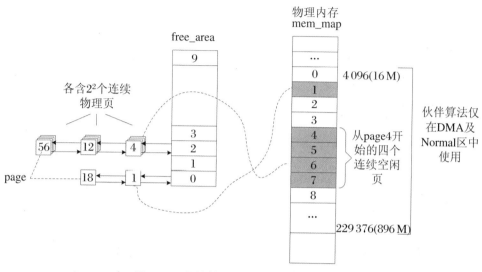

图 6.24 伙伴算法的数据结构关系示意图

伙伴算法的主要分配函数为

__get_free_pages(int gfp_mask, unsigned long m)

该函数分配 2^m 页并做零页初始化;若分配成功,返回首页的虚地址。

6.6.6.2 Slab 算法

伙伴算法解决了外部碎片问题,但不能解决内部碎片问题。对某些反复申请只有几字节的内存空间,内核不断给申请者分配整个页,在页内留下无法再用的页碎片,无疑是一种浪费。

为了解决这类页内碎片问题,Linux 采用了 Slab 分配器,该分配器是从 Sun Solaris 中借鉴的。Slab 中有三种逻辑单元,即 Cache、Slab 和 object。每个 Cache 中存放多个 Slab,每个 Slab 中又含有多个 Object。图 6.25 给出了这种逻辑结构关系。

Cache 是 Slab 分配器的最高层次逻辑单元,由一个称为 kmem_cache_s 的描述符来描述:

```
struct kmem_cache_s {
    char name[128];                      //名字
    struct list_head slabs_full;         //指向(无空闲的 obj)的 Slab 双向链
    struct list_head slabs_partial;      //指向(有部分空闲的 obj)的 Slab 双向链
```

```
    struct list_head slabs_free;        //指向(有空闲的 obj)的 Slab 双向链
    unsigned int     objsize;           //obj 对象大小
    unsigned int     num;               //每个 Slab 中可容纳的对象数
    unsigned int     flags;             //状态标志
    /* 对象构造函数 */
    void ( * ctor)(void * , kmem_cache_t * , unsigned long);
    /* 对象析构函数 */
    void ( * dtor)(void * , kmem_cache_t * , unsigned long);
    ……
}
```

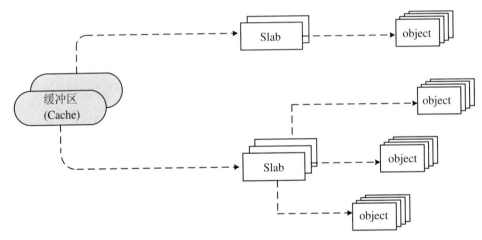

图 6.25 Slab 缓存的组成结构

每个 kmem_cache_s 描述一个 Cache,其中有挂接多个 Slab 的双向链表,以及初始化 Slab 中存储对象的构造/析构函数。创建一个 Cache,只是创建了该数据结构,并没有实际申请获得真正的内存页块。而每个 Slab 则是通过一次 Buddy 请求分配得到的若干连续物理页框;一个 Slab 中可容纳整数个 object,不会有内碎片。Slab 描述本身的一些数据结构描述,被直接存储在它所申请到的物理页框组的特定位置中。

理论上针对任一类固定大小的内存申请,都可以用 Slab 分配器。如果对象大小无法事先预知,可采用 2 次幂大小对象的通用 Cache 来满足小内存申请。而对于一些已预知的、内核中频繁创建/释放的小内存申请,例如,PCB(task_struct)、inode、file 等结构,则可使用专用的 Slab-Cache 来满足申请。

1. Slab 专用缓冲区的建立与使用

（1）调用 kmem_cache_create 函数创建 Slab 缓冲区。

kmem_cache_t ＊kmem_cache_create（const char ＊name，/＊命名＊/
  size_t size,   /＊obj 大小＊/
  size_t offset,   /＊缓存区内第一 obj 偏移，缺省 0＊/
  unsigned long flags, /＊标志＊/
  void（＊ctor）(void＊，kmem_cache_t＊，unsigned long)，/＊obj 构造＊/
  void（＊dtor）(void＊，kmem_cache_t＊，unsigned long)) /＊obj 析构＊/

例如，内核 fork_init( ) 中创建 PCB 缓冲区的语句如下：

task_strct_cachep = kmem_cache_create（"task_struct"，
sizeof(struct_task_struct)，0，SLAB_HWCACHE_ALIGN，NULL，NULL）；

（2）调用 kmem_cache_alloc 函数实际创建、获取对象。

创建 Slab 中的第一个对象时，会导致调用伙伴算法分配一个 Slab 内存。例如

xtask = kmem_cache_alloc(task_strct_cachep，GFP_KERNEL）；

（3）用完后，调用 kmem_cache_free 函数释放对象。

释放对象后，对象并没有被真的销毁，而是仍缓存在 Slab 中。如果同一个对象再次创建，例如，一个程序关闭后又重新启动，就可能直接利用原有对象，这可省去创建新对象的一系列初始化工作，因此过程会很快。已释放对象可再利用，是 Slab 技术的一个重要特点。

（4）调用 kmem_cache_destroy 函数彻底销毁对象。

2. Slab 通用缓冲区的建立与使用

对内核中初始化开销不大的小数据结构，可以合用一个通用缓冲区。通用缓冲区采用如下的分配和释放函数进行内存管理：

void ＊ kmalloc（size_t size，int flags）；
void kfree （const void ＊objptr）；

在内核驱动程序中，有大量的数据结构仅仅是一次性使用或临时使用，也不需要初始化，因此，经常会采用 kmalloc 来申请分配内存。

3. Slab 分配器的优点

- 解决伙伴算法不能解决的页内碎片问题；
- 借助缓存 object，以加快分配、初始化和释放操作。

6.6.6.3 高端内存区的内存分配

物理内存自 896 M 以上，称为 ZONE-HIGHMEM 区。在内核虚拟空间 3 G＋896 M～4 G 范围，还有约 100 MB 的不连续空间片，如图 6.26 中的一些灰色小区

块所示。

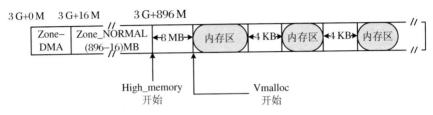

图 6.26　内核虚拟空间布局

内核申请使用高端内存，必须先通过 vmalloc 函数分配到这些虚拟空间块，再通过页表映射到高端。即使分配的虚拟空间页是连续的，经页表映射后，物理页一般是非连续的。这与用户空间中申请分配虚页后，通过页表映射到高端内存类似。

在 ZONE-HIGHMEM 区中，分配一个非连续的内存区的内核函数原型为 void * vmalloc (unsigned long size)。

习　题

选择题

1. 在适合并发程序运行的环境中，存储保护是为了(　　)。
   A. 防止一个程序长时间占用同一个分区　　B. 防止各程序相互干扰
   C. 防止用户程序破坏操作系统工作区　　　D. B 和 C

2. 要保证一个程序在主存中被改变了存放位置后仍能正确执行，则对主存空间应采用(　　)技术。
   A. 静态重定位　　B. 动态重定位　　C. 动态分配　　D. 静态分配

3. (　　)有助于用户程序减少内存的占用。
   A. 静态链接　　B. 动态链接　　C. 覆盖　　D. 静态重定位

4. 下面的存储管理方案中，(　　)方式可以采用静态重定位。
   A. 固定分区　　B. 可变分区　　C. 页式　　D. 段式

5. 目标程序所对应的地址空间是(　　)。
   A. 名空间　　B. 逻辑地址空间　　C. 存储空间　　D. 物理地址空间

6. 地址重定位的对象是(　　)。
   A. 源程序　　B. 编译程序　　C. 目标程序　　D. 执行程序

7. 采用可重入程序是通过(　　)方法改善系统性能的。
   A. 改变时间片长度　　　　　　B. 改变用户数
   C. 提高对换速度　　　　　　　D. 减少对换信息

8. 静态重定位在(　　)进行,动态重定位在(　　)进行。
  A. 程序编译时　　B. 程序装入时　　C. 程序运行时　　D. 用户编码时
9. 最容易形成很多小碎片的可变分区分配算法是(　　)。
  A. 首次适应算法　B. 最佳适应算法　C. 最坏适应算法　D. 以上算法都不是
10. 在可变分区管理方案中,采用紧凑技术的目的是(　　)。
  A. 合并空闲分区　B. 合并分配区　　C. 增加主存容量　D. 便于地址转换
11. 操作系统实现(　　)存储管理的代价最小。
  A. 分区　　　　　B. 分页　　　　　C. 分段　　　　　D. 段页
12. (多选)在下列存储管理方案中,一个作业在内存中一定是连续存放的有(　　)。
  A. 单一连续分配　B. 固定分区分配　C. 可变分区分配
  D. 段式　　　　　E. 页式　　　　　F. 段页式
13. 不能用上下限界寄存器实现存储保护的存储管理方法是(　　)。
  A. 分段　　　　　B. 可变分区　　　C. 固定分区　　　D. 分页
14. 分区的保护措施主要是(　　)。
  A. 界地址保护　　B. 程序状态保护　C. 用户权限保护　D. 存取控制表保护
15. 在存储管理中,常采用对换和覆盖,目的是(　　)。
  A. 物理上扩充　　B. 实现主存共享　C. 节省存储空间　D. 提高 CPU 利用率
16. 以下关于分区存储管理的正确说法是(　　)。
  A. 一个分区的存储管理又称为单一连续存储管理
  B. 多分区存储管理可以用固定分区方式
  E. 多分区存储管理可以用可变分区方式
  C. 固定分区管理采用静态重定位方法把作业装入分区中
  D. 可变分区管理采用动态重定位需要硬件支持(上/下限寄存器)
17. 某基于动态分区存储管理的计算机,其主存容量为 55 MB,采用最佳适配算法,分配和释放的顺序为:分配 15 MB,分配 30 MB,释放 15 MB,分配 8 MB,分配 6 MB,此时主存最大空闲分区是(　　)。
  A. 7 MB　　　　　B. 9 MB　　　　　C. 10 MB　　　　D. 15 MB
18. 采用段式存储管理时,一个程序如何分段是在(　　)决定的。
  A. 分配主存时　　B. 用户编程时　　C. 装载作业时　　D. 程序执行时
19. 某计算机采用两级页表的分页存储管理方式,按字节编址,页大小为 2^{10} B,页表项为 2 B,逻辑结构地址为页目录号|页号|页内偏移,逻辑地址空间大小为 2^{16} 页,则表示整个逻辑地址空间的页目录表中包含表项的个数最少是(　　)。
  A. 64　　　　　　B. 128　　　　　　C. 256　　　　　　D. 512
20. 页大小为 2^{10} B,PTE 大小为 2 B,一页最多可存放 2^9 个 PTE;因逻辑地址空间有 2^{16} 页,若采用两级页表,则页目录表的 PDE 最少要有(　　)个。

A. 64 B. 128 C. 256 D. 512

21. 设有 8 页的逻辑空间,每页有 1 024 B,它们被映射到 32 块的物理存储区中。那么逻辑地址的有效位是( ),物理地址至少是( )位。

A. 12 B. 13 C. 15 D. 16

22. 在页式管理中,每个页表中的每个 PTE 实际都用于实现( )。

A. 内存单元 B. 静态重定位 C. 动态重定位 D. 加载程序

23. 分页系统中,能感知页面大小的是( )。

A. 用户程序 B. 编译程序 C. 操作系统 D. 连接装配程序

24. 在某分页存储管理系统中,设页面大小为 4KB。进程页表 PTE0/1/2…对应块号分别为 8、9、10、15、18、20、21、22、23。则逻辑地址 05AF8H 对应的物理地址是( )。(提示:逻辑地址 05AF8H 在第 5 页,块号为 20。)

A. 05AF8H B. 14AF8H C. 00AF8H D. 03AF8H

25. 下列有关虚拟存储器的叙述中,正确的是( )。

A. 虚拟存储只能基于连续存储分配技术
B. 虚拟存储只能基于非连续的分配技术
C. 虚拟存储容量只受外存容量的限制
D. 虚拟存储容量只受内存容量的限制

26. 在虚拟内存管理中,地址变换机构将逻辑地址变换为物理地址。形成逻辑地址的阶段是( )。

A. 编译 B. 编辑 C. 链接 D. 装载

27. 一个虚拟存储系统中,设主存容量为 2 GB,辅存容量为 500 GB,而地址总线为 32 位。该系统中,虚存的最大容量是( )。

A. 2 GB B. 3 GB C. 4 GB D. 502 GB

28. 在以下存储管理方式中,支持虚拟存储的有( )。

A. 可变分区 B. 页式 C. 请求页式 D. 段式
E. 请求段式 F. 段页式 G. 请求段页式 H. 对换技术

29. 在请求分页存储管理系统中,下列页面分配和置换策略中( )是不适用的。

A. 固定分配、局部置换 B. 固定分配、全局置换
C. 可变分配局部置换 D. 可变分配全局置换

30. 在分页虚存中,分页由( )实现。

A. 程序员 B. 编译器 C. 系统调用 D. 系统

31. 在分页虚拟管理系统中,页面大小与可能产生缺页中断次数( )。

A. 成正比 B. 成反比 C. 无关 D. 成固定比例

32. 页式虚拟存储管理的特点是( )。

A. 不要求将作业装入到主存的连续区域

C. 不要求进行缺页中断处理
B. 不要求将作业同时全部装入到主存的连续区域
D. 不要求进行页面替换

33. 请求页式存储管理系统可能出现( )问题。
A. 抖动　　　　　B. 不能共享　　　C. 外零头　　　D. 动态链接

34. 在虚拟页式存储管理方案中,下面( )完成将页面调入内存的工作。
A. 缺页中断处理　　　　　　B. 页面淘汰过程
C. 工作集模型应用　　　　　D. 紧凑技术

35. 请求分页存储管理的主要特点是( )。
A. 消除了页内零头　　　　　B. 便于动态链接
C. 便于信息共享　　　　　　D. 扩充了主存

36. 下面关于请求分页存储管理说法中,不正确的是( )。
A. 虚拟空间页的大小与内存分块的大小必须相同
B. 地址变换机构必须有相应的硬件支持
C. 将用户地址空间分为页号和页内偏移对于用户是感觉不到的
D. 在请求调页的系统中,用户程序必须全部装入主存

37. 下面关于虚拟存储器的说法中,正确的是( )。
A. 为了能让更多的进程同时运行,可以只装入10%~30%的进程映像,就开始运行
B. 最佳页面置换算法是实现页式虚拟存储管理的常用算法
C. 即使在多用户操作系统环境下,用户也可以利用机器指令访问任一个合法的物理地址
D. 为提高内存保护的灵活性,内存保护通常由软件完成

38. 某计算机系统中,内存采用按需调页,测得CPU的利用率为20%,硬盘交换空间的繁忙率为97.7%,其他设备的利用率为5%。由此断定系统出现异常,此时( )和( )能提高CPU的利用率。
A. 安装一个更快的硬盘　　　　B. 加大交换空间的容量
C. 增加运行进程数　　　　　　D. 减少运行进程数
E. 增加内存容量　　　　　　　F. 增大CPU的容量数

39. (多选)以下哪些措施不能改进CPU的利用率:( )。
A. 增大内存的容量　　　　　　B. 增加磁盘交换区的容量
C. 减小多道程序的道数　　　　D. 使用更快速的CPU
E. 增加多道程序的道数　　　　F. 使用更加快速的磁盘交换区

40. 在分页虚拟存储管理中,( )没有优先考虑最近使用过的页面。
A. OPT算法　　B. LRU算法　　C. Clock算法　　D. NFU算法
E. FIFO算法　　F. A与E

41. 如果使用LRU页面置换算法并采用固定分配策略,分配五个页框且当页框初始为

空,引用序列为 0、1、7、8、6、2、3、7、2、9、8、1、0、2,系统将发生( )次页面故障。
A. 10　　　　B. 11　　　　C. 12　　　　D. 13　　　　E. 14

判断题

1. 使得每道程序能在不受干扰环境下运行,主要是通过内存保护功能实现的。(　)
2. 与动态重定位相比,静态重定位在地址变换上花的时间更少且可不需要硬件支持。
(　)
3. 在分区分配的内存管理中,解决碎片问题通常采用拼接技术。(　)
4. 页式存储管理的地址变换,把逻辑地址变为物理地址,可认为就是一种动态重定位过程。(　)
5. 页式存储管理的地址变换把逻辑地址变为物理地址,可认为就是一种动态重定位过程。(　)
6. 在页式存储管理系统中,页面设置越小,则内存利用率越高。(　)
7. 为了减小缺页中断率,页面大小应该取小一些。(　)
8. 在虚拟存储管理中,其虚拟性是以多次性和对换性为基础的。(　)
9. 在分区存储管理方案中,作业的大小只受到主存与辅存之和大小的限制,可以实现虚拟存储。(　)
10. 进程在执行中发生缺页中断时,当操作系统处理完页面调入后,应该让该进程重新执行被中断的那条指令。(　)
11. 分页存储是一种虚拟存储管理技术。(　)
12. 在虚存系统中,只要磁盘空间无限大,作业就能拥有任意大的地址空间。(　)
13. 在有虚拟存储器的系统中,可以运行比主存容量还大的程序。(　)
14. 在页式虚拟存储系统中,必须提供硬件地址转换机构,以保证速度。(　)
15. 虚拟存储的容量一定比主存容量大。(　)
16. 每个进程都有自己的虚拟存储器,且虚拟存储的容量受计算机内、外存容量和计算机地址总线的限制。(　)
17. 在请求分页存储管理系统中,当访问页不在主存时,由缺页中断处理程序将该页调入主存;当主存无空闲块时,必须淘汰一页。(　)

简答题

1. 某机器的主存为 2 MB,有 4 KB 缓存。每次访问缓存和主存时间分别为 60 ns 和 1 μs。如果指令数据在缓存中命中的概率为 0.7,试计算每次指令执行的平均时间。
2. 比较段式存储管理与页式存储管理的异同点;与页式系统相比,段式系统的主要优势有哪些?
3. 简述覆盖技术与对换技术的异同点。
4. 什么是缺页中断? 它与一般的硬件中断有何不同特点?

5. 虚拟存储器与物理存储器有什么区别?

6. 请描述提高内存利用率的可能途径。

7. 什么是工作集(working set)? 什么是驻留集(resident set)? 引入工作集的意义何在? 为保证进程的高效运行,工作集和驻留集应维持什么样的关系?

8. 何谓系统"抖动"? 系统发生这种情况的主要原因是什么?

9. 简述反置页表的用途,为什么要引入它?

10. 简述页式存储管理与请求分页存储管理有何不同。

11. 按需调页的虚拟存储管理系统是如何工作的? 分页机制和交换机制各起什么作用?

12. 某虚拟存储器的用户程序有 32 个页面,每页 1 KB,采用动态重定位。某时刻当进程的第 0、1、2、3 页分配的物理块号位分别为 5、10、4、7。当前程序计数器值为二进制 000110000000011,给出 CPU 取指令的物理地址,并说明地址变换过程。

13. 采用页式存储管理的系统中,进程的逻辑地址空间为 4 页,每页 2 KB。若该进程页表为 PTE0/1/2/3:♯5/♯2/♯7/♯1(其中♯表示物理页框号)。请画出地址转换过程、转换有效地址 5 089 所对应的物理地址。

14. 描述 ELF 可执行文件的结构布局;说明加载 ELF 创建新进程的过程。

15. 一台计算机为每个进程提供 65 536 B 的地址空间。若采用页式存储管理方案:页大小为 8 KB。某一进程有 32 768 B 的正文段、16 396 B 数据段和 15 284 B 的堆栈段。

(1) 这个进程能装入该地址空间吗?

(2) 如果页面大小改为 512 B,情况又如何?

综合题

1. 设有两种存储器 M1(平均访问时间 T_1 较小,容量 S_1 较小,价格 C_1 昂贵)和 M2(平均访问时间为 T_2,容量为 S_2,价格为 C_2)。试设计一种合理的存储体系,要求速度接近于 M1 而价格接近于 M2。另外,如果 H 是在 M1 中访问成功的概率,请用公式表示所设计的存储体系的平均时间和平均价格。

2. 虚拟存储利用了交换区、内存以及缓存。假设:从缓存读取 1 B 长的数据需要 A ns;如果不在缓存,而在内存,从内存读到缓存需要 B ns,然后还需从缓存读取一次;如果数据只在交换区,读到内存要 C ns,最终也还要读到缓存并从中读出。

已知缓存的命中率是 $(n-1)/n$,内存的命中率是 $(m-1)/m$。求平均访问时间。

3. 设有一进程共有 5 页(0~4),其中程序占 3 页(0~2),常数占 1 页(3),工作单元占 1 页(4)。它们依次存放在外存的第 45、46、98、99 和 100 块。现在程序段已分配主存的第 7、10、19 块,而常数区和工作区尚未分配主存。请回答下述问题:

(1) 页表应包含哪些项目? 请填写页表。若工作分区分配到内存的第 9 块,页表如何变化?

(2) 在运行中因为需要使用常数而发生中断,假设此时内存中无空闲页面,需把第 9 页淘汰,操作系统应如何处理？页表又如何变化？

4. 某请求分页系统的页面置换策略如下:从 0 时刻开始扫描,每隔 5 时间单位扫描一轮驻留集(扫描时间忽略不计)且在本轮没有被访问过的页框将被系统回收,并放入空闲页框的链尾,其中内容暂不清空。当发生缺页时,如果该页曾被使用过且还在空闲页链表中,则将其重新放回进程的驻留集中;否则,从空闲页表框链表头部取出一个页框。

忽略其他进程的影响和系统开销。初始时进程驻留集为空。目前系统空闲页的页框号依次为 32、15、21、41。进程 P 依次访问的虚拟〈页号,时刻〉为〈2,1〉、〈1,2〉、〈0,4〉、〈0,6〉、〈1,11〉、〈0,13〉、〈2,14〉。试回答:

(1) 〈0,4〉、〈1,11〉、〈2,14〉对应的页框号是多少？为什么？

(2) 该方法适合时间局部性好的程序吗？说明理由。

5. 在一个采用页式虚拟存储管理的系统中,有一个用户作业,它要访问的地址序列是115、228、120、88、446、102、321、432、260、167。若该作业的第 0 页已经装入内存,先分配该作业的主存为 300 B,页的大小为 100 B。

(1) 描述该作业运行时的页面走向轨迹。

(2) 计算 FIFO、LRU、OPT 的缺页中断率。

6. 在请求分页管理系统中,假设某进程的页表内容如表 6.8 所示。页面大小为 4 KB,一次内存访问时间是 100 ns,一次快表(TLB)的访问时间是 10 ns,处理一次缺页的平均时间为 10^8 ns(已含更新 TLB 和页表的时间),进程驻留集大小固定为 2,采用最近最少使用置换(LRU)算法和局部淘汰策略,假设 TLB 初始为空。针对虚址访问序列 2362H、1565h、25a4h。

表 6.8

页号	页框号	有效位
0	101H	1
1	—	0
2	254H	1

(1) 依次访问上述三个虚址,分别需要多少时间？给出计算过程。

(2) 上述虚地址 1565H 的物理地址是多少？说明理由。

7. 某系统采用段页式存储管理,有关数据结构如图 6.27 所示。

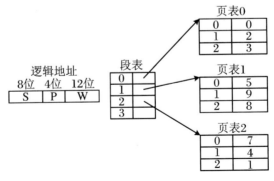

图 6.27

(1) 说明段页式系统中动态地址变换过程;
(2) 计算虚地址 69 732 的物理地址,要求用十进制表示,并写出计算过程。

上 机 实 践

编写一个 Linux 环境下的小 C 程序,实现简单的、基于内存共享的进程 IPC:多个进程以 mmap 方式映射同一个文件到内存,分别获得一个虚存指针;然后各自就可以像访问主存单元一样访问文件,从而实现进程间的共享信息。当然,为了协调各进程使用共享内存,还必须引入信号量。

第 7 章 设 备 管 理

7.1 设备管理概述

外部设备,又称输入/输出设备,简称 I/O 设备或外设。管理和控制所有的外设也是操作系统的一项基本功能,操作系统中完成这部分功能的模块称为设备管理子系统。

现代计算机系统涉及的外设,种类繁多、接口多样、更新换代迅速。设备管理是操作系统面临的一项既繁杂又琐碎的任务。为了支持大量且多样的外设连接,以及实现连接的可扩充性,对设备进行分类管理、实现设备的接口标准化、将设备管理软件层次结构化和模块化非常重要。

本章首先介绍外设分类、设备 I/O 控制原理等计算机设备基本知识,然后再介绍设备缓冲技术、设备使用方法、设备驱动程序、设备分配与处理等方面的知识。

7.1.1 I/O 系统的组织与结构

7.1.1.1 计算机 I/O 设备组织的结构模型

大多数小型、微型计算机的 CPU、主存和外设之间的通路通常采用总线型,而大型主机则更常采用通道型结构,以加大 I/O 带宽。图 7.1(a)、(b)分别给出了这两种 I/O 系统的结构模型。

从这两个模型图中,不难看到,设备必须通过设备控制器才能接到主总线、设备总线或 I/O 通道上。所谓 I/O 通道,本质上是指一个专用于 I/O 的专门处理机。为提高通道的利用率,通道可以用交叉开关或其他形式连接多台设备,并控制多台外设并行地与主机交换数据。

7.1.1.2 I/O 系统的组织模型

现代操作系统通常采用多层抽象的策略来应对设备管理的复杂性。特别地,在层次结构的上层,引入了"文件(接口)管理层",允许用户程序以"文件"的方式来使用各类设备,从而有效降低了用户使用设备的复杂性。

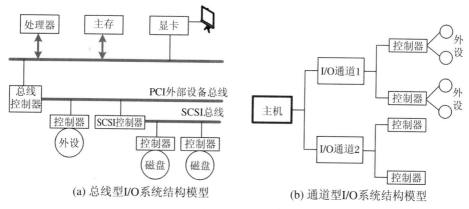

图 7.1　I/O 系统的两种典型结构模型

在设备管理子系统中,除了应用层、文件管理层外,还有驱动程序层、硬件层等。应用可通过直接调用驱动程序来使用外设,但更常见的是通过文件管理器(文件系统驱动程序)提供的文件系统 API 接口,间接调用驱动程序来使用外设。设备驱动程序主要通过存取设备控制器上的接口控制寄存器,来控制和存取设备。图 7.2 给出了操作系统设备管理子系统的一种简明层次结构模型。

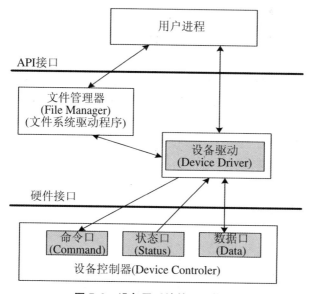

图 7.2　设备子系统的组织模型

7.1.2 I/O硬件及其控制基础知识

7.1.2.1 常见外部设备分类

计算机设备种类繁多,可以从多个角度对设备进行分类。

1. 按使用特性分类

◇ 存储设备　包括磁盘、磁带、光盘等;

◇ 输入设备　指计算机"感受"外界的设备,包括键盘、鼠标、扫描仪、数字化仪、触摸屏等;

◇ 输出设备　指计算机"影响""控制"外界的设备,如显示器、各种CRT终端和各种硬拷贝设备类(打印机、绘图仪等)。

2. 按传输速率分类

◇ 低速设备　每秒几至几百字节,如键盘、鼠标、语音I/O设备等;

◇ 中速设备　比低速设备快3个量级左右,如打印机等;

◇ 高速设备　比低速设备快5个量级左右,如磁盘、光盘等。

3. 按信息交换单位分类

◇ 字符设备(char device)　信息存取以字节(B)为单位,且不可寻址的中低速顺序设备;

◇ 块设备(block device)　信息存取以块为单位的设备,如磁盘、光盘等,其特征是有结构、高速、可随机寻址访问任意块,I/O采用DMA。

4. 按共享属性分类

◇ 独享设备　指在一段时间内只能允许一个进程使用的、不能共享的设备,如打印机等。进程必须互斥地访问这些设备。

◇ 共享设备　指在一段时间内允许若干个进程并发使用的设备,如磁盘。

◇ 虚拟设备　通过虚拟技术把一台独占设备变换为可由多个用户共享的若干台逻辑设备,这种通过虚拟技术改造后的逻辑设备就是虚拟设备。它属于可共享设备,但并非在物理上变成了共享设备。

7.1.2.2 设备控制器

外部设备通常包括一个电气机械部件和一个电子控制部件,为达到设计的模块性和通用性,一般将两者分开。电气机械部分是设备本身;电子控制部分常称为设备控制器。在微机中,它通常是一块可插入主板扩展槽的印刷电路板,一些标准外设的控制器也可能被集成到系统主板中。

现代的设备控制器可以做得很复杂,有些设备控制器,可以控制多台同类设备与主机系统交换数据。例如,SCSI设备控制可以控制SCSI总线上的不同设备并行地与主存交换数据。这时,也要求设备本身拥有一定智能,能配合 SCSI 设备控制器完成并行 I/O 的功能,所以,设备本身又由单纯的机械设备发展成了拥有机械部分和部分控制电路的智能电气设备。

1. 设备控制器的概念
- 它是 CPU 与 I/O 设备之间的硬件接口(从 CPU 接收命令或数据,并操纵控制 I/O 设备工作)。
- 它的使用者是设备驱动程序,包括控制驱动、中断处理服务两种使用形式。
- 常做成印刷电路板形式,又称接口卡、适配器。
- 属于可编址设备,其接口寄存器有唯一编址。

2. 设备控制器的结构模型

设备控制器的结构模型如图 7.3 所示。

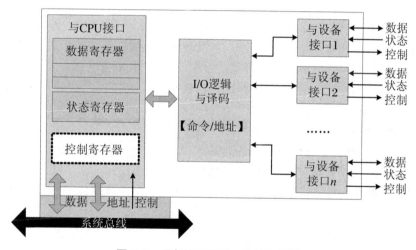

图 7.3 设备控制器的一般结构模型

3. 设备控制器的主要功能
- 接收和识别命令。
- 实现 CPU 与控制器、控制器与设备间的数据交换。
- 随时让 CPU 了解设备的状态。
- 识别设备地址。
- 实现一些必要的信号加工、变换逻辑。

7.1.3 设备管理的基本目标与功能

7.1.3.1 设备管理的基本目标

1. 实现设备的分配、传输与交换

根据一定的算法,分配 I/O 设备,并控制 I/O 设备和 CPU 之间的数据交换。

2. 提高系统工作效率,均衡系统负载

要尽量提高 CPU 和外设之间的并行度,以提高 CPU 和 I/O 设备的利用率。为此,一方面要提高设备的智能性(采用 DMA 或通道技术),另一方面还需要引入设备缓冲技术。

3. 给用户提供一个良好的设备使用接口和统一的设备管理方式

其根本目的是方便用户编程,使用户程序不必涉及具体的硬件特性,系统就能按用户要求控制设备工作。

在已经实现设备独立的系统中,用户编写程序时,一般使用逻辑设备名,而不再使用物理设备名,具体的转换由操作系统通过相应的逻辑设备表进行映射;而且用户的应用程序运行也不依赖于特定的物理设备,而由系统进行合理的分配。

通过对不同外设提供统一的管理方式,将设备的具体特性和处理它的程序分开,使得某类或几类设备可共用一个设备处理程序,不仅可降低设备管理的复杂性,还有利于提高外设使用的可靠性和安全性。

7.1.3.2 设备管理系统应具备的基本功能

与以上设备管理系统设计目标相对应,其应具备的基本功能包括:

(1) 实现设备的分配与回收管理;
(2) 实现设备并行性和缓冲区的有效管理;
(3) 提供与进程管理系统的接口;
(4) 监控设备的数据传输、交换和工作状态。

7.2 设备 I/O 控制

在操作系统的发展演化历程中,I/O 控制方式也经历了一个发展进化过程。常用的 I/O 传输控制方法有程序查询法、中断方法、DMA 方式和通道方式。不同的 I/O 控制方式差异,最本质地体现在:在 I/O 过程中,CPU 需要介入或干预程度的大小。

7.2.1 程序直接控制方式

图7.4(a)给出了在程序直接控制I/O方式下，从设备读数据的基本控制流程。I/O控制程序（进程或线程，以下简称I/O进程）向设备控制器的命令寄存器发出读命令后，设备控制器开始执行相应的操作。操作完成后，控制器只是设置状态寄存器，并不通知CPU。因此，CPU只能是循环检查状态寄存器，直到发现I/O完成的标志为止。

这种控制方式的主要问题是：从设备启动开始工作，到设备操作完成期间，CPU必须不停地循环测试控制器的状态寄存器，这不仅会使CPU的利用率降低，而且会伤害系统的整体性能。

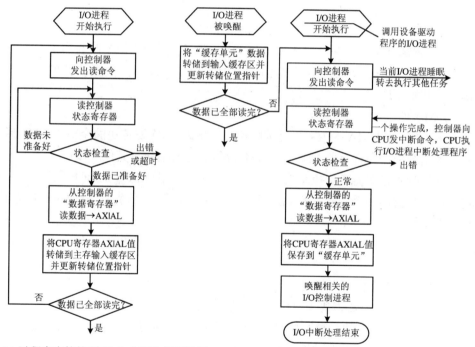

(a) 以程序直接控制I/O方式从设备读数据　　(b) 以中断驱动控制I/O方式从设备读数据

图7.4　程序直接控制I/O方式与中断驱动I/O方式的工作处理流程

7.2.2 中断驱动的I/O控制方式

图7.4(b)给出了在中断驱动的I/O控制方式下，从设备读数据的基本控制流

程。在这种方式下,I/O 进程在发出控制命令后,就可以进入睡眠;CPU 可以转去执行其他任务,不必忙等。设备操作完成(数据准备好)后,发出中断命令,通知 CPU,即触发相应中断处理程序执行。

中断处理程序将取到的数据放到一个约定的"缓存单元",唤醒 I/O 进程后,就可结束。I/O 进程被唤醒后,继续执行其余的控制逻辑。

7.2.3 DMA 控制方式

中断驱动的 I/O 控制方式,虽然很好地克服了程序直接控制 I/O 方式的缺点,提高了 CPU 的利用率。但这种提高方式仍非常有限,因为它每读一字节(或字)就要发生一次中断。如果设备是快速的块设备,每块 512 B,则读/写一个块就要发生 512 次中断。

基于 DMA(Direct Memory Access)的 I/O 控制方式,可以很好地避免上述问题。在 DMA 方式下,CPU 只要准备好 DMA 命令,并向 DMA 控制器发出后,就可转去执行其他任务。DMA 命令的内容中包含了要读写的数据块长度、主存交换区的开始地址。

DMA 的工作流程如下:

- CPU 在 DMA.MAR 中设定内存传送基址、本次要传送的字节数(DC)后,写一条指令到命令寄存器 CR 启动 DMA 后,就可转去执行其他工作;
- DMA 控制器负责控制数据在内存与设备数据口(DR)之间传送数据。每传一字节就挪用一个内存周期,在 MAR 内存中读/写一字节后,修改 MAR 并让计数器 DC 减 1。
- 当 DC 为 0 时,表示本次块传输结束,DMA 发出中断命令,通知 CPU 返回处理。

DMA 的工作特点可归纳如下:

- 数据传送以数据块为单位,在内存与设备之间进行传送;
- CPU 只需在块传送开始时,发出启动命令,设定好存放数据的内存地址、操作方式和传输的字节数等,之后就可转去执行其他任务;
- DMA 机制在工作时,虽不要 CPU 干预,但需要与 CPU 轮流占用系统总线,会挪用 CPU 的 1/4 周期,但这只会使 CPU 的工作速度稍慢,并不会导致 CPU 切换;
- 块传送结束时,DMA 发出中断,通知 CPU 进行块传送结束后的处理。

图 7.5 给出了 DMA 控制器结构及其工作原理的抽象模型。

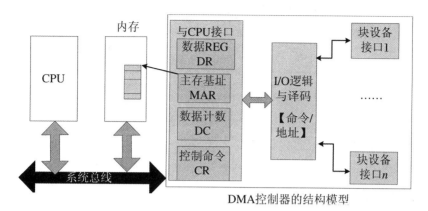

图 7.5　DMA 控制器结构及其工作原理的抽象模型

7.2.4　通道控制方式

通道又称为 I/O 处理机,是一个独立于 CPU 的、专管 I/O 控制的处理机,它能控制设备与内存直接进行交换。I/O 通道与一般 CPU 的不同体现在:① 其指令类型单一,是与 I/O 操作有关的专用指令;② 通道没有自己的内存,它所执行的通道程序存放在主机内存中,即通道是与 CPU 共享系统主存的。

通道是比 DMA 更为智能的 I/O 控制器,它具有一定的可编程特性,具有执行 I/O 指令的能力,并通过执行通道(I/O)程序来控制 I/O 操作。如果把一条 DMA 命令视为通道的一条指令,则我们可把多个相关的 DMA 命令有机组织在一起,并构造成一个通道程序交给通道执行(不需 CPU 干预)。

因此,通道具有比 DMA 更好的独立性,能更好地减轻 CPU 负担。它不仅能使得数据的传送和控制逻辑独立于 CPU,而且可使部分的 I/O 组织、管理和结束也能独立于 CPU。

通道的工作特点可归纳如下:

- I/O 通道是一个特殊的专用处理机,能执行与设备密切相关的一些专用指令集——通道程序;另外,通道没有自己的内存。
- 在设置好通道程序后,CPU 只需向通道发出一条 I/O 指令(含通道选择、通道程序始址、长度等信息),即可转去执行其他任务;通道程序执行完毕后,通道向 CPU 发出中断命令,通知 CPU 做善后处理。

表 7.1 给出了一个简单的通道程序示例。一条通道指令通常包括以下域:操作码、内存地址、本指令传送字节计数、记录结束标志 R、通道程序结束位 P。$R=0$

标识本指令与下一条指令所处理的数据同属于一个记录，$R=1$ 标识指令是记录的最后一条指令。$P=1$ 标识通道程序最后一条记录。

表 7.1　一个简单的通道程序示例

操作	P	R	计数	内存地址
WRITE	0	0	80	813
WRITE	0	0	140	1 034
WRITE	0	1	60	5 830
WRITE	0	1	300	2 000
WRITE	0	0	250	1 850
WRITE	1	1	250	720

用通道命令字(CCW)编写的程序称为通道程序。通道程序由多条 CCW 组成，每次可完成复杂的 I/O 控制。通道方式工作时，会使用两个固定存储单元：

(1) 通道地址字(Channel Address Word, CAW)　用来存放通道程序的首地址单元；

(2) 通道状态字(Channel Status Word, CSW)　是通道向操作系统报告情况的汇集。CPU 利用 CSW 可以了解通道和外设执行 I/O 操作的情况。

7.3　设备缓冲技术

缓冲技术是计算机系统在各层次都会使用的一种通用技术。在 I/O 系统中引入缓冲的目的是：减少中断次数，提高并行性，缓解 CPU 与 I/O 设备速度不匹配的矛盾。

虽然缓冲区本质上是主存的一个区域，但这个区域必须设置在系统空间。将缓冲设置在用户空间不仅会影响系统的存储管理对换，而且还可能导致数据丢失。例如，用户进程 P1 希望从磁盘读入长度为 512 B 的数据块，读入的数据存放在用户空间虚址 10 000～10 512 处。完成该任务的简单方式是向磁盘控制器发出一个读指定位置扇区的指令，然后等待数据。由于磁盘 I/O 是一个慢操作(约 15 ms)，P1 进入"漫长"的睡眠等待过程；这期间，操作系统可能会将 P1 交换出主存。P1

被换出时,其用户区间 10 000～10 512 当然也会一同被交换到外存。虽然主存缓冲与外设间的数据交换还会继续,但这块主存可能已分配或被映射给另一进程 P2 了。当 P1 再被换入内存时,其用户区间 10 000～10 512 不太可能仍映射到原先的那片物理主存。因此,对 P1 而言,相当于这次从设备传到缓冲的数据丢失了。当然,进程 P1 也可采用锁定缓冲区的方案,但这样做会影响系统的存储管理性能。

在设备管理子系统中,引入设备缓冲,不仅可以有效提高 I/O 操作的速度,改善 CPU 与 I/O 设备之间速度不匹配的矛盾,提高 CPU 与 I/O 设备工作的并行度,而且在需要重复对同一设备数据进行 I/O 时,有利于减少实际对设备执行 I/O 的次数。

7.3.1 专用缓冲

7.3.1.1 单缓冲

当用户进程发出一个 I/O 请求时,操作系统在主存系统区为该操作分配一个单缓冲(单元),如图 7.6(a)所示。对块设备,缓冲单元就是 DMA 交换区。

假设对一个单位数据,在内存中移动的时间为 M,程序计算时间为 C,设备 I/O 所需时间为 T。相对于 T 和 C,M 通常很小,可忽略。

在无缓冲情况下,先从设备输入单位数据到用户区,需时间 T,接着进行计算用时 C,处理时间总计为 $C+T$。

在单缓冲情况下,先把设备输入数据放在缓冲区,需时间 T;由操作系统将缓冲区数据移到用户区,用时 M,CPU 计算时间为 C。由于 CPU 与设备数据输入缓冲区可并行,因此数据的处理时间为 $M+\max(C,T) \approx \max(C,T) < C+T$。

显然,引入单缓冲后,应用与设备间的数据交换模式,由无缓冲时的"应用⇔外设"模式,变成了"应用⇔缓冲⇔外设"的模式。以 CPU 速度工作的应用,在执行外设 I/O 时,只需要与"缓冲区"打交道,并不需要去"忙等"慢设备,从而有效解决了 CPU 与设备工作速度不匹配的矛盾。同时,也有效提高了 I/O 处理的速度,提高了 CPU 与 I/O 设备并行工作的程度。

7.3.1.2 双缓冲

双缓冲指操作系统为某一设备设置两个缓冲区,如图 7.6(b)所示。当一个缓冲区中的数据尚未被处理时,可使用另一个缓冲区存放从设备读入的输入,以此来进一步提高 CPU 和外设的并行度。

当用户进程要求输入数据时,首先从输入设备送往缓冲区 A,然后用户进程从 A 中提取数据。然而,如果还要继续从设备读数据,并不需要因 A 正在被提取数据或数据尚未提走,以致不能用而暂停从设备读数据,操作系统可接着把设备读出数据存放在 B 区。这样,设备输出与 CPU 提取缓冲区数据工作就有了更好的并行度。进程将数据输出到设备时,双缓冲的作用类似。

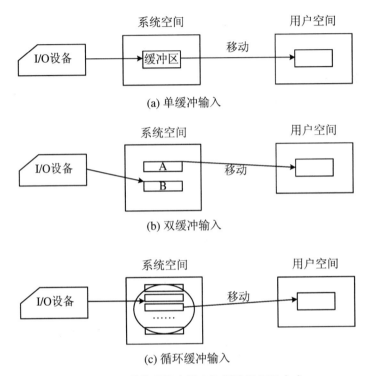

图 7.6 三种常用的专用 I/O 缓冲区组织方式

分析双缓冲对单位数据处理的时间:因设备输出与 CPU 提取数据有一定的并行度,当 $C>T$ 时,计算操作慢,前一单元计算完后,另一个缓冲区中已有了可提取并计算的数据,所以,一块数据的处理时间为 $C+M\approx\max(C,T)$。反之,当 $C<T$ 时,从设备输入到缓冲区速度慢,一块数据的处理时间为 $T+M\approx\max(C,T)$。虽然从表达式上看,与单缓冲类似,但因双缓冲的并行度更高,整体效果会更好。

7.3.1.3 环形缓冲池

双缓冲可以平滑 I/O 设备与进程之间的数据流。进程与缓冲区交换数据的速度远快于 I/O 设备与缓冲区交换数据的速度,此外,进程还通常会产生阵性的批量 I/O 操作,这时两个缓冲会显得远远不够。通过增加设备缓冲区数,可以更好地处理或适应这种应用情形。通常将两个以上缓冲区构成一个缓冲池,如图 7.6(c)所示,并采用有限缓冲区的同步技术来协调对缓冲池的使用。

写操作同步写到缓冲区即可。当保存在缓冲区中的数据达到一定程度,或经过了指定的较长时间后,或缓冲区不够用后,才按某种策略将其中部分缓冲区内容保存到设备。这样做,可有效减少写入实际设备次数,从而节省时间。

读操作可先在缓冲池中找要读的数据,如找到(命中),可省去一次 I/O 操作;如找不到,再从外部设备读出并存入缓冲区。当经常需要重复对同一设备数据进行 I/O 时,多缓冲区方法可显著提高系统的工作性能。

7.3.2 公共缓冲池

对于以上介绍的三种简单缓冲区设置方法,虽然缓冲区都设在系统空间,但并没有任何多进程共享机制,它们本质上都属于单个进程专有的、非共享的缓冲技术。系统物理主存和系统空间都是非常有限的资源,当缓冲区比较大时(如块设备缓冲区或环形缓冲池),一个进程拥有一套,显然非常浪费。

公共缓冲池技术是一种更高效的缓冲区管理技术。公共缓冲池中的缓冲区,可供多个进程共享,从而有利于节省主存和提高缓冲区的利用率。

7.3.2.1 公共缓冲池的组成与相关管理数据结构

对既可用于输入也可用于输出的公用缓冲池,至少应包含三个队列、四种工作缓冲区等构件。

1. 三种类型缓冲区及队列

◇ 空闲缓冲区　所有这类缓冲区链接在一起,构成 emq 队列;
◇ 满输入数据缓冲区　所有这类缓冲区链接在一起,构成 inq 队列;
◇ 满输出数据缓冲区　所有这类缓冲区链接在一起,构成 outq 队列。

2. 四种工作缓冲区

缓冲池中,正被工作进程临时使用的缓冲区,根据使用性质不同,分为以下四类:

◇ 取自 emq 队列,用于收容从设备输入数据的工作缓冲区(hin);
◇ 取自 inq 队列,用于提取从设备输入数据的工作缓冲区(sin);
◇ 取自 emq 队列,用于收容输出数据的工作缓冲区(hout);
◇ 取自 outq 队列,用于提取输出到设备数据的工作缓冲区(sout)。

图 7.7 给出了这四种工作缓冲区的相关图解。当某个进程需要进行收容输入数据,或提取输入数据,或收容输出数据,或提取输出数据的某项工作时,就可以从缓冲池的相应队列首,摘取一个缓冲区,作为临时的工作缓冲区。使用完毕后,再归还到缓冲池(挂接到合适的队列尾)。

7.3.2.2 公用缓冲池的主要处理过程

与公用缓冲池管理相关的几个主要例程算法说明,如表 7.2 所示。

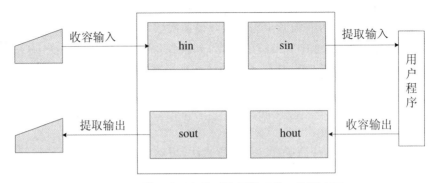

图 7.7 被工作进程临时使用的四种工作缓冲区

表 7.2 与公用缓冲池管理相关的主要例程

MS(type):某 Type 队列的互斥信号量
RS(type):某 Type 队列的资源信号量

Procedure Getbuf(type)
Begin
　Wait(RS(type));
 	
　Wait(MS(type));
　　B(number):= Takebuf(type);
　Signal(MS(type))
End;
	Procedure Putbuf(type)
	Begin
	　Wait(MS(type));
	　　Addbuf(type,number);
	　Signal(MS(type));
	
	　Signal(RS(type));
	End;

Addbuf(type,number) 　将由参数 number 所指示的缓冲区,挂在 type 对应的队列上;	Takebuf(type) 　从 type 所指定的队首,摘下一个缓冲区;

7.3.2.3 四种缓冲区的工作过程说明

1. 收容输入工作的过程

在输入进程需要输入数据时,调用 Getbuf(emq),从 emq 队列的队首摘下一个空缓冲区,作为"收容输入工作缓冲区 hin",数据输入其中并装满后,再调用 Putbuf(inq,hin),将它挂在 inq 队尾。

2. 提取输入工作的过程

当计算进程需要数据时,调用 Getbuf(inq),从 inq 队列的队首摘下一个满数据缓冲区,作为"提取输入工作缓冲区 sin",处理完其中的数据后,再调用 Putbuf(emq,sin),将它挂在 emq 队尾。

3. 收容输出工作的过程

当计算进程要输出数据时，调用 Getbuf(emq)，从 emq 队列的队首摘下一个空缓冲区，作为"收容输出工作缓冲区 hout"，数据输入其中后，再调用 Putbuf(outq,hout)，将它挂在 outq 队尾。

4. 提取输出工作的过程

当要输出数据时，由输出进程调用 Getbuf(outq)，从 outq 队列的队首摘下一个满输出数据缓冲区，作为"提取输出工作缓冲区 sout"，输出其中的数据后，再调用 Putbuf(emq,sout)，将它挂在 emq 队尾。

7.3.3 字符设备的公共缓冲池

UNIX 专门为所有的字符类设备设置了一个公共缓冲池（图 7.8），该缓冲池被划分为一系列称为 cblock 的缓冲区单元。每个 cblock 可容纳 64 B，每个字符设备允许请求一个或多个 cblock。所有空闲 cblock 构成链表结构，分配给同一设备使用的若干 cblock 也独自构成链表结构。利用 getcf 过程，从空闲缓冲区链中取得一个缓冲区，来收容设备的 I/O 数据；当缓冲区中的数据已经被提取用完时，可利用 putcf 过程，将缓冲区归还。

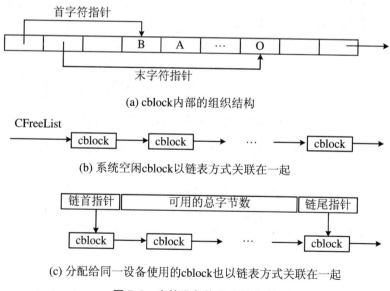

图 7.8　字符设备的公共缓冲池

7.3.4 磁盘高速缓冲

对磁盘 I/O 操作,通常会使用一种称为高速缓冲的技术。高速缓冲与设备之间以物理块整数倍大小进行 DMA 方式的数据交换。高速缓冲用一个缓冲区数组(缓冲池)来实现,它可显著改进文件系统的性能。

1. 单个缓冲区的结构

每个缓冲区包含一个头部和一个体部。头部包含指针、计数器和标志等管理信息;体部存放一个磁盘块。

2. 缓冲池的数据结构

图 7.9 给出了池中的不同缓冲区按使用状态进行链接和组织的示意图。

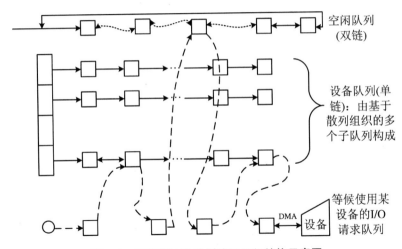

图 7.9 高速缓冲池的缓冲区组织结构示意图

(1) 空闲队列　所有未用的空闲缓冲区组成一个双链队列,按 LRU 链接起来,作为 0 号队列。

(2) 多个设备队列　每个或每类设备所使用的缓冲区构成一个单链表链接队列,队列编号可由主设备号的散列计算得到。

(3) 等候使用某设备(驱动)的 I/O 请求队列　每类设备驱动程序中都有这样的一个队列。

3. 磁盘高速缓冲的工作过程简介

文件系统需要一个设备物理块时,就调用 get_block,计算该块的散列码,搜索相应的链。get_block 被调用时,有两个参数,即设备号和块号。这两个值与缓冲区链中对应域相比较,如果找到包含该块的缓冲区,则缓冲区头中标志块使用的次数加 1，并且返回指向该缓冲区的指针。如果没找到，则从空闲链首摘取一个缓冲区，作为 hin。

如果 hin 中含有效磁盘块，还需要检查块头部的另一个标志，看它在上次读入内存之后是否修改过。如已被修改过，就要写回磁盘，将该缓冲区挂入相应设备的 I/O 请求队列；并重新从空闲链首摘取一个缓冲区，作为 hin。

得到真正可用的 hin 后，系统就会向磁盘设备驱动发送一条消息，要求读入新块，将该新块挂入相应设备的 I/O 请求队列，等待设备 I/O。之后调用者进程将被挂起，直到新块读入完成后，才会被唤醒继续运行。这时，指向新块的缓冲区指针已被返回给调用者进程。

请求块的过程完成后，它调用另一过程 put_block 释放该块。正常情况下，块在读入后立即被使用并释放。但也有可能被释放前出现其他对块的请求，因此，put_block 的任务是使计数器减 1，当计数值减到 0 时，才将它放回基于 LRU 组织的空闲链中。

7.4 设备使用与设备驱动程序

7.4.1 设备的三种使用方法

7.4.1.1 独占方式使用设备

独占设备指在一段时间内只能允许一个进程使用的、不能共享的设备，比如打印机。进程必须互斥地访问这些设备。系统一旦把这类设备分配给某个进程后，便由该进程独占，直到用完释放。

需独占使用设备的基本特点是：针对设备的、一个逻辑上完整的数据操作，必须分成多次设备 I/O 操作来完成。例如，对行式打印机的一次 I/O 操作，只能向打印机输出一行数据；而一个逻辑完整的文档通常不止一页，即使是打印一页，也需要调用很多次的数据行输出操作才能完成。故在使用打印机之前，必须先封锁独占打印机，等一个逻辑完整的文档打印完成后才释放。

独占设备通常采用静态分配方式，但由于单个作业往往不是连续地、自始至终地使用某台设备，所以设备的利用率很低。

7.4.1.2 SPOOLing方式使用设备

1. SPOOLing技术及其由来演化

对独占设备采用静态分配方式,会导致设备利用率低下。首先,占有设备的进程不可能持续、不间断地使用设备;其次,一旦设备分给某进程后,其他进程请求设备会被拒绝。此外,CPU直接操控低速的独占设备还会降低主机CPU的利用率。

为解决以上系统低效问题,早期采用的方法是脱机外围设备操作。使用一台外围机,从慢速设备(读卡机、磁带等)读取信息,并存储到输入磁盘上。完成后再把输入磁盘人工卸下、挂接到主机上。输出过程类似。图7.10(a)给出了这种早期方法的工作示意图,它通过脱机的"预输入"和"缓输出",提高了主机CPU的工作效率。但同时增加了外围计算机的硬件开销,且操作烦琐,不利于作业的自动输入、调度和控制。

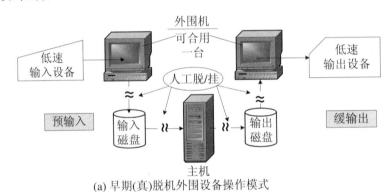

(a) 早期(真)脱机外围设备操作模式

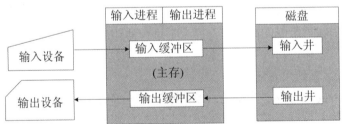

(b) 假脱机:(SPOOLing)虚拟设备方式

图7.10 SPOOLing技术及其由来演化

当系统实现了多道程序后,完全可以利用其中的一道程序来模拟脱机输入功能,把低速I/O设备上的数据传输到高速磁盘设备上,再用另一道程序来模拟脱机输出功能,把数据从磁盘传送到低速输出设备上,如图7.10(b)所示。这样,便可在主机的直接控制下,以联机方式同时操作外围设备,实现原先真脱机I/O功能的技术称为假脱机技术(Simultaneous Peripheral Operation On_Line，SPOOLing)，或同时联机外围操作技术。

SPOOLing 技术的本质是一种以空间换时间的思想。它通过利用在高速共享设备(磁盘)中划出的专用存储区(输入井、输出井)来模拟独占 I/O 设备(比如，用输入井中一个缓冲区模拟一台输入设备，用输出井中一个缓冲区模拟一个输出设备)，再通过专门 I/O 进程，控制输入/输出井中的数据与独占设备间的传输，从而实现把一个物理设备变换成多个逻辑设备(即虚拟设备)，把独占设备改造为可共享设备，使得每个作业都感觉分配到了一台高速 I/O 设备。

2. SPOOLing 技术的优点

(1) 提高了 I/O 速度。作业不再和低速设备直接联系，主机 CPU 直接从输入井读取数据，把输出信息写到磁盘输出井中，从而提高了速度。

(2) 将独占设备改造成可共享设备。采用了 SPOOLing 技术后，提供了虚拟设备，使每个作业都感觉自己在独占使用设备。但由于这种设备并非在物理上真正变成了共享设备，而是用户使用它们时的"感觉"，因此属于可共享设备。

3. SPOOLing 系统的构成及实现条件

(1) SPOOLing 系统的构成　"预输入程序"代替输入外围机及低速外围设备，"缓输出程序"代替输出外围机及低速外围设备。系统在磁盘中划出称为"输入井""输出井"的两个专门区域。

(2) 实现条件　至少有一台独享设备和较大容量的可用辅存(磁盘)空闲区，以及能实现外设与 CPU 并行工作的相关硬件设施(如通道或 DMA 器件)。

4. 利用 SPOOLing 将作业从低速设备调到外存作业等候区

在 SPOOLing 系统中，低速外围设备通过通道或 DMA 器件与磁盘间接连接起来，作业的输入/输出由主机中的操作系统控制。操作系统中的输入进程包含两个独立的过程，一个过程是负责从外部设备把信息读入内存缓冲区的读过程；另一个是写过程，负责把内存缓冲区中的数据送入到磁盘输入井中。在输入程序启动后，每当读过程填满内存缓冲区时，写过程就将信息从内存缓冲区写到磁盘输入井中，如此反复循环，直到一个作业输入完毕。

当读到结束标记且最后一批数据写入输入井后，结束本次作业输入。系统为作业建立作业控制块(JCB)，从而使输入井中的作业进入作业等待队列，等待作业调度程序调度执行。

5. 打印 SPOOLing 的实现机制

在用 SPOOLing 技术共享打印机后，对所有提出打印输出请求的用户进程，系统接受它们的请求时，并不真正把打印机分配给它们，而是为每个打印进程做两件事:① 由输出进程在输出井中为它申请一个空闲缓冲区,并将要打印的数据送入其中;② 输出进程再为用户进程申请并填写一张用户打印请求表,挂到输出进程的打印队列中。

此时,用户感觉打印已经结束。但实际上,仅当打印机空闲时,输出进程才会从请求队列首取出一张打印请求表,根据表的要求将要打印的数据从输出井送到内存打印输出缓冲区,再由真正独占打印机的打印守护进程将内存缓冲区中的数据传送到打印机。一个打印请求完成后,再处理打印队列中的下一个打印请求,直到打印队列空了为止。

这种方式中,系统并未将物理打印机分配给任何进程,只是为每个提出打印的进程在输出井中分配一个存储区(相当于一个逻辑设备),使每个用户进程感觉自己在独占一台打印机一样,从而实现了对独享设备(打印机)的共享。

7.4.1.3 (分时)共享设备

独占使用设备的利用率通常很低,应尽量避免。如果针对设备的每个物理I/O操作,在逻辑上具有相对完整性,可独立进行,就不必独占使用该设备。

在现代操作系统中,对磁盘设备 I/O,普遍采用了称为分时共享的使用方式。把每次对磁盘的 I/O 数据,都视为逻辑完整的数据。在申请使用磁盘设备时,并不需要看它是否被其他进程申请过,只需要将磁盘的使用者计数加 1,并把本次 I/O 请求封装为 I/O 请求包(IRP)排入等候使用磁盘设备的 I/O 请求队列中即可。之后,后台进程会调用磁盘驱动程序,按队列中的排列顺序,依次启动磁盘设备执行I/O 操作。图 7.11 给出了该工作过程的图解说明。

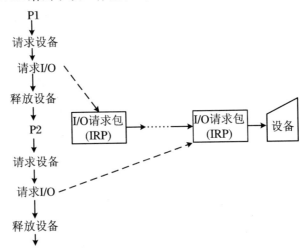

图 7.11 排队等候使用设备的 I/O 请求队列

分时共享是一种细粒度的分时使用设备方式,每次请求总能成功。不同进程的 I/O 请求以排队的方式,分时地占用设备进行 I/O。从用户的角度看,I/O 操作是并发的;从操作系统角度看,采用将 I/O 请求排队的处理方式,相当于将不同进程对同一设备的并发 I/O 请求顺序化了。

这种允许若干进程以分时、并发方式共享的设备,称为共享设备。它们必须是可寻址和可随机访问的设备,如磁盘等。系统将共享设备交叉地分配给多个用户或多个进程使用,有利于提高设备的利用率。

7.4.2 设备驱动程序

7.4.2.1 设备驱动程序的定义

设备驱动程序是操作使用具体或抽象设备的一组程序例程函数集。其任务是接受来自与设备无关软件层的抽象请求,并转换、执行该请求,进行与设备相关的通信处理。

7.4.2.2 设备驱动程序的结构

设备驱动程序是最贴近硬件层的、针对特定硬件使用而设计的专用控制程序。由于硬件设备多种多样且日新月异,除了少数标准设备外,操作系统设计者无法预先实现所有的设备驱动,大部分驱动程序往往是由设备厂商或一些业余高级编程者完成的。因此,在操作系统中,一般把设备驱动作为一类可动态安装和卸载的内核底层中的外围模块,允许它以一种灵活的组件接插方式,与内核底层进行动态装配。为此,操作系统必须制订好驱动程序的接口规范。

由于不同操作系统的驱动程序接口规范允许不同,因此,设备提供者必须针对不同操作系统提供不同的驱动程序版本。

例如,UNIX System V Release 4(SVR4)提出了设备与驱动接口/驱动与内核接口(Device-Driver Interface/Driver-Kernel Interface,DDI/DDK)规范。Linux 的设备驱动程序规范与 DDI/DKI 相似,可分为三个部分。

(1) 驱动程序与内核接口的相关例程　它们是通过数据结构 file_operations 来提供的内核接口函数指针表。file_operations 接口结构定义如下:
struct_file_operation {
　int(* open)(struct inode * , struct file *);　/ * 打开函数指针接口 * /
　int(* close)(struct inode * , struct file *);　/ * 关闭函数指针接口 * /
　loff_t(* llseek)(struct file * ,loff_t,int);　　/ * 修改当前读写位置函数指针接口 * /
　ssize_t(* read)(struct file * , char * , size_t, loff_t *);/ * 同步读数据函数指针接口 * /

```
ssize_t(* write)(struct file *, char *, size_t, loff_t *);/* 同步写数据函数指针接口 */
int(* mmap)(struct file *, struct vm_area_struct *);/* 将设备内存映射到用户空间 */
int(* ioctl)(struct inode *, struct file *, unsigned int, unsigned long);
/* 执行设备 I/O 控制 */
    ……
}
```

（2）驱动程序与系统引导接口的例程　包括驱动程序的初始化例程和驱动程序卸载例程。

初始化例程负责主设备号申请、驱动程序注册，以及实现驱动控制例程函数与 file_operation 挂接，也可能会调用驱动例程对设备进行必要的初始化，或安装设备中断处理程序。

驱动卸载例程，负责注销已安装的驱动程序，释放主设备号和占用的内存资源。

（3）设备中断处理程序　在设备 I/O 完成时，通过中断接口方式调用。

例 7.1　Linux 中一个简单的字符驱动程序示例。

```
/* mycdev.c */
    #include <linux/init.h>
    #include <linux/module.h>
    #include <linux/types.h>
    #include <linux/fs.h>
    #include <linux/mm.h>
    #include <linux/sched.h>
    #include <linux/cdev.h>
    #include <linux/kernel.h>
    #include <asm/io.h>
    #include <asm/system.h>
    #include <asm/uaccess.h>
    /* 本例直接给出一空闲未用的主设备号,可通过 cat/proc/devices 查看已被占用
       的主设备号;内核还提供了指定最小号的动态申请函数。
       用 make 编译源代码 mycdev.c,生成 mycdev.ko;
       用命令 insmod mycdev.ko 加载 */
#define MYCDEV_MAJOR 231     /* 主设备号 */
#define MYCDEV_SIZE 1024     /* 设备内存大小 */
/* 填充 file_operation 结构 */
```

```c
static const struct file_operations mycdev_fops = {
    .owner = THIS_MODULE,
    .read = mycdev_read,
    .write = mycdev_write,
    .open = mycdev_open,
    .release = mycdev_release,
};
/*模块初始化函数*/
static int __init mycdev_init(void){
    int ret;
    printk("mycdev module is starting…\n");
    /*注册驱动程序*/
    ret = register_chrdev(MYCDEV_MAJOR, "my_cdev", &mycdev_fops);
    if (ret<0){
        printk("register failed.\n");
        return 0;
    } else {
        printk("my_cdev register success.\n");
        return 0;
    }
}
/*模块卸载函数*/
static void __exit mycdev_exit(void){
    printk("my_cdev driver module is leaving…\n");
    unregister_chrdev(MYCDEV_MAJOR, "my_cdev");
}
static int mycdev_open(struct inode * inode, struct file * fp){
    return 0;
};
static int mycdev_release(struct inode * inode, struct file * fp){
    return 0;
};
static ssize_t mycdev_read(struct file * fp, char __user * buf, size_t size, loff_t * pos){
    unsigned long p = * pos;
```

```
        unsigned int count = size;
        char kernel_buf(MYCDEV_SIZE) = " This is info stored in my device: my_cdev! ";
        int i;
        if (p >= MYCDEV_SIZE) return -1;
        if (count > MYCDEV_SIZE) count = MYCDEV_SIZE - p;
        if (copy_to_user(buf, kernel_bf,count)! = 0) ) {
            printk("read error. \n");
            return -1;
        }
        printk("reader: %d bytes was readed…\n");
        return count;
};
static ssize_t mycdev_write(struct file * fp, char __user * buf, size_t size, loff_t * pos) {
        return size;
};
module_init(mycdev_init);
module_init(mycdev_exit);
MODULE_LICENSE("GPL");
```

7.4.2.3 设备驱动程序的使用

在 UNIX 中,设备被纳入文件系统来统一管理,每个设备都被看成是一个文件。大多数现代操作系统都遵循 "一切皆文件" 的设计原则。

例如,在 Linux 中,允许进程将设备驱动程序当作"文件",以文件方式与它们通信交流。每个已安装的设备驱动程序都对应一个文件名,对应着一个称为设备节点(device node)的内存索引节点。内核探测到一个新设备后,就会在/dev 目录下添加一个设备节点。因此,Linux 文件系统支持的文件类型,除了常规文件、目录、符号链外,其实还应加上"块设备"和"字符设备"。

用户进程使用设备驱动程序,既可以通过文件系统的"普通文件"来间接调用,也可通过"设备文件"接口直接调用。而文件系统本质上,也可视为操作使用"磁盘分区卷"这个抽象设备的高层驱动程序;高层文件系统驱动程序最终通过调用磁盘设备驱动来真正使用磁盘设备。图 7.12 给出了这种包含应用、文件系统和设备驱动的层次结构。

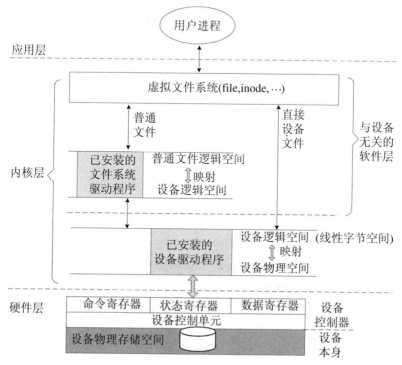

图7.12 包含应用、文件系统和设备驱动的三层系统结构

例7.2 写用户态程序,测试例7.1中已安装的简单字符驱动程序。先使用命令 sudo mknod /dev/mycdev c 235 0 创建设备文件,并使用命令 sudo chmod 777 /dev/mycdev 修改设备文件权限后,再进行打开、读写测试。

```
/* mycdev.c */
#include <linux/init.h>
#include <linux/module.h>
#include <linux/types.h>
#include <linux/fs.h>
#include <stdio.h>
#include <sys/types.h>
#include <sys/stat.h>
#include <fcntl.h>
#include <stdlib.h>
int main(int argc, char * argv[]){
```

```c
    char buf[16];
    int i, ret;
    int handle_mycdev = open("/dev/mycdev", O_RDWR);
    if (handle_mycdev == -1) {
        printf("cannot open file/dev/mycdev. \n");
        exit (1);
    }
    if (ret = read(handle_mycdev, buf,10) <10 ) {
        printf("read error. \n");
        exit (1);
    } else {
        printf("read info: %s \n", buf);
    }
    return 0;
}
```

7.4.2.4 设备驱动程序的主要特性

- 封装了与对应设备相关的、所有或某方面的操作代码。对于每个设备,必须有唯一的设备号与之对应。
- 每个设备驱动程序只能处理一种设备或一类差别很小的兼容设备。

当多个(差别很小的)设备使用相同的主设备号——共用一个驱动程序时,可用次设备号区别不同设备;次设备号通常作为参数传递给驱动程序。例如,一个或多个相同磁盘,可共用一个驱动,用次设备号区分不同磁盘分区。

```
Linux 内核中,定义了以下几个处理设备号的常数和宏(位于 include/linux/ kdev_t.h 中):
#define MINORBITS 20           //次设备号的位数
#define MINORMASK (( 1U<< MINORBITS) - 11)        //次设备号掩码
#define MAJOR(dev)((unsigned int) ((dev)>>MINORBITS))    //从设备号提取
                                                          主设备号
#define MINOR(ma,mi)(((ma)<< MINORBITS) | (mi))    //由主、次设备号合
                                                    成设备号
/* 用固定设备号(ma)进行注册的函数,count 取 1 */
int register_chrdev_region(dev_t ma, unsigned count, const char * name);
/* 动态申请主设备号的内核函数;若只申请一个主设备号,count 简单取 1 */
int alloc_chrdev_region(dev_t * dev, unsigned baseminor, unsigned count,const char * name);
```

7.4.2.5 设备驱动程序的工作过程

设备驱动程序是 I/O 管理进程(或设备独立性软件)与设备控制器之间的处理程序,它负责接收来自上层与设备无关软件层的抽象请求,并执行该请求。如果请求到来时设备空闲,那么它就立即执行该请求,否则,就把该请求放入请求本驱动服务的等待队列中,等候依次处理。具体工作过程如下:

- 确定是否发请求。如果请求到来时设备正忙,就将该请求插入到"排队等候使用设备的 I/O 请求队列"中,驱动程序的调用者阻塞;否则,继续进行后面的工作。

- 确定发什么并检查操作的合法性。将来自上层的抽象 I/O 请求命令,转换为具体的、设备控制器可理解的命令块。例如,对于磁盘来说,应将抽象请求的块号转换为柱面号、磁盘号和扇区号等具体位置参数。还要为这些参数及操作请求构造适合发到特定设备控制器的命令字节序列,这种细节性的工作只有最接近硬件的驱动程序才知道。合法性检查则包括参数合法性和所请求的操作当前是否允许。

- 发布命令。向设备控制器写入具体的 I/O 请求命令块,启动设备 I/O。

- 命令发出后处理,分两种情况:

在大多数情况下,设备完成指定操作需要一定的时间,驱动程序阻塞(更准确地说,是调用驱动例程的用户进程阻塞)。

在少数情况下,由于操作没有任何延迟,驱动程序不阻塞。例如,在有些滚动终端上滚动屏幕,只需在其控制器寄存器中写入几字节,无任何机械操作,整个操作在几微秒内就可完成。(对这种情况,命令发出后无需进行任何事后处理。)

- 设备操作已完成,中断被触发时,由作为中断处理程序的那部分驱动程序例程,完成以下的事后处理:

进行错误检查。如果一切正常,则将数据传送给上层调用者;否则给调用者返回一些错误报告的状态信息。

检查可能需要的唤醒,如有因等待本次操作完成而阻塞的进程,则唤醒之。

检查"排队等候使用设备的 I/O 请求队列"是否为空,如非空,则从队首摘取一个 I/O 请求,进行执行处理。

值得注意的是,不要把驱动程序理解为内核线程,它们只是一些被其他进程/线程调用的底层服务例程或函数。

7.5 设备分配与处理

7.5.1 设备分配

7.5.1.1 设备分配综述

在计算机系统中,设备、控制器和通道等资源都是有限的,并不是每个进程都可以随时得到这些资源。进程使用这些资源时,首先需要向设备管理程序提出请求,然后设备管理程序按一定的分配算法,分配设备给进程使用。如果进程申请没有成功,就要在设备资源的等待队列中等待。

设备分配属于上层 I/O 管理软件的一个基本功能,与具体的设备或驱动无关。以下先分析设备分配时必须考虑的因素,介绍常采用的分配方式、策略、数据结构和算法等。

1. 设备分配应考虑的因素

(1) 高效率准则,使设备利用率高;

(2) 安全性准则,避免发生死锁;

(3) 与物理设备无关性;

(4) 还应考虑设备的固有属性。

◇ 独占设备,管理简单但设备利用率低。

◇ 虚拟设备,可分配给多个进程共享,但要对各进程访问该设备的次序进行控制。

◇ 共享设备,可显著提高设备利用率,但需要对设备的并发访问进行合理调度。

2. I/O 设备管理的共性

(1) 无论独占设备还是共享设备,在绝对的同一时刻都只能有一个进程使用设备;

(2) 进程使用 I/O 设备的规则总是:申请—传输—释放;

(3) 系统对 I/O 设备的管理规则总是:分配—控制传输—回收。

3. 常用设备分配策略或算法

(1) FIFO;

(2) 优先级高者优先。

4. 设备分配方式

(1) 按安全性特点划分，有静态分配和动态分配两种方式。

静态分配指采用一次性分配进程所需的所有资源，进程占有已分配资源直到撤销才释放。虽然可保证不会发生死锁，但设备利用率低。动态分配是在进程运行过程中需使用设备时，通过系统调用命令向系统提出请求，系统按一定分配策略给进程分配所需设备，进程用完设备后释放归还设备给系统。显然，动态分配方式的设备利用率更高，但调度管理复杂，易发生死锁。

(2) 按设备固有属性分配，有独享、虚拟和共享三种分配方式。

对打印机、键盘、显示器等独占设备，通常采用静态分配方式。但当设备分给某进程后，由于单个进程往往不是连续地使用某台设备，很多时间是空闲的，所以设备利用率低。

对磁盘、光盘等 I/O 速度较高且可随机存取的共享设备，采用共享分配。共享包括两个层次含义：一是不同进程占用不同区块存放自己的信息；二是共享驱动程序。

虚拟分配是针对虚拟设备的。其实现过程是：当进程申请独占设备时，系统给它分配共享设备（如磁盘）上的一部分存储空间；当进程要与设备交换信息时，系统就把要交换的信息存放在这部分存储空间中；在适当的时候由专门的设备 I/O 进程将设备上的信息传送到这部分存储空间，或将这部分存储空间上的数据传送到设备上。

7.5.1.2 设备分配的数据结构

为了记录设备的分配情况，操作系统应设置一张系统设备表（System Device Table，SDT）和三个控制块——设备控制块（Device Control Block，DCB）、控制器控制块（Controller Control Block，COCB）、通道控制块（Channel Control Block，CHCB）。图 7.13 给出了这些与设备分配相关的主要数据结构。

每个外围设备在 SDT 表中占一个表项，登录该设备的名称、标志及设备控制块的入口地址、驱动程序入口地址、可用设备数量、占用情况等信息。这里，设备标志是含主、次设备号的物理设备命名。

操作系统中，通常按某种规则为每台设备分配一个唯一的号码，用作控制识别设备的代号（即主设备号），这如同内存中对每个单元编址一样。设备的物理设备名中通常包含主、次设备号。通过主设备号可以找到相应的驱动程序，而次设备号则是作为参数传给驱动程序，以确定具体的物理设备或设备分区。

在已经实现设备独立的系统中,用户编写程序时,一般使用逻辑设备名作为设备标识,来指定要打开的I/O设备,而不使用物理设备名。将逻辑设备名映射为物理设备名,是与设备无关软件的一项重要功能。

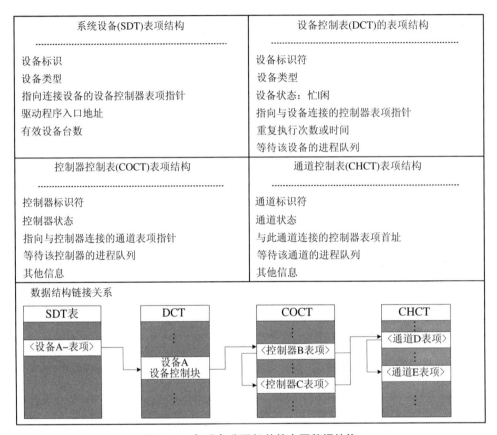

图 7.13　与设备分配相关的主要数据结构

7.5.1.3　设备分配的基本过程

对I/O设备,其设备分配一般采用三级分配:分配设备、分配控制器、分配通道。设备分配的全过程如下。

1. 分配设备

根据物理设备名,查找系统设备表(SDT),从中找到设备的DCB,根据DCB中的状态信息,可以知道该设备是否空闲。如果正忙,便将请求I/O的进程挂在DCB的进程等待队列上;否则,由系统计算本次设备分配的安全性,若安全则执行分配,否则等待。

2. 分配控制器

从 DCB 中找到与该设备连接的控制器控制块(COCB),从中可知控制器的状态。如果忙,则将请求 I/O 进程挂在控制器队列上;否则,分配控制器给进程。

3. 分配通道

从 COCB 中找到与该控制器连接的通道控制块(CHCB),从中可知通道的状态。如果忙,则将请求 I/O 进程挂在该通道队列上;否则,分配通道给进程。

一旦设备、控制器和通道都分配成功,便可启动 I/O 设备进行数据传输。

7.5.2 设备处理

操作系统的设备管理子系统,简称为 I/O 系统。I/O 系统中除了部分(如驱动程序)与具体设备相关外,大部分都是与具体设备无关的。由于设备管理的复杂性,现代操作系统中普遍采用分层结构来实现 I/O 系统。

图 7.14 是一种典型的 I/O 系统层次结构模型。它将整个 I/O 系统分成四层。其中,用户软件层是进程使用设备系统的接口层,运行在用户态。主要功能包括:进行 I/O 调用,格式化 I/O,实现 SPOOLing,以及把用户请求发送到与设备无关的 I/O 软件层处理等。与设备无关的 I/O 软件层主要负责:设备逻辑命名、逻辑名到驱动的映射、设备分配与回收,以及缓冲管理等。驱动程序位于设备管理的底层,用于操控 I/O 设备。其功能是将抽象的请求转化为具体的请求;检查用户 I/O 请求的合法性;设置设备的工作方式;向设备发出 I/O 命令,启动设备 I/O 等。其中,中断程序负责当I/O结束时,快速从设备口取走少量字节数据(如需要的话),复位设备状态,唤醒因调用设备驱动而阻塞的相关 I/O 进程等。

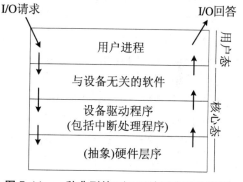

图 7.14 一种典型的 I/O 系统层次结构模型

在实际操作系统中,一个设备使用可能涉及多个驱动程序,如 Windows 系统中,一个硬件设备至少会包括功能驱动程序和总线驱动程序。而像一个磁盘设备,不仅会有磁盘设备本身的驱动程序,还会有文件系统驱动程序。涉及同一设备使用的多个相关驱动程序通常将进一步组织成层次结构。同样,与设备无关的 I/O

软件也可视需要做进一步分层。

7.5.2.1 用户层 I/O 软件

I/O 系统的大部分工作在操作系统核心中完成,用户层的 I/O 相关工作不多。该层将所有的设备都看成逻辑资源,并以虚拟文件方式向用户进程提供使用设备的 I/O API 函数。虚拟文件接口隐藏了 I/O 操作的实现细节,为应用提供了面向设备的统一接口界面。所有从设备读取或写入设备的数据,都可看作是到虚拟文件的字符流。

例如,在 C 语言中,涉及 I/O 操作的库函数有 fopen( )、fread( )、fwrite( )、fclose( )等。这些语言库函数往往都没有太多的事情可做,只是提供并放置需要的参数到合适的位置,然后调用操作系统中与 I/O 相关的 API 函数。

值得注意的是,一些设备的专用管理进程,如 SPOOLing 管理进程,或设备守护进程(如 daemon),也属于用户空间 I/O 软件范畴。

7.5.2.2 与设备无关的 I/O 软件

与设备无关的那部分 I/O 软件,也称为设备独立性软件。这层软件负责执行适用于所有设备的通用 I/O 功能,并向其上层(用户软件层)提供统一的系统调用接口,对其下层则通过设备驱动接口调用设备驱动程序。

这层软件一般在操作系统内核中实现,其主要功能包括:

(1) 统一设备命名。负责统一设备的逻辑命名,实现逻辑名到物理设备名的映射。在 UNIX 中,一个逻辑设备名对应一个特殊的设备文件。例如,"/dev/tty00"唯一地对应内存中一个 inode 结构的缓存数据,其中包含了主/次设备号 (major/minor device number)。通过主设备号可以找到相应的驱动程序,而次设备号则是作为参数,传给驱动程序以确定具体的物理设备。

(2) 执行设备保护。在处理"申请设备"的系统调用时,对用户是否许可使用设备的权限进行验证。在很多现代操作系统中,对 I/O 设备采用与普通文件类似的保护方式,系统管理员可以为每台设备设置合理的访问权限。

(3) 对独占设备执行分配与释放。对独占使用设备,要求操作系统对设备的使用请求进行检查,并根据申请设备的可用状况决定是接收还是拒绝。一种简单的处理方法是,在进程通过 OPEN 打开与设备对应的虚拟文件时,提出设备请求;若设备不能用,则打开失败。在关闭设备时释放该设备。

(4) 执行设备缓存管理。块设备和字符设备都需要使用缓冲技术,可在这个层次中提供独立于设备和进程的公用设备 I/O 缓冲。UNIX/Linux 的缓冲管理由文件系统完成。

(5) 提供与设备无关的逻辑块。对于不同存储设备,其空间大小、基本存取单元大小、存取速度和传输速率各不相同。与设备无关的软件,有必要向高层软件屏蔽这些差异,并提供统一大小的逻辑块。

(6) 执行差错控制。因为多数错误是与设备紧密相关的,所以,错误报告多数由驱动程序完成。本层软件除了进一步处理设备驱动向其报告的错误外,也处理一些非 I/O 设备造成的错误,即与设备无关的典型错误。

7.5.2.3　与设备无关的 I/O 软件的处理框架模型

在现代操作系统中,与设备无关的 I/O 软件,通常对应一个称为 I/O 管理器的内核模块。I/O 管理器一般采用 I/O 请求包(IO Request Package,IRP)驱动串接多个驱动程序协同处理的框架结构来实现。图 7.15 是这种框架结构示意图。图中标识了各阶段/环节执行的先后序号。

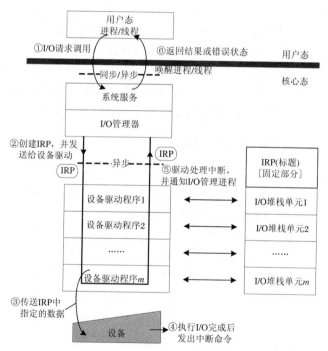

图 7.15　典型的 I/O 系统框架与处理过程示意图

当进程调用 I/O 服务时,I/O 管理器就构造一个 IRP,来传递各阶段/环节处理所需信息,或存储各阶段/环节加工的结果。它就像是在流水线上各"加工者"(即各级驱动程序)之间传递的一个加工产品。

IRP 由两个部分组成:固定部分(称作标题)、一个或多个堆栈单元。

固定部分信息包括:请求的类型、大小,同步/异步请求区分标志,指向调用者虚文件对象的指针,指向 I/O 缓冲区的指针,可随各阶段进展而变化的状态信息等。

IRP 的每个堆栈单元包括主功能码、副功能码和必要的参数,以及一些中间状态记录字段。

设备驱动程序不仅包括传统的硬件驱动程序,还包括文件系统、分层过滤器等各种驱动程序。由于操作系统中所有驱动程序都具有统一的、相同的接口结构,所以,允许 I/O 管理器在调用任何驱动程序时,不需要了解与其结构或与内部细节有关的任何知识。同时,也允许相关驱动程序以相同的机制在彼此之间通信,组织成有序的、层次化的结构,各司其职地完成各自的特定处理。

除了创建 IRP 外,I/O 管理器还提供各驱动程序都可调用的一些公共代码,例如,向下层驱动传递 IRP、调用下级驱动程序,或读取 IRP 请求等。这种类似于提取公因子的结构模式,可使各驱动程序变得更加简洁。

值得注意的是,由应用程序发出的 I/O 请求大部分是同步的,但也允许是异步的(发出 I/O 请求后,应用可继续执行)。但由 IRP 代表的内部 I/O 操作都将被异步执行,即一旦一个 I/O 请求被启动,设备驱动程序就返回 I/O 管理器。

7.5.3 设备独立性的表现与优势

为了实现设备的独立性,在应用程序中应使用逻辑设备名。系统为每个用户或进程配置一张用于联系逻辑设备和物理设备的映射表,其中每一个表目应包含三项内容:逻辑设备名、物理设备名和驱动程序入口地址。

7.5.3.1 设备独立性的表现

(1) 操作系统对所有设备及设备操作都采取统一的管理方式。

(2) 进程使用逻辑设备名请求使用设备,当系统中存在多台该类设备时,系统可将其中的任一台分配给请求进程,不必局限于某一台指定的设备。这使得用户程序可独立于某一特定设备,同时也显著地提高了资源的利用率。

(3) 从程序设计者角度看到的各种设备所体现的结构都是一致的,即在程序中可以用同样的命令去读/写不同设备上的数据等,从而使用户程序可独立于设备的类型。例如,在进行输出时,既可以利用显示终端进行输出,也可以利用打印机进行输出,甚至输出到一个文件中。从而可以方便地进行 I/O 重定向。

7.5.3.2 设备独立性的优点

(1) 使得设备分配更加灵活。当多用户(多进程)请求分配设备时,系统可根据设备当时的忙闲状况,合理调度逻辑设备名与物理设备名之间的对应情况,以保证设备的独立性。

（2）便于实现 I/O 重定向。更换 I/O 操作的设备时，可以不改变应用程序（只需稍改变运行程序的命令形式即可）。例如，在调试一个应用时，可将屏幕上的所有输出送到一个文本文件里存储，或送到打印机上打印出来。

习　　题

选择题

1. 磁盘、光盘、磁带等属于（　　）设备，键盘、显示器和打印机等属于（　　）设备。
   A. 直接存取　　　B. 顺序存取　　　C. 字符　　　D. 块

2. 在设备控制器中，用于实现对设备控制功能的是（　　）。
   A. CPU　　　　　　　　　　　　B. 设备控制器和 CPU 接口
   C. I/O 逻辑　　　　　　　　　　D. 设备控制器与设备接口

3. 程序员利用系统调用打开 I/O 设备时，通常使用的设备标志是（　　）。
   A. 逻辑设备名　　B. 物理设备名　　C. 主设备号　　D. 从设备号

4. 下面关于设备属性的论述中，正确的是（　　）。
   A. 字符设备的基本特征是可寻址到字节
   B. 共享设备必须是可寻址和可随机访问的设备
   C. 共享设备是指同一个时间内允许多个进程同时访问的设备
   D. 在分配共享设备和独占设备时都可能引起进程死锁

5. 磁盘的 I/O 控制主要采用（　　）控制方式。
   A. 程序查询　　　B. 中断　　　　　C. DMA　　　　D. 通道

6. 通道称为 I/O 处理机，它用于实现（　　）之间的信息传输。
   A. 主存与外设　　B. CPU 与外设　　C. 主存与外存　　D. CPU 与外存

7. CPU 输出速度远高于打印机的速度，为解决这一矛盾，可采用（　　）。
   A. 并行技术　　　B. 通道技术　　　C. 缓冲技术　　　D. 虚存技术

8. 引入块高速缓存的目的是（　　）。
   A. 提高 CPU 的利用率　　　　　　B. 提高 I/O 设备的利用率
   C. 改善 CPU 与 I/O 设备速度不匹配　D. 节省内存

9. 在设备管理中，虚拟设备的引入和实现是为了充分利用设备，提高系统效率。采用（　　）来模拟低速设备（如打印机）的工作。
   A. SPOOLing 技术，利用磁带设备　　B. SPOOLing 技术，利用磁盘设备
   C. 脱机批处理　　　　　　　　　　D. 通道

10. 采用 SPOOLing 技术的系统，外围设备需要（　　）。

A. 1台　　　　B. 多台　　　　C. 至少1台　　D. 0台

11. （　　）技术是操作系统中采用的以空间换取时间的技术。

A. SPOOLing　　B. 虚拟存储　　C. 覆盖与交换　　D. 通道

12. SPOOLing技术提高了（　　）的利用率。

A. 独占设备　　B. 共享设备　　C. 虚拟设备　　D. 逻辑设备

13. 关于SPOOLing系统的叙述中，（　　）是不正确的。

A. SPOOLing不需要独占设备

B. SPOOLing加快了作业执行的速度

C. SPOOLing使得独占设备变成了可共享设备

D. SPOOLing利用了CPU与通道或DMA并行工作的能力

E. 实现SPOOLing需要具备一定的软硬件条件

14. （多选）下面关于虚拟设备的论述中，说法正确的是（　　）。

A. 虚拟设备是指用户使用了比系统中具有的物理设备更多的设备

B. 虚拟设备是指允许用户以标准化方式使用设备

C. 虚拟设备把一个物理设备变换成多个逻辑设备

D. 虚拟设备技术将不能共享的设备改造成可共享设备

E. SPOOLing系统就是脱机I/O系统

15. 假脱机输入输出是利用（　　）作为虚拟设备的。

A. 打印机　　　B. 磁带　　　　C. 内存　　　　D. 磁盘

16. 磁盘是个可共享设备，每一时刻（　　）作业启动它。

A. 可有多个　　B. 允许任意个　C. 至少有一个　D. 最多有一个

17. 操作系统的I/O子系统通常由四个层次组成，每一层明确定义了与邻近层的接口，其合理的层次组织排列顺序是（　　）。

A. 用户级I/O软件、设备无关软件、设备驱动程序、中断处理程序

B. 用户级I/O软件、设备无关软件、中断处理程序、设备驱动程序

C. 用户级I/O软件、设备驱动程序、设备无关软件、中断处理程序

D. 用户级I/O软件、设备驱动程序、中断处理程序、设备无关软件

18. 本地用户通过键盘登录系统时，首先获得键盘输入信息的程序是（　　）。

A. Shell程序　　B. 中断处理程序　C. 系统调用程序　D. 用户登录程序

19. 磁盘设备读写的基本单位是（　　），操作系统读写磁盘的基本单位是（　　）。

A. 块　　　　　B. 扇区　　　　C. 磁道　　　　D. 字节

判断题

1. 设备在进行I/O操作时，可以不要CPU干预。　　　　　　　　　　（　　）

2. 通道是一种特殊的处理机，具有自己的存储器和处理单元，通过执行通道程序来控制I/O操作。　　　　　　　　　　　　　　　　　　　　　　　　　　　（　　）

3. 通常,一个CPU可以连接多个通道,一个通道可以连接多个设备控制器,一个设备控制器可以连接多台外部设备。 （ ）

4. 通道也可以执行指令,但构成程序的指令是特定的几条指令。 （ ）

5. 某种程度上,也可以把DMA当作一种特殊的设备缓冲技术。 （ ）

6. 用户程序读写磁盘文件,不一定产生磁盘I/O请求。 （ ）

7. SPOOLing提高了独占设备的利用率。 （ ）

8. 虚拟设备是指通过虚拟技术将一台独占设备变换为若干台逻辑设备,供若干用户进程同时使用。 （ ）

9. 操作系统利用共享设备来模拟独占设备的工作,为用户提供虚拟设备服务。（ ）

10. 引入虚拟设备是为了克服独占设备速度较慢、设备利用率低下的缺点。（ ）

11. 共享设备是指同一时刻,允许多进程同时访问的设备。 （ ）

12. 存储型设备通常是直接存取的设备,而I/O型设备属于顺序存取的设备。（ ）

13. 为了记录设备分配情况,操作系统应设置一张系统设备表和三个控制块:设备控制块、控制器控制块、通道控制块。 （ ）

14. 系统在进行设备分配时,应考虑设备属性、分配的安全性、设备的独立性和分配策略(算法)等方面的因素。 （ ）

15. 在程序运行过程中,需要提供外存文件名,以实现磁盘文件的读写。 （ ）

16. 磁盘存储空间的物理地址由柱面号、磁道号和扇区号构成。 （ ）

17. 磁盘访问时间由寻道时间、旋转等待时间和传输时间构成。 （ ）

简答题

1. 简述中断I/O方式。
2. 什么是DMA方式?它与中断方式的主要区别是什么?
3. 解释什么是SPOOLing技术。
4. 请简述SPOOLing技术的优点。
5. 什么是设备的静态分配和动态分配?
6. 简述可以提高磁盘I/O速度的有效途径。
7. 名词解释:逻辑设备;磁盘缓冲区。
8. 若数据的输入过程为:将数据从设备通过缓冲池,输入到进程的数据区,请描述整个过程。
9. 简要说明设备驱动程序的结构组成和主要作用。

上 机 实 践

参考例7.1,同时利用Linux内核已提供的标准字符设备驱动结构 struct cdev(位于../

include /linux/cdev.h 中),设计并实现一个字符设备驱动程序。

```
/*
struct cdev {
    struct kobject kobj;                       //通用对象头
    struct module * owner;                     //模块名,一般设为 THIS_MODULE
    const struct file_operations * ops;        //文件操作结构体指针
    struct list_head list;                     //由主、次设备号构成的设备名
    dev_t dev;                                 //由主、次设备号构成的设备名
}; */
struct my_cdev {
    struct cdev cdev;      //标准域
    //其他扩展定义域
    unsigned char mycdev_mem[255];    //设备内存
};
my_cdev dev;
unsigned char * my_cdevp;
```

第8章 文件管理

文件系统是操作系统中负责对文件实施管理、控制与操作的模块,它用统一的管理方式来管理文件在磁盘等存储设备上的存储、检索、更新、共享和保护,以方便用户使用。Windows 文件系统在 Win 98 以前是 FAT,Win 2000 以后是 FAT32 及 NTFS。Linux 中最普遍使用的文件系统是 EXT2(Linux second extended file system)或 EXT3,但也能够支持 FAT、FAT32、NTFS、MINIX 等不同类型的文件系统,通过将各种文件系统挂载到某个目录上,就可将它们结合为一个整体。

8.1 文件系统

8.1.1 文件的概念

8.1.1.1 文件的定义

文件是一个抽象的概念,是计算机在进行外存信息组织和存取时,向用户提供的最基本的使用单元。例如,用户为了把数据或信息存放在磁盘上,首先要创建一个或多个文件,来容纳自己的数据或信息,并存储到磁盘介质上。反之,从磁盘读取信息,也是表现为读取一个或多个文件。

形式上,可把文件定义为:由创建者定义的、存放在外部存储介质上的、具有确定符号名的、一组表达信息的有序字节集合。它通常由"文件头"和"文件数据体"两部分构成。

(1) 文件数据体,是管理者(操作系统)不解释的实际数据或信息内容;
(2) 文件头,也称"文件属性"或文件控制块(File Control Block,FCB),是管理者在管理文件时要用的、关于文件的描述及控制信息。比如,文件权限(RWX)、拥有者、文件数据体在存储介质上的位置描述,以及各种时间戳等属性。

文件系统通常会将这两部分数据分别存放在磁盘的不同区块中。文件头存放在文件系统的控制区块中,文件数据体则放置在文件系统的数据区块中。

8.1.1.2 文件的分类

为方便组织和管理,系统通常从不同角度对文件分类:

- 按用途,可分为系统文件、库文件、用户文件。
- 按性质,可分为:普通文件、目录文件、隐含文件、系统文件和其他特殊文件(如设备文件)。
- 按内容,可分为数据文件、源代码文件、目标文件和可执行文件。
- 按文件的保护级别,可分为只读文件、读写文件、只执行文件、不保护文件。
- 按存取方式不同,可分为顺序文件、随机文件和索引文件。
- 按存取单位大小(字节/行/记录),可分为一般流式文件、行式文件和记录文件。

在 UNIX/Linux 下,文件被划分为以下几种管理类型:

(1) 常规文件　存放数据、程序等信息的普通文件。普通文件又可进一步分为文本和二进制两类文件。

(2) 目录文件　是一种特殊的文件,其数据体存储位于其名下的、各类子文件的目录项记录。为提高文件按名检索的性能,Linux 将文件名与 FCB 分开,把去掉文件名的 FCB 称为索引节点(inode),把文件名与 inode 编号组成一个短小的文件目录项记录单独存储。

(3) 设备文件　Linux 把所有外设都当作文件来看待。每一种 I/O 设备对应一个设备文件,存放在/dev 目录下。如行式打印机对应/dev/lp,第一个软盘驱动器对应于/dev/fd0。设备文件又分为字符设备文件和块设备文件两类。

(4) 管道文件　又称为先进先出(FIFO)文件,主要用于在进程间传递数据。

(5) 链接文件　实现了用不同文件名访问同一物理文件的共享文件方案。Linux 链接文件分硬链接(Hard Link)和软链接(Soft Link)两种,其中软链接文件又称为符号链接(Symbolic Link)文件。

从对文件内容处理的角度来说,无论是哪种类型文件,Linux 都把它们看作是无结构的流式文件,即把文件内容看作是一系列有序的字符流。

8.1.1.3 文件操作

文件操作包括:创建、打开、关闭文件,读、写文件,读写定位文件,删除文件,截断文件。

8.1.1.4 文件的基本特征

文件的基本特征是：按名存取，以及具有安全可靠的共享和保护。

8.1.2 文件的组织结构

任何文件都存在着两种结构，即物理结构和逻辑结构。

8.1.2.1 文件的物理结构

文件的物理结构是指文件在外存上的具体存储结构。即存储同一文件内容的各存储块在外存上的分布组织方式，它对文件的存取方法有较大的影响。通常有连续、链接（串式）、索引和多重索引四种方式。8.3 节将具体介绍文件的常用物理结构组织方式。

8.1.2.2 文件的逻辑结构

文件的逻辑结构，是指从用户观点出发，所看到的是独立于文件物理结构的信息逻辑组织结构形式。按逻辑结构化的程度差异，通常可将文件分为无结构的流式文件、结构化（记录或索引）文件和半结构化文件三大类：

(1) 无结构的流式文件　以字节(B)为存取单位，按字符流模式存取。

(2) 有结构文件或记录文件

定长记录：有顺序、随机两种存取方式。

变长记录：只能以索引方式进行随机存取记录。

值得注意的是，即使记录部分是变长的，但索引部分一般总是定长的，故可将索引文件归属为记录文件。

(3) 半结构化文件　指结构化程度介于无结构和有结构文件之间的文件，如 html 等网页文件。

显然，结构或半结构化文件也可以按流式文件来处理。在 UNIX 中，所有文件都被当作流式文件。

8.1.3 文件系统综述

8.1.3.1 文件系统的基本功能

从系统的角度看，文件系统是文件及其相关管理软件的集合，是操作系统中负责存取和管理计算机文件数据的模块，它用统一的管理方式来管理文件在磁盘等存储设备上的存储、检索、更新、共享和保护，以方便用户使用。从用户角度看，文件系统主要实现了文件的"按名存取"功能。

文件系统的基本功能可归纳如下：

(1) 统一管理文件的存储空间，实施空间的分配和回收；

(2) 实现文件的"按名存取"功能；

(3) 实现文件信息的共享,并提供文件的保护与保密措施；

(4) 向用户提供一个方便实用的接口；

(5) 向用户提供文件系统使用及维护的基本功能,提供文件系统中有关文件、目录及分区卷的基本结构/状态描述信息；

(6) 提高文件系统的执行效率。

操作系统针对文件的管理和组织,需要借助建立在分区上的卷和卷上的目录来完成。驻留在磁盘分区上的卷,按一定的布局结构,持久存储文件数据信息和基本管理控制信息,并将卷上的文件按目录或文件夹进行有序组织。而与文件系统相关的软件模块中,最重要的部分是"能理解"分区卷的信息存储布局结构,并能有效存取分区卷上文件的"文件系统驱动程序"。

8.1.3.2 文件系统的优点

文件系统将"文件"作为基本管理单位,通过将文件存储在外存,实现操作系统中大量信息的持久存储。它对所管理的文件数据内容不进行任何解释,仅了解其顺序关系——字符流。文件系统的优点如下：

• 方便灵活。用户无需考虑文件数据在辅存(磁盘分区卷)上的存储组织结构,借助文件名便可实现对文件的存储和检索。

• 安全可靠。文件系统还提供了一定的保护措施,以防止授权或未授权用户有意/无意的破坏性操作。

• 共享功能。文件系统可为用户提供共享功能,可让多个用户同时访问一个文件。

8.1.3.3 常用或常见的文件系统类型

◇ MINIX   最老的 UNIX 文件系统,非常可靠,但功能简单。文件名最长为 30 个字符,每个文件系统容量小于 64 KB。

◇ EXT2   Linux 中最常用的文件系统。

◇ EXT3   以 EXT2 为基础,加上日志支持的新版本。

◇ FAT(12/16/32)   微软早先版本使用的文件系统。

◇ VFAT   微软对原 FAT 进行扩充,可支持长文件名的文件系统。

◇ NTFS   微软革新的文件系统。

◇ SMBFS   Samba 的共享文件系统[①]。

[①] Samba 是在 Linux 和 UNIX 系统上实现信息服务块(Server Messages Block,SMB)协议的免费软件,包括服务器及客户端程序。SMB 是一种在局域网上共享文件和打印机的一种通信协议。CIFS (Common Internet File System)是 SMB 协议版本的一个实现,并由微软使用。

◇ ISO 9660　标准的 CD-ROM 光盘文件系统。
◇ SYSV　System V/386，Coherent 和 Xenix 文件系统。
◇ HPFS　IBM OS/2 文件系统。

8.1.3.4　文件系统模型

在引入文件和文件系统后，用户可用统一的"文件"观点对待/处理各种存储介质中的信息，并以"文件"为单位使用各种存储设备，屏蔽存储设备驱动程序如何使用设备的细节。另外，对各类非存储型 I/O 设备，也可用"文件"虚拟统一它们面向用户的接口。

因此，文件系统可视为用户与设备驱动程序之间的软件层，属于与设备无关 I/O 软件层的一部分。如果把文件看成是一种虚拟的设备，则文件管理模块也可看成是一种虚拟的设备驱动程序——文件系统驱动程序。

文件系统是一个很复杂的模块，一般都需要以分层结构来实现。层次结构方法是大多数复杂系统实现的基本策略。图 8.1 给出了一种简明的文件系统分层模型。各层的主要功能描述如下：

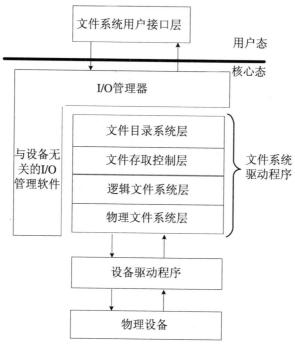

图 8.1　一种简明的文件系统分层模型

(1) 用户接口层　为用户提供了若干与文件、目录相关的系统调用。此层由若干程序模块组成,每一个模块均对应一条系统调用。当用户发出系统调用时,控制即转入(陷入)相应的内核模块。该层软件的主要功能如下:
- 对用户发出的系统调用参数进行语法检查和合法性检查;
- 把系统调用码转换成内部调用格式;
- 补充用户默认提供的参数,并完成相应的初始化;
- 调用下一层软件,实现用户的目标功能。

(2) 文件目录系统层　管理与组织在磁盘分区卷上的文件目录结构,支持与目录有关的操作,如建立、删除目录,查找子目录和文件,以及创建或维护打开文件的主存中管理信息。

(3) 文件存取控制层　实现文件保护主要由该层软件完成。它把用户的访问要求与文件控制表中设置的访问控制权限进行比较,以确定访问的合法性。若不合法,则请求失败并向上层软件返回错误信息;如果合法,则将控制转交给下层软件。

(4) 逻辑文件系统层　将用户欲读/写数据的文件内相对偏移位置,先转换为文件逻辑结构内的相对块号和块内地址。

(5) 物理文件系统层　把逻辑相对块号转成实际的分区块地址。该层软件工作与文件组织结构密切相关,采用顺序、链接或索引等不同的文件组织方式时,由逻辑块号计算分区块地址的方法显然会有所不同。该层也负责分配/回收磁盘分区的"空闲"存储空间。

(6) 基本 I/O 控制层　由存储设备相关的各种设备驱动程序组成。该层软件主要负责实现内存和存储设备间的数据传输交换。

在这个层次模型中,文件系统的真正主体部分是文件目录系统层、文件存取控制层、逻辑文件系统层和物理文件系统层。在 I/O 管理系统的整体层次框架中,它们属于与设备无关的 I/O 软件部分,也是具体文件系统驱动程序的层次结构化体现。

8.1.4.5　虚拟文件系统模型

以上简单的文件系统层次模型只能支持单个文件系统,不能同时支持多个文件系统。SUN 公司提出了一个可同时支持多个文件系统的虚拟文件系统转换(Virtual File System Switch,VFS)框架,如图 8.2 所示。

Linux 内核是通过 VFS 接口来使用具体文件系统的,可以支持多个不同的文件系统,每种文件系统表示/实现一个 VFS 的通用接口。

VFS 作为实际文件系统和操作系统之间的接口,隐藏了各种文件系统的实现细节,把文件系统操作和不同文件系统的具体实现分离开来。在 VFS 上层,是对 open、close、read 和 write 之类函数的通用 API 抽象。在 VFS 下层是文件系统抽象,包括超级块、索引节点、目录项、文件四类对象,它们定义了上层函数的实现方式。文件系统层之下是缓冲区缓存,这个缓存层通过将数据保留一段时间优化了对物理设备的访问。缓冲区缓存的下层是设备驱动程序,它实现了特定物理设备的接口。

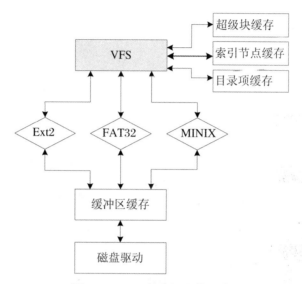

图 8.2　Linux 的虚拟文件系统

本书下一章将详细介绍 VFS 的工作原理。

8.2　文件存储空间布局与管理

文件一般存储在一个称为"卷"的、代表辅存上某文件系统存在形式的数据结构中。可将文件卷视为磁盘分区使用的一种布局或格式安排方案。不同具体文件系统的卷结构格式会有所不同。

8.2.1 磁盘及其相关知识

8.2.1.1 磁盘的物理结构

磁盘是由盘片(platter)构成的。每个盘片有两个面。表面(surface)覆盖着磁性记录材料。盘片中间有一个可以旋转的主轴(spindle)，它使得盘片以固定的旋转速率旋转。通常是5 400~15 000 r/min(revolution per minute，转/分钟)。硬盘通常包含一个或多个这样的盘片，且装在一个密封的容器内。图8.3给出了磁盘的物理结构示意图。

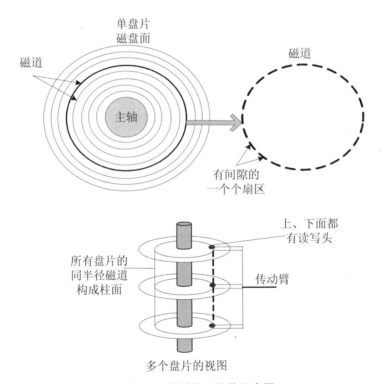

图8.3 磁盘的物理结构示意图

每个表面由一组称为磁道(track)的同心圆组成，且每个磁道被划分为一组扇区(sector)，每个扇区包含相等数量的数据位(通常是512 B)，这些数据位编码在扇区上的磁性材料中。扇区之间由一些间隙(gap)分隔开，这些间隙中不存储数据位。间隙存储用来标识扇区的格式化位和缓冲机械定位误差。柱面是所有盘片表面上到中心主轴距离相等的磁道的集合。

磁盘容量　可定义为每扇区字节数、每磁道扇区数、每个面的磁道数、每盘片的面数,以及盘片数的乘积。

磁盘访问时间　磁盘以扇区大小的块来读写数据。对块的访问时间(access time)有三个主要部分:寻道时间(约 8 ms)、旋转等待时间(约 8 ms)和传输时间(约 0.5 ms)。一个磁盘块的总存取时间大约为 10~20 ms。

- 访问一个扇区的时间主要是寻道时间和旋转时间。
- 对存储在 SRAM 中的双字访问时间大约是 4 ns;对 DRAM 的访问时间大约是 60 ns,读一个 512 B 块大约是 3 000 ns;而磁盘访问时间(约 10 ms)大约是 DRAM 的 3 000 倍。

8.2.1.2　常用的磁头(移动臂)调度算法

1. 先来先服务(First Come First Service,FCFS)算法

FCFS 算法根据进程请求访问磁盘的先后顺序进行调整,是一种最简单的调度算法。

2. 最短查找时间优先(Shortest Search Time First,SSTF)算法

考虑了各个访问磁盘块请求之间的区别,总是先执行查找时间最短的那个磁盘请求,它是一种局部最优算法。

3. 电梯调度(SCAN)算法

选择沿臂移动方向最近的柱面,如果这个方向没有访问的请求,就改变臂的移动方向(不需要移到顶头),并使移动频率极小化。以此来处理所遇到的最近的 I/O 请求,非常类似于日常电梯的调度规则。

电梯算法还有两个变种,但效率和灵活性通常不如电梯调度算法,因此用得不多。

4. 扫描算法

磁盘臂每次沿一个方向移动都要扫过所有柱面,遇到最近的 I/O 请求便进行处理,直到到达最后一个柱面后,再向相反方向移动回来。

5. 循环扫描算法

磁盘臂移动每次总是从 0 号柱面开始向最大号柱面顺序扫描;然后直接返回 0 号柱面,归途中不再服务,来构成一次扫描循环。

例 8.1　磁盘请求以 10、22、20、2、40、6、38 的磁道序列到达磁盘驱动器,寻道时,每移过一个柱面需要 1 ms。假设磁头起始位置位于磁道 18。试分别计算 FCFS、SSTF 和 SCAN 算法的寻道时间。

解　(1) FCFS 算法

磁道访问序列：18→10→22→20→2→40→6→38

寻道时间：$(8+12+2+18+38+34+32) \times 1 = 144(ms)$

(2) SSTF 算法

磁道访问序列：18→20→22→10→6→2→38→40

寻道时间：$(2+2+12+4+4+36+2) \times 1 = 62(ms)$

(3) SCAN 算法

磁道访问序列：18→20→22→38→40→10→6→2

寻道时间：$(2+2+16+2+30+4+4) \times 1 = 60(ms)$

8.2.1.3 其他磁盘相关知识

1. 基于物理块序列的逻辑磁盘

现代磁盘构造复杂。为了对操作系统隐藏这样的复杂性，现代磁盘将它们的构造简化为一个物理块序列，编号为 $0,1,2,\cdots,b-1$，每个物理块大小与扇区大小相同。磁盘控制器维护着物理块号和实际物理磁盘扇区之间的映射关系。

当操作系统想要执行一个 I/O 操作，比如读一个扇区到主存时，操作系统会发送一个命令组到磁盘驱动器，让它读某个物理块号。控制器的固件执行一个快速表查找，将一个物理块号翻译成一个柱面/磁道/扇区的三元组，再由控制器硬件解释这个三元组，将读/写头移动到适当的柱面，并等待目标扇区移动到读/写头下。

2. CPU 访问硬盘的接口

早期，硬盘控制器与磁盘是分离的，各厂商接口标准也不统一。后来硬盘控制器与硬盘被集成到了一起，并形成了统一的接口标准。这个标准称为 IDE (Integrated Drive Electronics) 或 AT Attachment (ATA)。到后来，又出现了新的硬盘接口标准，包括串口硬盘 (Serial ATA, SATA)、并口硬盘 (Parallel ATA, PATA)，以及小型计算机系统接口 (Small Computer System Interface, SCSI) 硬盘。与 IDE 接口硬盘相比，SCSI 接口硬盘更能适应大数据量、超长工作时间的工作环境，常用在需要高速、稳定、安全工作的服务器环境，但价格偏高。

普通 PC 主板通常有两个 IDE 接口，分别对应两个 IDE 控制器，称为主 (primary)、次 (secondary) 控制器；每个 IDE 控制器又能连接两个设备，称为主设备 (master)、从设备 (slave)。连接到不同接口的硬盘，早期可直接通过一些跳线加以选择设置；现代机器普遍采用软跳线或 PnP 方法替代硬跳线设置。CPU 访问则可通过写到硬盘接口控制寄存器的某些特定位值来选择硬盘。

3. 磁盘分区

操作系统一般将磁盘分割成多个分区，每个分区占用整盘的一个连续块组，并允许对这些逻辑上相对独立的区块实施不同的管理策略，使用或安装不同的文件系统卷来管理区块组中的连续字节。

每块磁盘的第 1 扇区(512 B)通常被作为主引导记录(Master Boot Record, MBR),其中,不仅包含引导程序(boot loader),而且在其后半段中包含一个总长为 64 B 的关键数据结构——分区表(partition table)。分区表中,可以最多记录四个分区信息。之所以只保留四个分区,是因为当时 IBM 觉得一台 PC 机最多只会装四个操作系统。这一规定现在仍未改变,现在计算机中允许使用超过四个分区,是因为在最后一个主分区(也称主扩展分区)中,总是可以不断递归,划分为不超过四个的逻辑分区。

主分区(primary partition) 可直接使用但不能再分区。

扩展分区(extension partition) 必须再进行分区后才能使用。

逻辑分区(logical partition) 由扩展分区进一步分区后建立起来的分区。

扩展分区只不过是各级逻辑分区的"容器",实际上只有主分区和逻辑分区才能存储数据。由于每级扩展分区总是进一步递归划分为最多三个、最少一个的"主"逻辑分区和一个下级扩展分区,因此,理论上逻辑分区没有数量上限。但在实际应用中设备驱动会限制这个数目。

主分区表中 16 B 的结构成员记录着每个分区的开始、结束位置和分区类型。表 8.1 给出了这种硬盘分区表的数据结构说明。

表 8.1 硬盘分区表的数据结构

偏移	长度	描述
0	1	状态(80h:可引导;00h:不可引导;其他:不合法)
1	1	起始磁头号
2	1	起始扇区号(仅 6 位,高 2 位作为起始柱面号的第 8/9 位)
3	1	起始柱面号的低 8 位
4	1	分区类型(System ID)
5	1	结束磁头号
6	1	结束扇区号(仅 6 位,高 2 位作为起始柱面号的第 8/9 位)
7	1	结束柱面的低 8 位
8	4	起始扇区的 LBA 序号
12	4	扇区数目

在 Windows 中,不同磁盘或磁盘分区可以简单用驱动器号(如 A、C、D、E 等字母)来标识;每个分区只允许安装一个文件系统,并分别形成一棵目录树。

与 Windows 不同,Linux 将各类独立的文件系统组合成了一个层次化的树形结构,即一个统一的虚拟文件系统(VFS),所有硬盘或分区都基于所安装的文件系统,挂载到统一的一棵目录树上。

在 Linux 中,硬盘或硬盘分区一般使用/dev/hd[a-z]X 或者/dev/sd[a-z]X 来标识,[a-z]代表硬盘号,X 代表硬盘内的分区号。其中,IDE 接口硬盘表示为/dev/hda、/dev/hdb 等等。SCSI 接口的硬盘、SATA 接口的硬盘表示为/dev/sda、/dev/sdb 等。在一块硬盘内,可进一步通过后缀 X 来标识不同的分区。其中,1~4 表示硬盘的主分区(包含扩展分区),逻辑分区总是从 5 开始(哪怕是整块硬盘只有一个主分区)。例如,hda1、hda2 表示第一块 IDE 硬盘的前两个主分区,hda5 表示第一块 IDE 硬盘的第 1 个逻辑分区。

Linux 中,通过 fdisk-l 命令,可以查到硬盘是/dev/hda 还是/dev/hdb。

4. 磁盘分区命名与设备号

有些操作系统,例如 Windows,将分区命名与设备号对应起来,以便更好地进行管理。比如,用主设备号区分不同类的设备,如硬盘、软盘或型号不同的硬盘。主设备号被用来定位不同的设备驱动程序,而次设备号被用来区分同类硬盘(驱动程序相同)的不同分区。例如,通常用次设备号 1~4 作为主分区号,从次设备号 5 开始依次表示逻辑分区。

5. 磁盘分区的格式化

磁盘被分区后还需要进行格式化(format),使操作系统可以按指定文件系统卷规定的布局来使用这个分区,包括管理好分区中的文件、目录和空闲空间等。

传统上,一个分区只能够被格式化为一个文件系统。在新的技术体系下,既可将一个分区格式化为多个文件系统(如 LVM),也能将多个分区格式化成一个文件系统来使用,例如,冗余磁盘阵列(Redundant Array of Inexpensive Disks,RAID)。由于格式化已不再单纯针对分区,因此称一个可被独立挂载的数据区为一个文件系统而不是一个分区更为准确。

8.2.2 几种常见的文件系统及其卷布局

8.2.2.1 FAT

文件分配表(File Allocation Table,FAT)是 DOS 时代就开始使用的遗留文件系统,它以"簇(cluster)"为单位进行磁盘存储空间分配。一个簇可以包括一个或多个扇区。FAT 文件系统的磁盘卷布局如图 8.4(a)所示。图 8.4(b)进一步给出了 FAT 的文件分配链结构示意图。

FAT 文件系统用一个数字表示磁盘上的簇号,用 FAT 存储一个卷上的所有簇号,并通过在 FAT 表项中定义文件分配链来关联文件存储的所有簇。链中每个表项记录内容值,总指向下一个簇的 FAT 表项序号。链的结尾表项被指定为 0XFF..F,空闲簇对应的表项内容值为 0X00..0。由于 FAT 表是 FAT 卷上的关键数据,所以增加了一个存储副本。这也就是为什么有 FAT1 和 FAT2 的原因。

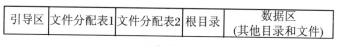

(a) FAT 卷的结构布局

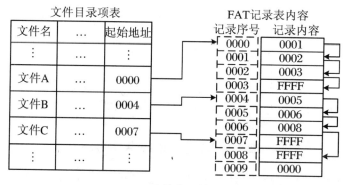

(b) FAT 文件分配链示意图

图 8.4 FAT 系统的磁盘卷布局图解

按每个 FAT 表项——簇序号的位长度,FAT 又分为 FAT12、FAT16 和 FAT32。FAT12 的最大簇号为 2^{12}(即 4 096),FAT16 的最大簇号为 2^{16},FAT32 的最大簇号为 2^{32}。另外,在 FAT 文件系统的具体实现时,每个簇的大小通常有多种可选值。FAT 表项的位长度(12/16/32)和每个簇的大小(512 KB/1 KB/2 KB/4 KB/8 KB/16 KB/32 KB)共同决定了一个卷的大小。例如,FAT12 最大簇大小为 8 KB,决定了其卷的最大容量为 32 MB;当簇大小取 32 KB 时,FAT32 卷的最大容量为 2^{17} GB。

FAT12 和 FAT16 的根目录固定预留了 256 个目录项。FAT32 的根目录不再固定大小,而是被作为一个特殊文件——根目录文件来管理的,因此,根目录下的文件数目不再有最多 256 个文件的限制。

8.2.2.2 NTFS

NTFS 也是以"簇"作为磁盘空间的分配和回收单位,来划分和管理磁盘分区的。一个文件总是占有整数个簇,虽然这会因最后一个簇不满而造成空间浪费,但却能使文件系统不依赖于磁盘扇区的大小。NTFS 中使用逻辑簇号(Logical Cluster Number,LCN)和虚拟簇号(Virtual Cluster Number,VCN)进行簇定位。

LCN 是对整个磁盘卷中所有簇的编号,而 VCN 则是针对单个文件所占有簇的相对编号。

在 NTFS 中,所有的数据,包括描述卷的元数据都存储在文件中。NTFS 把磁盘分区分成两大部分,即卷的主控信息部分和数据存储区部分,它们分别占整个卷空间的 12% 和 88%,如图 8.5 所示卷的主控部分称为主控文件表(Master File Table,MFT),它是整个 NTFS 卷结构的核心,统一以"文件"数组来实现,每个大小固定为 1 KB 的数组元素用来存储一个文件。

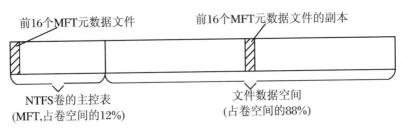

图 8.5　NTFS 的磁盘卷结构布局

不超过 1 KB 的一些小文件和小目录可以直接存储在这样的数组元素中。大文件或大目录的数据很大,可通过在它的数据属性域中存储一些直接或间接指针,并让每个指针指向一个从数据存储区中独立分配的子区域来解决。

MFT 文件数组的最开始 16 个分别存储各种元数据文件,它们包括:

◇ MFT 本身;

◇ MFT 镜像;

◇ NTFS 卷的日志文件:记录所有影响 NTFS 卷结构的操作命令;

◇ 属性定义表:存储卷所支持的所有文件属性,并指出它们是否可被索引或恢复;

◇ 根目录;

◇ 位图文件:存储 NTFS 卷中各簇的分配状态,用一个比特位(0/1)代表一个簇是否被分配;

◇ 引导文件:含引导代码和磁盘基本参数块(BPB);

◇ 坏簇文件:记录卷上所有损坏、不可用的簇号;

◇ 安全文件:存储整个卷的安全性描述符数据;

……

从这些元文件的命名,读者不难推测出文件的存储内容和含义。由于这些 MFT 元数据文件的重要性,NTFS 又在数据存储区的中间位置保存了一份 MFT

镜像副本。

8.2.2.3 EXT2

当一个磁盘分区被格式化为 EXT2/3 文件系统后,整个分区被分为某种固定大小的块(如 1 KB/2 KB/4KB/⋯)。根据使用的不同,块可分为三类:

(1)超级块(superblock) 它是整个文件系统的第一块,包括整个文件系统的基本信息,如块大小、inode/block 的总量、使用量、剩余量,指向 inode 区和数据块区的指针等相关信息。

(2)inode 块 即文件控制区块。每个目录和文件有且只有一个 inode(索引节点),其中记录了文件的操作权限(RWX)、所有者,以及文件长度、创建及修改时间、存放数据位置等各类基本属性。

(3)数据块 实际记录文件的内容,文件较大时,会占用多个块。

图 8.6 给出了 EXT2 文件系统的分区布局示意图。① 当查看某个文件时,会先根据 inode 编号,从 inode 表中查出文件属性及"逻辑块号-物理块号"对应索引表,从中可查出文件每个逻辑块对应的物理块号(地址)。采用这种数据存取的方法或物理结构的文件系统,常称为索引式文件系统。

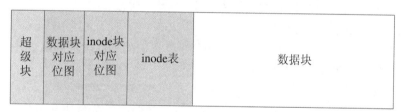

图 8.6　EXT2/3 文件系统的分区卷布局示意图

8.2.2.4 MINIX 文件系统

MINIX 文件系统是一个逻辑的、自包含的实体,它含有 inode(目录)和数据块。它可以存储在任何块设备中。MINIX 文件系统的磁盘布局非常直观,其示意图如图 8.7 所示。

引导块	超级块	inode 位图	inode 存储区	磁盘块 1	磁盘块 2	……	磁盘块 n

图 8.7　MINIX 文件系统的分区布局示意图

---

① 该图只是一个简化的示意图,下一章将介绍更为准确的 EXT2 卷布局结构图。

超级块中含有文件系统卷的布局信息,它的主要功能是给出文件系统不同部分的大小。如果给定块大小和 inode 数,很容易算出 inode 位图的大小和存放 inode 所需的块数。例如,若采用 1 KB 大小的块,每个位图块有 1 KB(8 K 位),可以记录 8 192 个 inode。10 000 个 inode,要用两个位图块。若每个 inode 占用 64 B,1 K 的块可以存 16 个 inode。如果有 128 个可用 inode,则需要 8 个磁盘块来存放。

8.2.3 文件存储空间的管理

操作系统中通常采用磁盘作为主要的文件存储器,磁盘设备的直接访问特性,允许更灵活地组织文件的物理结构。目前,对磁盘空间的分配广泛使用连续分配、链接分配和索引分配三种方式。

8.2.3.1 连续(顺序)空间分配

连续文件是基于磁带设备的最简单文件结构,它把一个逻辑上连续的文件信息存放在连续编号的物理块中。

优点:结构简单,顺序访问容易、速度快;

缺点:要求文件物理块总数被预先确定,不允许动态增加。

8.2.3.2 链接空间分配

通过链接指针,将同属于一个文件的若干个离散的物理盘块链接成一个链表。由此形成链接(串联)文件的物理结构。

1. 隐式链接

文件目录的每个目录项中,都含有指向链接文件第一个盘块和最后一个盘块的指针。每个盘块中都有指向下一个盘块的指针。

存在的主要问题:只适合顺序访问,对随机访问低效;另外,可靠性低,若其中某个块或指针坏掉,就会断链。

2. 显式链接

把链接文件各物理块的指针,显式存放在磁盘的一个专门区块。例如 FAT 文件系统,把链接文件各物理块的指针显式存放在 FAT 中。

链式文件克服了连续文件的缺点,可把一个逻辑上连续的文件分散地存放在不同的、不要求连续的物理块中,既不要求连续,也不要求按一定规则排序。为了使得系统能找到下一个逻辑块所在的物理块,可在各物理块中设置一个指针,指向该文件的下一个物理块。

链式文件的缺点:有利于信息的顺序访问,不利于文件的直接随机存取;物理块上增加了一个链接字或存放链接关系的存储区。

8.2.3.3 索引空间分配

为每个文件建立/分配一个索引表,把分配给该文件的所有盘块号记录在该索引表中。每个文件的索引表直接存储在文件 FCB 或 inode 中。

可进一步分为简单的单级索引、两级或多级索引、混合索引分配方式。其中,混合索引分配方式是多种索引分配方式相结合,分配的空间既有直接地址块,还有一级索引分配或两级甚至三级索引分配。例如,在 UNIX 文件系统中,每个文件有一个对应的 i 节点(inode),其中,含有由 13 个或 15 个盘块地址指针构成的索引数组,用于空间分配。

当索引数组大小为 13(15) 个元素时,各元素的使用方式规定如下:

前 10(12) 个元素,存储指向盘块位置的指针,适合 ≤40 kb 的小文件;

第 11(13) 个元素,存储指向"一级间接块"的指针,适合中文件;

第 12(14) 个元素,存储指向"二级间接块"的指针,适合大文件;

第 13(15) 个元素,存储指向"三级间接块"的指针,适合巨文件。

多级混合索引具有一般单级索引的优点,能处理大文件或巨型文件,但也存在着间接索引需要多次访问磁盘而影响速度的缺点。

例 8.2 设文件索引节点中有 7 个地址项,其中 4 个地址项为直接地址索引,2 个地址项是一级地址索引,1 个地址项是二级地址索引。每个地址项为 4 B。若磁盘索引块和磁盘数据块大小均为 256 B,则可表示的单个文件最大长度是多少?

解 4 个直接索引地址指向的数据块大小为 256×4 B,即 1 024 B;

2 个一级索引地址可指向的索引项数为 $(256/4) \times 2$ 项,指向的数据块大小为 $(256/4) \times 2 \times 256$ B,即 32 768 B;

1 个二级索引地址指向的一级索引块大小为 256 B,一级索引数为 256/4,指向的数据块大小为 $(256/4) \times (256/4) \times 256 = 1\ 048\ 576$ B;

合计:1 024 B + 32 768 B + 1 048 567 B = 1 082 368 B = 1 057 KB

8.2.4 磁盘空闲空间的管理

8.2.4.1 空闲块位图

用空闲块位图可以反映整个文件存储空间分配情况,其中,位值 1 表示对应块已被分配,位值 0 表示空闲块。

8.2.4.2 空闲表法

空闲表法属于连续的分配方式,它为每个文件分配一块连续的存储空间。系统为外存上的所有空闲区建立一张空闲(区)表,每个空闲区对应一个表项(包括序号、空闲区中的第一块号、含空闲块数等),类似于内存动态分区的 FBT 结构。

当系统给文件分配存储空间时,可以采用类似动态分区分配的首次适应、最佳适应、最坏适应等多种算法,搜索合适的外存分区进行分配。

8.2.4.3 空闲链表法

空闲链表法又分空闲区块链表法和空闲盘块链表法两种。

前者与空闲表法类似,只是组织空闲分区的数据结构稍有不同(将 FBT 结构改为 FBC 结构)。后者将所有空闲盘块组成一条链。当要给文件分配存储空间时,系统先从链首开始,一次摘下适当数目的空闲盘块分配给用户。当用户因删除文件而释放空间时,系统将回收的盘块一次性挂到空闲盘块链的末尾。该方法的优点是分配和回收一个盘块的过程非常简单,但在为每一个文件分配多个盘块时,可能要多次重复操作。

8.2.4.4 空闲块成组链接法

空闲表法和空闲链表法都不适用于大型文件系统,因为这会使空闲表或空闲链太长。成组链接方法在保留它们优点的同时,能有效克服其表太长的缺点。图 8.8 是一种空闲块成组链接的分配/回收管理方法示意图。

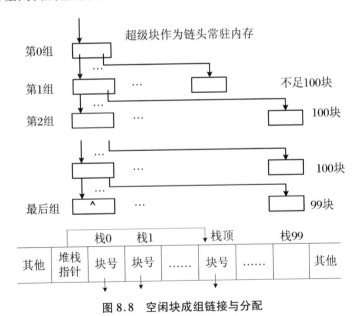

图 8.8 空闲块成组链接与分配

1. 空闲块的组织

将磁盘中所有空闲块分成若干个组,每组最多 100 块;将每一组含有的块总数

N 和该组所有的块号记到前一组的第一个块中。这样,由各组的第一个块可连成一条链。因每组可含 100 块,链不会很长。其中:

第一组,作为当前可分配的空闲块,块数动态变化,总块数为 1~100;

中间组,都是正好满 100 块;

最后组,因没有要记录的下一组块信息,只有 99 块。

记录第一组盘块信息的顶层块,称为超级块,以栈结构存储第一组尚有空闲块号数 N(兼栈指针)及第一组中的块号。它驻留内存,是临界资源,需互斥访问。

2. 分配一个空闲块的算法

IF 超级块上锁 THEN 挂起等待;ELSE 封锁超级块;ENDIF

检查当前超级块;

IF 当前栈顶指针不在栈 0 单元 THEN

    栈指针退 1,置超级块修改标志并解锁;

    分配该空闲块给调用者,并返回;

ELSE　//该块是组中的第一块,内含下一组块信息,不能直接分配

  把该块内容复制到常驻主存的超级块中;

  置超级块修改标记,并解锁;

  把该块分配给调用者;返回;

ENDIF

3. 回收一个空闲块的算法

IF 超级块上锁 THEN 挂起等待;ELSE 封锁超级块;ENDIF

检查当前超级块(含当前第一组块组织信息);

IF 当前栈指针不在栈顶单元 THEN

空闲块号存入栈顶单元;栈指针进 1;

置超级块修改标志,并解锁超级块;返回;

ELSE　//否则该组已满,需再增加一个新组;

    把超级块内容复制到当前的回收块中;

    将该当前回收块号填入超级块栈 0 单元中,并使栈指针指向栈 1 单元;

    置超级块修改标记,解锁后返回;

  //此时形成了一个新的空闲组,该组的第 1 块即为新收回块

ENDIF

8.3 目录管理

8.3.1 目录管理概述

8.3.1.1 目录管理的基本任务

在现代的文件系统中,文件种类繁多、数量庞大。为了有效管理这些文件并实现"按名存取"功能,必须对数目可能巨大的磁盘文件进行有效的组织,使得一方面可减少检索或查找时间,另一方面也有利于共享和保护。

目录的概念为分类管理和检索外存文件提供了一个方便且有效的途径。

8.3.1.2 目录的功能作用

◇ 实现按名存取;
◇ 实现文件的分类组织,提高对文件的检索速度;
◇ 允许文件重名;
◇ 更便于实现文件共享。

8.3.1.3 文件目录项

在传统意义上,文件目录项也称为文件控制块,它是为有效存取一个文件而专门设置的、用于描述或控制该文件的数据结构。其中,包括基本信息(如文件名、物理地址、文件结构)、存取控制信息(如文件主用户、用户组)和使用信息(如日期、时间、大小及当前使用信息等)等描述项。

8.3.1.4 目录与目录文件

在引入目录概念的文件系统中,从用户的角度看,目录主要用于分类文件,目录可递归划分。一个目录下,可以包括一组文件列表或一些下一层的子目录。从系统的角度看,目录可视为一种特殊文件——目录文件,其信息内容主体就是隶属于它的文件或子目录的目录项。

目录文件可以像普通文件一样进行读写。当需要时,可以把目录文件中有关文件目录读到主存进行存储或修改,也可以把主存储器中的文件目录写回到磁盘的目录文件中。

无论是普通文件,还是目录文件,都有一个描述它的 FCB 或索引节点。

8.3.2 目录的结构与操作

8.3.2.1 目录结构

1. 单级目录

整个系统只有一张目录表,为每个文件分配一个目录项。
- 优点:简单,能实现"按名存取"的基本功能。
- 缺点:采用线性搜索方式,查找速度慢;不允许重名;不便于实现文件共享,只能适用于单用户环境。

2. 二级目录

第一级为主目录,每个用户占用一个目录项;第二级为属于每个用户的文件目录,由用户所有文件的 FCB 构成。
- 优点:① 提高了检索速度;② 不同用户允许使用同名文件;③ 通过让不同用户的某个目录项,指向同一个实际文件方式,可实现以不同用户文件名方式,共享同一个文件。
- 缺点:用户之间不方便相互共享各自的特定文件。

3. 多级目录(在二级目录基础上,进一步提高了一些性能)
- 既可方便用户查找文件,又可以把不同类型和不同用途的文件分类;
- 允许文件重名;
- 有利于文件保护,可以更方便地实现和制定文件的存取权限。

4. 树形目录

(1) 树形目录的一些基本概念
- 树根节点 对应根目录或主目录,通常以符号"\"标识。
- 树的叶节点 对应一个具体文件。
- 树中间节点 对应一个子目录——可当作特殊文件(目录文件),目录文件有自己的 FCB,有自己的数据体——隶属于它的文件或下一层子目录的目录项。
- 绝对路径名 指由从根目录到文件的路径组成。绝对路径总是从根目录开始,并且是唯一的。如果路径名的第一个字符是分隔符,那么这个路径就是绝对路径。
- 当前目录 即当前的工作目录,其内容已在主存中,通常以符号"."标识当前目录,以符号".."标识当前目录的父目录。设置当前目录的主要原因是加快文件查找速度(可减少搜索路径的长度,从而可减少搜索时读磁盘块的数目)。
- 相对路径名 指从当前工作目录(不包括当前目录本身)开始的一段相对路径描述串,它显然比绝对路径的描述串更短。

> 相对路径往往更加方便(在操作系统中执行命令操作时,作用户需要键入的字符串更短),但是,它实现的功能和绝对路径完全一样。引用当前目录、相对路径有利于用户快速输入操作命令,以及减少搜索路径长度,加快文件检索速度。

(2) 树形目录结构的优点

能有效提高对目录的检索速度。

允许文件重名。在不同的分支路径下允许存在同名的文件。

便于实现文件共享。比如,把共享属性相同的目录分类到相同目录下,通过设置目录共享实现对目录下整组文件的共享和保护;允许不同用户用不同的文件名访问同一个共享文件的情况。

层次和隶属关系清晰。

8.3.2.2 目录操作

对于任何目录对象,可执行创建、删除、检索、目录打开和关闭等操作。

8.3.2.3 目录查询技术

为实现文件的按名存取,系统需按下列步骤为用户找到所需的文件:

(1) 利用用户提供的文件路径名及文件名,以及某种目录查询技术,逐级查找路径的各级目录文件,直到最终找到与文件名匹配 FCB 或 inode。

(2) 根据 FCB 或 inode 找到文件数据体的物理位置信息。

(3) 启动磁盘驱动,将所需文件读入内存中。

以下是三种常用的目录检索算法。

1. 线性表算法

• 每个表项由文件名和指向数据块的指针组成。当要搜索一个文件目录项时,可采取逐级深入、同级逐项比较的线性搜索算法。

• 线性搜索算法虽简单,但执行很耗时。对文件树形路径通路上的每一级目录检索,至少要读一个磁盘块。

2. 散列表算法

• 进行目录搜索时,首先根据文件名来计算一个散列值,然后得到一个指向散列表中文件的指针。

• 直观、快捷、伸缩性好,但可能存在重叠情形,不同的文件名被映射到同一个桶中。解决方法:桶内另加顺序或链接组织。

• 主要难点:选择合适的散列表长度和适当的散列函数。

3. 基于 B 树的文件目录项组织与检索方法(常用在数据库系统中)

例 8.3 某文件系统驻留物理块大小为 512 B 的磁盘上。若有某文件 A 包含 590 个逻辑记录,每个记录占 255 B,每个物理块存放两条记录。文件 A 在文件目录树中的结构如图 8.9 所示。此树形文件目录结构由根目录节点、作为目录文件的中间节点和作为文件的叶节点组成。

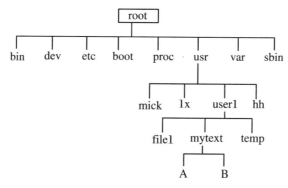

图 8.9 例 8.3 的目录结构

(1) 写出文件 A 的绝对路径,以及以 user1 为当前目录时的相对路径。

(2) 若磁盘超级块及基本控制参数常驻内存,每个目录项占 127 B,每个物理块存放四个目录项。如果采用链接(串联)文件结构,设每块的勾连字占 2 B,要将文件 A 读入内存,至少要存取几次硬盘?为什么?

解 (1) A 的绝对路径为/root/usr/user1/mytext1/A,相对路径为 mytext1/A。

(2) 为了将 A 读入内存,首先要找到相关的目录信息。

每个目录项占 127 B,由 $127 \times 4 + 2 = 510 < 512$ 可知,一个磁盘块可存放四个目录项(留下一个地址来指示下一个存储盘块号)。由 root 起,第 1 次读盘块可得到 root、bin、dev、etc、boot 的目录信息和下一个目录块物理地址;第 2 次读盘可得到 proc、usr、var、sbin,其中,usr 匹配目标上级目录。由此,可得到 usr 的物理地址;第 3 次读盘找到 user1 的地址;第 4 次读盘找到 mytext 目录地址;第 5 次读盘块获得文件 A 的地址;第 6 次读盘获取文件 A 的 inode。

再由 $255 \times 2 + 2 = 512$ 可知,一个物理块可存放两条记录和下一个块的地址。所以文件 A 被读入内存至少需要读 $6 + 590/2 = 301$ 次。

例 8.4 有一个文件系统,根目录常驻内存,如图 8.10 所示。假设目录文件采用链式结构,每个目录下最多存放 80 个文件或下级目录,每个盘块最多存放 20 个 FCB。如果下级是目录文件,则上级目录项中含有指向下级目录文件第一个盘块的地址。

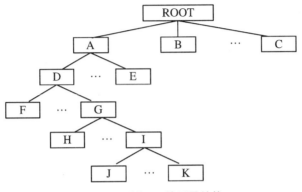

图 8.10 例 8.4 的目录结构

而普通文件采用 UNIX 的三级索引结构，FCB 给出 13 个磁盘地址，前 10 个是块的直接地址，第 11 个地址指向一级索引表，一级索引表给出 256 个磁盘块地址（即该文件的第 11～266 块的地址），第 12 个地址指向二级索引表，二级索引表给出 256 个一级索引表地址；第 13 个地址指向三级索引表，三级索引表给出 256 个二级索引表地址。主索引表存放在 FCB 中（假设目录结构中，文件或子目录按自左向右的次序排序）。

(1) 一个普通文件最大允许有多少个块？

(2) 若要读入文件 K 的第 7 456 块，需读磁盘块几次？

解　(1) 一个文件的所有块可通过三种途径找到：直接通过 FCB 找到前 10 块，通过一级索引找到 256 块（第 11～266 块），通过二级索引找到 256×256 块，通过三级索引找到 $256 \times 256 \times 256$ 块。一个文件的最大块数为 $10 + 256 + 256 \times 256 + 256 \times 256 \times 256 = 16\,843\,018$。

(2) 如要找文件 K 中的某一块，先要找其 FCB。最好的情况是能在每级目录的第一块就找到下级目录，这时，检索并读取 K 的 FCB 只需要 5 次 I/O。最坏的情况目录 G、I、K 是在层级目录的最后块中找到下级目录地址。读取 A 和 D 还是读 1 次，但读取 G、I、K 目录 3 次，最坏的情况是读 4 块（最多 80 项/每块可存 20 项），总共要 $1 + 4 \times 3 + 1 = 14$ 次 I/O。找到 FCB 后再读取某一个块。

◇ 如果目标块是前 10 块之一，那只要再读 1 块即可。

◇ 如果需要通过一级索引读取目标块，共需 $1+1$ 次读取盘。

◇ 如果需要通过二级索引读取目标块，共需 $2+1$ 次读取盘。

◇ 如果需要通过三级索引读取目标块，共需 $3+1$ 次读取盘。

因为 (7456−266)/256≈3，可在二级索引找到，所以，读取文件 K 的第 7 456 块，最少需要 5+1=6 次 I/O，最多需要 14+3+1=18 次 I/O。

8.3.3 索引节点

8.3.3.1 索引节点的引入原因

从前面多级或树形目录结构，以及基于目录的文件目录项线性检索方式可看到，线性检索一个路径深度很长的文件，代价大，耗时多。特别地，有时当某级目录隶属文件或子目录较多时，下级 FCB 列表就会占用多个磁盘块，这时，搜索下级目标 FCB 往往读一个磁盘块都不够，而是要读多个磁盘块。

显然，为减少目录下级 FCB 列表占用空间的大小，减少每个 FCB 的大小非常重要。考虑到在检索目录文件内容（下级 FCB 列表）的过程中，只用到了文件名（并不用该文件的其他描述信息），仅当找到一个与目标目录名或文件名相匹配的目录项时，才需读完整的 FCB，以确定下级目录块或最终目标文件的物理位置。

为了提高系统目录检索的性能，UNIX/Linux 中，普遍引入简化的目录——将每个目录缩减为两项（即文件名和索引节点号）的做法。将去掉文件名的其他 FCB 信息称为索引节点，另行存储。

8.3.3.2 磁盘索引节点基本内容

存储在磁盘上的索引节点（inode），包括类似传统 FCB 的一些内容：
◇ 文件所有者标志（节点号）；
◇ 文件类型：正规文件、目录文件或特别文件；
◇ 文件存取权限；
◇ 文件物理地址（如 13 个地址索引项）；
◇ 文件长度；
◇ 文件链接计数：文件系统中共享该文件的进程（用户）个数；
◇ 文件存取时间：文件最近存取时间、被修改时间以及索引节点最近被修改的时间。

8.3.3.3 索引节点的内存映像

内存 inode，也称活跃 inode，指磁盘上的索引节点被读入主存中时，创建的一个内存数据结构或对象。系统通常会根据使用需要，在磁盘 inode 数据项基础上，去掉一些仅用于显示的信息项，同时，加上一些动态使用必需的信息项，以方便内核使用。

内存 inode 的主要数据项包括：

◇ inode 号(来自文件的目录项);
◇ 链接内存中 inode 链的指针(动态管理项);
◇ 封锁状态位、修改标志位和引用计数(动态管理项)。

以下信息项来自对应的磁盘 inode:
◇ inode 对应文件所在设备的设备号;
◇ 文件类型和访问权限;
◇ 该文件的链接数;
◇ 所属用户及用户组标志;
◇ 文件大小;
◇ 文件数据块索引数组。

8.4 文件使用与控制

操作系统必须为用户提供若干系统调用,以便有效地使用和控制文件。最基本的系统调用包括建立(CREATE)、删除(DELETE)、打开(OPEN)、关闭(CLOSE)、读(READ)和写(WRITE)文件,以及某些控制文件的操作,如设定读/写的当前位置(SEEK),或获取/设定文件属性等。

8.4.1 基本文件操作及实现机制

8.4.1.1 文件的建立与删除

当用户希望以文件形式保存一批信息时,必须首先调用创建文件命令。创建文件的基本参数包括文件名、卷名,以及一些关于文件使用限制和控制方面的参数(如操作限制、共享说明、缓冲使用说明、口令密码等)。

对不再需要的文件,则可以调用删除命令删除。

8.4.1.2 文件的打开与关闭

按文件名查找文件 inode 或 FCB,是一个相对复杂且较慢的过程。例如,在 UNIX 中,执行按名查找文件 inode 时,一般都要执行如图 8.11 所示的过程。该过程需要沿文件路径,逐级读取相关目录项表到主存进行匹配比较,可能需要读取多个磁盘块。在找到目标文件目录项后,读文件 inode 到主存还需要读一次磁盘块。这种需要多次磁盘 I/O 操作的过程,是个很费时的慢过程。如果在一个较短时间内要多次操作同一文件,每次都去执行这种耗时过程,显然很不合理。

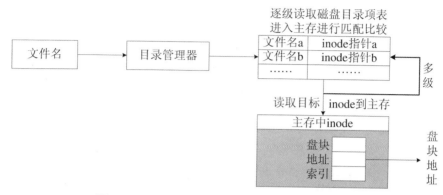

图 8.11 UNIX 中执行按名查找 inode 的基本过程

而若把所有文件目录都复制到主存,又会增加主存开销。一种行之有效的方法是只把常用和正在使用的 inode 保存在内存中,并为每个用户进程建立一张打开文件表,建立进程与内存中 inode 的链接。当不再使用该文件时,切断用户进程与内存中 inode 的联系、删除内存 inode。具体的做法是:

(1) 当进程要在较短时间内多次操作同一文件时,让按文件名查找文件 inode 过程只执行一次。成功后,在主存中缓存此 inode,并建立可从用户进程快速定位主存中 inode 的链路。保留在主存中的 inode 称为活跃 inode。

(2) 让后续的、间隔时间不长的同进程访问同一文件操作,能通过链路直接找到对应的活跃 inode。

(3) 由于缓存 inode 和链路都需要占用主存资源,因此,当用户进程不再使用或未来很长时间内不操作此文件时,应通知系统撤销该文件对应的活跃 inode 及相关链路表项。

上述步骤(1)其实就是所谓的"打开文件"过程所要完成的工作;而步骤(3)是"关闭文件"过程所要完成的工作。可能需要执行多次的步骤(2)则是文件"被打开后"的读/写操作。这个说明很好地诠释了操作系统中,在具体使用文件之前需要先打开文件的本质原因。

图 8.12 给出了进程打开文件并建立链路的内核相关数据表,以及它们之间的勾连关系。首先,在主存系统空间设立一张活跃 inode 表(数组 inode[]),用以缓存当前一段时间内需读/写文件的 inode。这个做法,既不会占用过多的主存空间,又可显著减少文件在使用过程中的目录查找时间。

其次,在每个进程 PCB 中有一张"打开文件描述符表",表中的每一项分别保

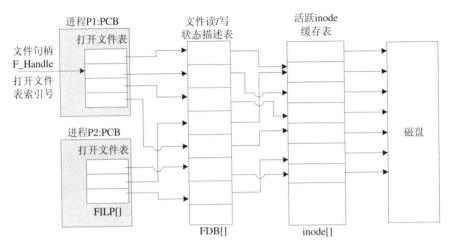

图 8.12　建立打开文件链路的内核相关数据表及其相互关系

存一个指向"文件读写状态描述块(File Descriptor Block，FDB)"指针。FDB 中包含 mode(访问模式)/pos(读写指针位置)/ inode_ptr(指向缓存 inode 指针)/等数据项。其中，inode_ptr 是指向一个活跃 inode 的指针。所有的 FDB 项构成"文件读写状态描述表(FDB[])"。系统单独设立 FDB 表的主要理由是：

- 不同的进程，可能会以不同的方式(mode)共享打开同一个文件，且可能并发地访问文件中的不同位置(pos 值不同)，因此，FDB 表项不能合并到活跃 inode 表项中。
- FDB 表项内容也不宜合并到 PCB 的打开文件描述符表中，否则不利于父、子进程共享且允许不同步地操作同一个打开的文件。

引入了中间的 FDB 表后，允许多个不同的 FDB 表项，映射对应到同一个活跃 inode，从而允许访问同一文件的不同进程，以不同模式读写共享文件的不同位置。

打开文件系统调用的主要工作过程：

(1) 检查参数，获得文件名(路径名)；

(2) 执行按名查找文件目录结构，找到文件的 FCB 或 inode；

(3) 将找到的文件 inode 部分域复制到内存，建立活跃 inode；

(4) 建立本次打开的文件读写状态描述表项，根据用户打开文件模式参数，填写访问模式(mode)域，初始化当前访问指针(pos)，设置指针 inode_ptr 指向前一步中建立好的活跃 inode；

(5) 将文件的读写状态信息表项的索引地址，存于进程 PCB 中的资源描述区的"打开文件表(FILP 表)"，返回新填入项在 FILP 表中的索引号，作为本次调用的返回值,这个索引号就是所谓的文件标识符,即文件句柄号(file handle)。

对同一文件的两次不同打开行为,会创建两个不同的读写状态信息表项,但它们共享同一个活跃 inode。已打开过的文件再次被打开时,只需建立一个新的 FDB 表项和 FILP 表项。

关闭文件过程的主要工作与任务:

为节省活跃 inode 所占的主存空间,系统希望用户及时关闭不再用或暂时不用的文件,以通知系统收回缓存该文件 inode 的主存空间。在关闭一个文件时,如果文件被打开多次,CLOSE 调用处理只需要释放 FILP 表项和 FDB 表项,只有最后一个用户执行 CLOSE 调用时,才真正释放活跃 inode。具体如下:

(1) 检查参数,获得 fd。

(2) 按 fd 在 PCB 的"打开文件表"中,找到文件读写状态信息表项的地址,释放该文件读写状态信息表项,如果活动文件目录表中的活跃 inode 不再使用(共享用户数为 0),则释放该活跃 inode 所占的空间。最后,删除该 fd 在 PCB 中的"打开文件表"中对应的表项,以及在内存 FDB 表中对应的表项。

8.4.1.3 文件的读写

系统接到读/写文件的系统调用时,逻辑上将大致完成以下工作:

(1) 核实所给的参数是否合法。

(2) 按文件句柄找到文件打开表的相应项。

(3) 根据 inode 内容,核对操作权限和共享说明。

(4) 将逻辑记录号或逻辑块号,转换为文件对应的物理块号(物理地址)。

(5) 如果是"写文件",则将数据从用户区复制到系统区,将物理地址、内存地址、长度等参数填好,调用磁盘驱动程序进行输出操作;如果是"读文件",则先分配系统缓冲区,将物理地址、内存地址、长度等参数填好,调用磁盘驱动程序进行输入操作,在输入完成后将系统缓冲区中的数据复制到用户区。

8.4.2 利用虚存映射机制读写文件

现代操作系统都实现了虚拟存储。进程空间很大,在进行文件访问时,可以利用操作系统提供的映射文件系统调用:在读/写文件之前,将文件映射到进程的一段虚拟空间,然后就可用直接读写这段虚拟地址方式进行文件访问。

若不再需要使用文件,则断开映射,将文件与虚拟地址脱钩。操作系统提供两种系统调用,以实现映射虚存方式的文件访问模式:

(1) Map:通过该系统调用将一个文件映射到进程的一段虚存空间;

(2) Unmap:将文件与虚拟地址脱钩。

操作系统在实现映射时,实际上建立了一些页表项,将进程某段虚拟空间的页表项中磁盘地址域指向了文件所在的磁盘块。当用户初次访问该段的页面时,操作系统缺页处理程序会将对应文件块从外存读入主存。当某页面被淘汰时,会被写到文件对应的磁盘块中。

将文件与指定虚存空间段脱钩时,会将页帧内容写回文件并且释放映射文件的这段虚存空间。

8.5 文件共享

在计算机系统中,一般都存放了大量的文件。其中,有些文件可供许多用户共享,如编辑器程序,或某些常用的应用程序;也有些文件或目录需要提供给一组用户共享。文件共享使多个用户(进程)共享同一份文件,系统中只需保留该文件的一份副本。如果系统不能提供共享功能,那么每个需要该文件的用户都要有各自的副本,会造成对存储空间的极大浪费。

文件共享具有节省存储空间、减少用户重复劳动、减少 I/O 文件个数等多种好处。文件系统的一个重要任务是为用户提供共享文件信息的手段。

早期操作系统中,实现共享文件的方法主要有绕道法、连访法和基本文件目录表(Basic File Directory,BFD)法。现代操作系统中,实现文件共享方法主要有硬链接和软链接两种方法。

8.5.1 早期实现文件共享的方法

8.5.1.1 绕道法

绕道法要求每个用户处在当前目录下工作,用户对所有文件的访问都是相对于当前目录进行的。使用绕道法进行文件共享时,用户从当前目录出发,向上返回到共享文件所在路径的交叉点,再按顺序下访到共享文件。绕道法需要用户指定共享文件的逻辑位置。

这种共享方式是低效的,为访问一个不在当前目录下的共享文件,往往需要花费大量时间去访问多级目录或要绕很大的弯路,要输入很长的路径名字符串。

8.5.1.2 连访法

连访法的基本做法是:在相应的目录项之间建立链接,使一个目录项直接指向另一个文件的目录项。为此,应在文件说明中增加一个"连访"标志属性,以指示文件说明中的物理地址是一个指向共享文件目录项的指针;也应该包括共享文件的"用户计数",以方便管理。

8.5.1.3 基本文件目录表法

基本文件目录表(BFD)法在文件系统中设置一个基本目录(BFD),用于给出系统赋予的、对应于文件名的唯一标志号,以及一个指向文件说明(包括文件的结构信息、物理块号、存取控制和管理信息等)的物理位置指针。另外,每个用户拥有一套符号文件目录(SFD),每个 SFD 项包含一个符号名和文件对应的系统唯一标志号。

系统保留唯一标志号的前三个(0、1、2)分别指向 BSD 本身、空闲文件目录(FFD)和用户主目录(MFD),其余标志号对应某特定的一个系统中的文件。如图 8.13 所示。

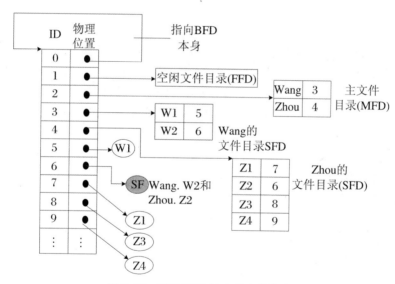

图 8.13 利用 BFD 法实现文件共享

当两个用户的 SFD 表项中,包含了相同的系统文件标志号时,例如,图 8.13 中的用户 Wang 的 W2 文件项和 Zhou 的 Z2 文件项,都对应系统文件标志号 6,这就相当于它们共享了文件标志号 6 对应的系统文件 SF。

8.5.2 基于索引节点的共享方式(硬链接)

在树形结构的目录中,当有两个或多个用户要共享一个子目录或文件时,必须将共享文件或子目录链接到两个或多个用户的目录中,才能方便地让不同用户根据自己拥有的目录项找到共享文件,如图 8.14 所示。

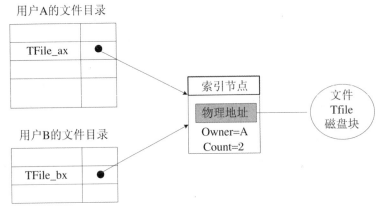

图 8.14　基于索引节点的硬链接共享法

在基于索引节点的共享方式中,文件的物理地址及其他属性信息,不再是放在目录项(FCB)中,而是放在索引节点中。在文件目录中只设置文件名及指向相应索引节点的指针。UNIX/Linux 等引入 inode 的系统已自然地符合这种思想。

对于任何共享同一文件的目录,都通过指针指向同一文件的索引节点。这样一来,任何一方对文件进行修改,其他共享者都可以看到。

在索引节点中还应设置一个链接计数(count),用于表示链接到本索引节点(即文件)上的用户目录项的数目。当 count = 2 时,表示有两个用户目录项链接到本文件上,或者说有两个用户共享此文件。

当用户 A 创建一个新文件时,它便是该文件的所有者,此时将 count 置为 1。当有用户 B 要共享此文件时,在用户 B 的目录中增加一个目录项,并设置一指针指向该文件的索引节点。此时,文件主仍是用户 A,但 count = 2。如果用户 A 不再需要此文件,不能直接删除文件,只能将该文件的 count 减 1,然后删除自己目录中的相应目录项(TFile_ax)。当 B 也删除该文件时,也是将该文件的 count 减 1,但此时 count = 0,表示没有用户使用该文件,系统才删除该文件。

8.5.3　利用符号链实现共享(软链接)

为使用户 B 能共享用户 A 的一个文件 F,可由系统创建一个 LINK 型的新文件 F1,并将文件 F 的路径写入 F1 的文件中,以实现用户 B 的目录与文件 F 的链接。在新文件中只包含被链接文件 F 的路径名。这种链接方法称为符号链接或软链接。

基于符号链的文件共享方式中,仅文件主拥有指向共享文件索引节点的指针;其他共享者则由操作系统在自己的目录中建立一个 LINK 类型的文件,内含共享文件的路径名。当访问 LINK 文件时,被操作系统截获共享文件的路径,按路径打开文件,进行存取。

当文件的拥有者把一个共享文件删除后,其他用户通过符号链去访问它时,会出现访问失败,于是将符号链删除,除此之外,不会产生其他负面影响。

在符号链的共享方式中,非文件主共享者需要根据文件路径名逐个地查找目录,直至找到该文件的索引节点。因此,每次访问时,都可能要多次地读盘,使得访问文件的开销变大。此外,符号链的索引节点也要耗费一定的磁盘空间。符号链方式的优点是可用于网路文件共享的情况,而硬链接方式只能适用于文件系统内本地文件共享。

上述两种链接方式都存在一个共同的问题,即每个共享文件都有几个文件名。换言之,每增加一条链接,就增加一个文件名。当我们试图去遍历整个文件系统时,将会多次遍历到该共享文件。另外,硬链接和软链接都是文件系统中的静态共享方法,在文件系统中还存在着另外的共享需求,即两个进程同时对同一个文件进行操作,这样的共享称为动态共享。

> Linux 中的硬链接,本质上是增加创建一个指向原始被链接文件 inode 的目录项。硬链接的使用有限制:链接文件与被链接文件必须属于相同的文件系统。创建文件硬链接的命令及使用语法如下:
> linux $ > ln 〈被链接文件说明〉 〈新链接文件说明〉
> Linux 中的软链接,本质上是建立一个新文件,新文件内容是被链接文件的绝对路径说明。使用不受限,原始文件被删除也没关系。创建软链接与硬链接的命令令相同,但要多加一个"-s"选项:
> linux $ > ln-s 〈被链接文件说明〉 〈新链接文件说明〉

8.6 文 件 保 护

文件系统中,为实现文件保护一般采用口令、密码和访问控制三种方法。

8.6.1 文件的口令保护

口令方式有两种:一种是当用户进入系统,获得系统使用权的口令;另一种是当用户在创建文件时,为每个创建文件设置的一个口令,且将文件口令存储在文件说明(FCB 或 inode)中。

用户访问文件时,必须提供相应口令。这种方法简单,且空间、时间开销不大。缺点是将口令直接存在系统内,容易被窃取;也无法实现对存取权限的区别控制。口令保护方法通常需要与其他加密方法配合使用。例如,用口令识别用户,用其他方法实现访问权限控制。

8.6.2 文件的密码保护

对文件加密,可使得窃取者即使盗取了文件也无法使用。

在文件写入时进行加密编码,读出时进行译码。进行编译码工作可由系统统一替用户完成,但用户请求读/写时,需要提供密钥。由于密钥不直接存入系统,只在用户请求读/写时动态提供,故可防止不诚实的系统程序员窃取他人的文件。

密码方式保密性强,实现时也很节省空间,但需花费较长的译码时间。目前,也有直接由应用程序提供加密保护的实现方式。

公共密钥密码 RSA

在著名的公共密钥密码 RSA(三位技术创始者的名字缩写)体制中,通过将一个大数分解成两个质数的乘积及求同余幂等算法,可获得一对密钥:加密密钥(公开密钥)和解密密钥(私密密钥)。

当需要发送一份保密文件时,发送方使用公钥对数据加密,而接收方则使用自己的私钥解密,这样信息就可以安全无误地到达目的地了。例如,一个商户可以公开其公钥,而保留其私钥。购物者可以用人人皆知的公钥对发送的信息进行加密,安全地传送给商户,然后由商户用自己的私钥进行解密。

在公开密钥密码体制中,即使已知明文、密文和加密密钥(公开密钥),想要推导出解密密钥(私密密钥),在计算上也是不可能的。按现在的计算机技术水平,要破解目前采用的 1 024 位 RSA 密钥,需要上千年的计算时间。

8.6.3 基于数字证书的用户身份认证*

数字证书是目前网络上非常流行的信息资源保护手段,广泛用于网络中各种场合的用户身份认证。目前"数字证书"的格式普遍采用的是 X.509V3 国际标准,它包含以下内容:

◇ 证书的版本信息;
◇ 证书的唯一序列号;
◇ 证书所使用的签名算法;
◇ 证书的发行机构名称,命名规则一般采用 X.500 格式;
◇ 证书的有效期;
◇ 证书所有人的名称,命名规则一般采用 X.500 格式;
◇ 证书所有人的公开密钥;
◇ 证书发行者对证书的签名。

数字证书的种类和用途很多,比如,一个商户或互联网应用系统拥有者,可以委托国家许可的认证机构(Certification Authority,CA),给自己的用户发放数字证书。发行者的身份信息、发行者公开的公钥、认证机构本身的公钥及签名信息都会体现到数字证书中。用户在进行需要使用证书的网上操作时,一般系统会自动提示用户出示数字证书或者插入存储证书介质(IC 卡或 Key),用户插入证书介质后系统将要求用户输入密码口令,密码验证正确后系统将自动调用数字证书进行相关操作(注:首次使用数字证书会自动弹出提示框要求安装根证书,用户需按要求下载安装)。

任何个人也可以携带有关证件到证书发放机构即 CA 中心,填写申请表并进行身份审核,审核通过后交纳一定费用就可以得到装有某项应用授权数字证书的相关介质(磁盘或 USB Key)和一个写有密码口令的密码信封。

8.6.4 访问控制

"口令"和"密码"技术都是防止用户文件被他人窃取,并没有控制用户对文件的访问方式。要实施文件对不同的用户进行不同的保护,就需要通过检查用户拥有的访问权限与本次存取是否一致,来防止未授权用户访问文件或被授权用户越权访问。

8.6.4.1 保护域的概念

保护域(protection domain)是一组对象访问权的集合。允许多个不同进程在同一个保护域内执行操作,"域"指出了进程所能访问的对象(设备对象、软件对象或文件对象等)。

一个进程能对某对象执行操作的权限,称为访问权(access right)。访问权通常用"对象名—权集"对的形式来表示。例如,某进程对文件 F1 有进行读写的权限,则可表示为(F1,{R|W})。

只允许进程去访问那些已被授权访问的对象,称为须知(read to know)原则。

实际上,域是一个抽象的概念,它能以各种方式实现。例如,考虑文件共享的实际情况,许多操作系统将用户分成三类:文件主(owner)、同组的(group)若干用户和其他用户。这时,我们可将用户划分为三个域,一个域代表一类客户。

进程和域之间具有以下两种联系:

(1) 静态关系　指进程的可用资源集在进程的整个生命期中是固定的。
(2) 动态关系　指进程的可用资源集在进程的整个生命期中是变化的。

进程运行在不同的阶段时,有时需要从一个保护域切换到另一个保护域。因此,需要这样的一个机制:允许进程在运行期间,从一个保护域切换到另一个保护域,同时也应允许修改域中的内容。

8.6.4.2　访问控制矩阵

为了对用户的文件访问操作(读 R/写 W/执行 E)进行控制,操作系统可在内部建立一个二维的访问控制矩阵。由一个维列出操作系统的全部用户域,另一个维列出操作系统中的全部文件或设备。矩阵中的每一项列出某域对某个相应对象的访问权限。当用户进程请求访问文件时,操作系统就通过访问控制矩阵,验证用户所需的访问与规定的访问权限是否一致。若越权,则拒绝此次的用户访问。

为了实现进程和保护域之间的动态联系,或能对进程进行控制,应能够将进程从一个保护域切换到另一个保护域。应将切换也作为一种权利,仅当拥有切换权时才能进行相应的切换,这可以通过在存取矩阵中增加专门的"切换权列"来实现。表 8.2 给出了一个带切换权定义的保护矩阵示例。由于这种访问控制矩阵空间开销巨大,所以它只有在较小规模的操作系统环境中才有使用价值。

表 8.2　一个带切换权定义的保护矩阵

对象 域	文件1	文件2	文件3	文件4	文件5	文件6	打印机1	绘图仪2	D1	D2	D3
域 D1	R	R,W								S	
域 D2			R	R,W,E	R,W		W				S
域 D3						R,W,E	W	W			

8.6.4.3 访问控制的实现

访问控制矩阵的管理思想简单,易理解。但在一个稍具规模的系统中,域的数量和对象的数量都可能很大,访问矩阵的时空开销往往是巨大的或难以接受的,对它进行访问也是很费时的。

实际上,访问矩阵往往是很稀疏的矩阵,可压缩的余地非常大。现代操作系统中,一般采用按行或按列来存储矩阵中非空元素方法进行压缩。

1. 访问控制表

将访问矩阵按列存储非空元素,就形成了所谓的对象访问控制表(Access Control Right List,ACL)。它由一系列由";"分隔的有序对"域—权集"所组成,且通常被存放在该文件对象的 FCB 或索引节点中,作为该文件(对象)的存取控制信息。另外,系统在创建文件时,也通常会在 FCB 中自动记录创建者(文件主)名和创建者所属的组名。当用户访问文件时,系统根据用户所属的域,在访问表中验证访问权限。

2. 访问权限表

将访问矩阵按行存储非空元素,形成域或进程的访问权限表(Accessc Capabilities)。它是由一个域对每个对象可以执行的一组操作所构成的列表,列表中每一项为该域对某对象的访问权限。

当域为用户(进程),对象为文件时,访问权限表便可用来描述一个用户(进程)对每一个文件所能执行的一组操作。显然,访问权限表本身不允许用户直接访问(否则就谈不上保护了),可采用三种方式对控制权限表进行保护:

◇ 将它存储在系统区内的一个专用区中,只允许操作系统对它进行访问。

◇ 为每个对象建立一个标志位,用于标明该对象是否要访问权限表,该标志位不允许被用户程序访问。

◇ 可将访问权限表放在用户空间,但需将表中的每一个访问权都译成密码。

目前,大多数系统都同时采用访问控制表和访问权限表。在系统中为每个对象配置一张访问控制表,并存储在 inode 或 FCB 中。当一个进程第一次试图访问一个对象时,必须检查该控制表,检查用户(进程)是否具有该对象的访问权。如没有,系统拒绝该访问,并构成一个例外(异常)事件;否则,允许用户(进程)访问该对象,并将访问权限添加到该进程(的访问权限表中)。以后,进程若再次访问该对象,可通过先检查进程的访问权限表来达到快速验证访问权的目的。

8.6.5 分级安全管理

随着计算机系统应用的日益广泛,如何保证系统的安全性问题,变得日益重要。本小节我们将介绍一个在实际系统中使用的、在四个层级上对文件进行安全管理的措施：系统级管理、用户级管理、目录级管理和文件级管理。

8.6.5.1 系统级安全管理

主要任务是不允许未经核准的用户进入系统，有以下几种方法：

（1）注册　使系统管理员能够掌握使用系统的各用户情况，并保证用户在系统中的唯一性。

（2）登录　通过核实用户的注册名及口令来检查该用户使用系统的合法性。

实现注册和登录的若干安全措施：

◇ 规定用户要定期地修改口令，以防口令被窃；

◇ 限定用户的终端，比如，不允许任意更换终端；

◇ 限定用户规定的上机时间。

8.6.5.2 用户级安全管理

为了给用户分配"文件访问权"而设计的，包括两个方面内容：对所有用户进行分类（分组），以及为指定用户分配文件的访问权。

8.6.5.3 目录级安全管理

为保护系统中的各种目录而设计的。为保证系统目录的安全，规定只有系统核心才具有写系统目录的权利。对非系统目录，只有目录主才有写和删除目录权限。

8.6.5.4 文件级安全管理

通过系统管理员或文件主对文件属性的设置，来控制用户对文件的访问。

习　题

选择题

1. 文件系统是(　　)。
  A. 文件的集合　　　　　　　　　B. 文件及其管理软件的集合
  C. 系统文件的集合　　　　　　　D. 用户文件的集合

2. 文件系统中，文件访问控制信息存储的合理位置是(　　)。
  A. 文件控制表　　B. 文件分配表　　C. 用户口令表　　D. 系统注册表

3. 下列文件物理结构中，适合随机访问且易于文件扩展的是(　　)。
  A. 连续结构　　　　　　　　　　B. 索引结构
  C. 链式结构且块定长　　　　　　D. 链式结构且块变长

4. 在 MS-DOS 中,文件的物理结构采用(　　)结构。
   A. 连续　　　　B. 链式(串联)　　C. 索引　　　　D. 散列

5. 映射文件逻辑块号到物理块号变换的基本数据结构是(　　)。
   A. 逻辑结构　　B. 物理结构　　　C. 页表　　　　D. 系统设备表

6. 下列关于索引表的叙述,(　　)是正确的。
   A. 索引表中每个记录的索引项可以有多个
   B. 对索引文件存取时,必须先找到索引表
   C. 索引表中含有索引文件的数据及物理地址
   D. 建立索引表的目的之一是减少存储空间

7. 若文件以直接存取方式使用,且文件大小不固定,则应采用(　　)物理结构。
   A. 直接　　　　B. 索引　　　　　C. 随机　　　　D. 顺序

8. 下列选项中,不能改善磁盘 I/O 性能的是(　　)。
   A. 重排 I/O 请求次序　　　　　　B. 在一个磁盘上设置多个分区
   C. 预读和滞后写　　　　　　　　D. 优化文件的物理分布

9. 假设磁头当前位置位于第 105 道,正在向磁道序号增加的方向移动。现有一个磁道访问请求序列为 35、45、12、68、110、180、170、195,采用 SCAN 调度(电梯调度)算法得到的磁道访问序列是(　　)。
   A. 110、170、180、195、68、45、35、12　　B. 35、45、12、68、110、180、170、195
   C. 110、170、180、195、12、35、45、68　　D. 12、35、45、68、110、180、170、195

10. 移动臂调度的目的是尽可能减少(　　)。
    A. 寻道时间　　B. 传送时间　　　C. 启动时间　　C. 旋转等待时间

11. 下面有关文件目录的说法错误的是(　　)。
    A. 文件目录是用于检索文件的,由若干目录项组成
    B. 文件目录的组织和管理应便于检索和防止冲突
    C. 工作目录即当前目录
    D. 文件目录需要长期保存在主存中

12. 文件系统采用多级目录结构的目的是(　　)。
    A. 减少系统开销　　　　　　　　B. 节省存储空间
    C. 解决命名冲突　　　　　　　　D. 缩短传送时间

13. 一个文件的绝对路径名是从(　　)开始逐渐沿着每一级子目录向下追溯,最后指定文件的整个通路上所有子目录名组成的一个有序集合。
    A. 当前目录　　B. 根目录　　　　C. 父目录　　　D. 磁盘驱动器标识符

14. 设文件 F1 的当前引用计数为 1,先建立 F1 的符号链接(软链接)文件 F2,再建立 F1 的硬链接文件 F3,然后删除 F1。此时,F2 和 F3 的引用计数值分别是(　　)。
    A. 0、0　　　　B. 0、1　　　　　C. 1、1　　　　D. 1、2　　　　E. 2、1

15. 设置当前工作目录的主要目的是( )。
   A. 节省外存空间　　　　　　B. 节省内存空间
   C. 加快文件的检索速度　　　D. 加快文件的读写速度
   E. 便于打开文件
16. 文件系统中设立打开文件系统调用的主要目的是( )。
   A. 提高多次访问文件的系统性能
   B. 把文件的控制信息从辅存读到内存
   C. 把文件的 FAT 表信息从辅存读到内存
   D. 把磁盘文件系统的控制管理信息从辅存读到内存

判断题

1. 从用户的观点看,文件系统实现了文件的按名存取。　　　　　　　　　　( )
2. 目录管理实现了文件名到物理地址的转换。　　　　　　　　　　　　　( )
3. 在采用索引结构的文件系统中,每个文件都至少有一张索引表,也叫文件存储结构。每项必须包括文件记录(即逻辑块)的存储地址。　　　　　　　　　　　( )
4. 打开文件的功能就是把文件目录复制到内存中去,并建立用户和活动文件之间的联系。　　　　　　　　　　　　　　　　　　　　　　　　　　　( )
5. 传统上,一个分区只能够被格式化为一个文件系统。在新的技术体系下,既可将一个分区格式化为多个文件系统,也能将多个分区格式化成一个文件系统来使用。( )
6. 文件的物理组织有四种类型,即连续文件、链式(串联)文件、索引文件和散列文件。
　　　　　　　　　　　　　　　　　　　　　　　　　　　　　　　( )
7. 文件系统可以根据用户的要求从目录文件中找出用户的当前目录,把当前目录读入主存储器作为值班目录。这样既不占用太多的主存空间,又可减少搜索目录的时间。( )

简答题

1. 简要说明文件系统的基本功能。
2. 简述目录采用索引节点比 FCB 有何优势。
3. 比较硬链接与软链接两种文件共享方式的异同点。
4. 请列举一些能改善文件系统性能的有效方法。
5. 提高磁盘 I/O 速度对优化文件系统有重要作用,请分析操作系统中可采用的、有利于提高磁盘 I/O 速度的有关措施及策略。

综合计算题

1. 若干个等待磁盘请求要访问的柱面为 20、44、40、4、80、12、76,假设每移动一个柱面需要 3 毫秒,移动臂当前位于 40 柱面,试分别计算 FCFS、最短寻道时间优先和 SCAN 算法的寻道时间。
2. 对例 8.4 给出的已知条件,

(1) 若普通文件采用链式结构,读入 K 的第 175 块,需要读盘几次?
(2) 若 I 为当前目录,可以减少几次读盘?
(3) 请列举一些可减少硬盘访问次数的可用措施。
3. 使用文件系统时,通常要显式打开和关闭操作,这样做的目的是什么?
4. 请描述磁盘空闲块成组链接分配管理法的数据结构与算法。

第 9 章 Linux 文件系统

9.1 Linux 标准文件系统 EXT2

9.1.1 EXT2 分区存储布局概述

把一个磁盘分区用 Linux 格式化工具（mke2fs 命令）格式化，就可以得到一个安装在该磁盘分区上的 EXT2 文件系统。格式化过程会把分区划分为一系列的逻辑块，并会在一些预留块上写上分区文件系统的管理控制信息。

虽然逻辑块的划分尺寸与分区块不一定相同，但因为是顺序划分，相邻逻辑块在物理上也是相邻的。为了便于将属于同一文件的连续数据块，尽可能地分配到相邻或相近的若干逻辑块，以改善文件系统存取性能，EXT2 引入了"块组（block group）"概念：将整个分区平均分为若干块组，每个块组由相邻的若干个连续逻辑块构成。通过尽可能地将同一文件的数据块安排在同一块组中，可有效减少文件数据的碎片化。

除了块组 0 多了 1 个引导块外，各块组信息存储布局结构基本相同，图 9.1 给出了 EXT2 分区和块组的信息存储布局结构。EXT2 用一个块组描述符，来描述块组的布局结构和状态；所有的块组描述符按顺序依次存放，构成块组描述符表。数据块区之前的块属于系统控制信息块，除块组描述符表和索引节点（inode）表可能占用多个块外，其他控制块都占 1 块。

值得注意的是，每个块组并非只存储自己的块组描述符，而是存储整个分区的块组描述符表。作为关键信息的超级块和组描述符表，会在所有块组中重复存储[①]。但内核仅使用块组 0 中的那份，其他副本仅作故障还原备用。执行 e2fsck 命

[①] 实际系统仅在块组号是 3、5、7 幂的块组，才会备份存储超级块和块组描述符表。

令检查文件系统一致性时,块组 0 中的超级块/块组描述符表会更新到其他块组。

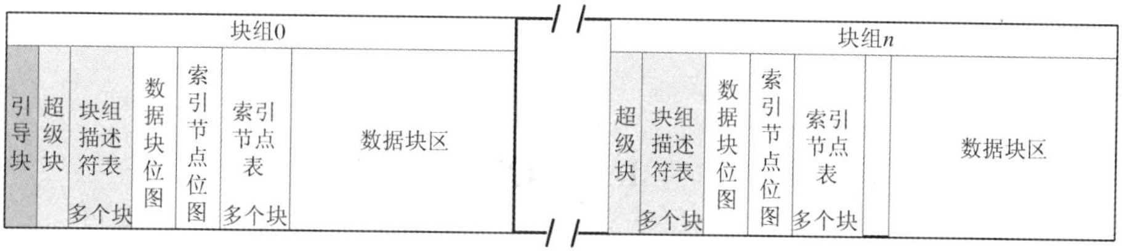

图 9.1 EXT2 分区和块组的信息存储布局结构图

作为示例,以下我们先创建一个"物理块"大小为 4 Kb 且清零的 1 MB 的义件 xfs,来模拟一个磁盘分区,并用 mke2fs 命令将它格式化为 EXT2。之后,再结合 dumpc2fs 命令,来分析 EXT2 文件系统的参数结构。

```
$ dd if=/dev/zero of=~/xfs count=256 bs=4K      //256×4 Kb=1 MB
$ losetup-f ~/xfs                               //把文件虚拟成 loop 块设备(/dev/loop0)
    ⇨dev/loop0                                  //可用 losetup-a 命令查对应的设备文件
$ mke2fs ~/xfs 或/dev/loop0                     //"逻辑块大小 blocksize"输入:1 024 B
$ mkdir /mnt/myfs                               //创建 mount 挂载点目录
$ mount /dev/loop0 /mnt/myfs 或 $ mount-o loop ~/xfs /mnt/myfs
$ ls-a /mnt/myfs
    ⇨.   ..   lost+found
$ dumpe2fs ~/xfs 或 $ dumpe2fs /dev/loop0        //详细罗列文件系统布局参数
```

9.1.2 EXT2 分区存储布局结构分析

9.1.2.1 超级块参数结构分析

超级块描述整个分区中文件系统存储布局的基本信息,例如,基本构件(块、节点、块组)尺寸大小/总数/预留数/可用数,文件系统标志号 UUID/版本号/卷名/魔数/状态等,以及与 mount、校验操作相关的管理信息和读写时间戳等。

对示例系统 xfs,分区逻辑块大小为 1 024 B,第 0 块是引导块,超级块位于第 1 块,从偏移 400h(1 024)字节(B)开始。用如下命令:

```
$ dd if=/dev/loop0 bs=1 count=1024 skip=1024 | od-tx1-Ax
```

可列出从 400h 字节(B)偏移位置开始的、超级块各字段参数,图 9.2 给出了针对参数的含义标注(EXT2 参数按小端法存储,低字节在前)。

与超级块布局参数对应的数据结构定义为

```
struct ext2_super_block {
```

```
    __le32 s_inodes_count;           // 文件系统中 inode 的总数
    __le32 s_blocks_count;           // 文件系统中块的总数
    __le32 s_r_blocks_count;         // 保留块的总数
    __le32 s_free_blocks_count;      // 未使用的块的总数(包括保留块)
    __le32 s_free_inodes_count;      // 未使用的 inode 的总数
    …}
```

	0 1 2 3	4 5 6 7	8 9 10 11	12 13 14 15
400	inode总数[128]	总块数[1024]	保留块数[38]	可用的空闲块数[986]
410	空闲inode总数[117]	文件系统首个块号[1]	块长度[1024]	片长度(未实现,不用)
420	每组块数[8192]	每组片数[8192]	每组节点数[128]	最后一次mount时间
430	最后一次写时间	mount次数|最大数[0|30]	Ext2类系统魔数|状态	
440	最后一次校验时间	校验间隔[6个月]	OS类型=0[linux]	
450		首个可用节点号[11]	单节点大小[128]	
460			UUID系统标识码	
470	UUID		文件系统卷名称	
480	文件系统卷名称		……保留……	

图 9.2 超级块中存储布局描述参数区的各字段对应标注

相关参数的勾连关系分析如下：

1 MB 的分区共有 1 024 块。保留 38 块,可用空闲块数为 1 024 − 38 = 986。

每组块数为 8 192,示例 xfs 实际只有 1 个块组。按默认每文件占用 8 KB 空间估算,每组块有 128 个 inode(1 024 K/8 K)。

已用了 11 个 inode,其中,前 10 个 inode 是被 Ext2 文件系统保留的(inode♯2 是根目录),第 11 个(即首个可用)inode 是 lost + found 目录。空闲 inode 数为 128 − 11 = 117。

每个 inode 为 128 B,每个块可存 inode 数为 1 024/128 = 8。

每组 inode 表(存储 128 个 inode)占用块数为 128/8 = 16。

块位图、节点位图限定占用 1 块。

以上分析结果,可用 dumpe2fs 命令的输出信息进行验证。

超级块的内存映像

超级块加载到内存后,将实例化数据结构 ext2_super_block。但这个结构并不能满足内核使用要求,还需要添加：① 一些计算生成参数；② 一些状态参数；③ 重要缓存指针等。为此,需要建立一个封装了 ext2_super_block 的、超级块内存映像。其结构定义如下：
```
struc text2_sb_info {
    unsigned long s_inodes_per_block;         //每块可存放的 inode 数
    unsigned long s_inodes_per_group;         //每块组的 inode 总数
    unsigned long s_blocks_per_group;         //每块组中的块数
    unsigned long s_itb_per_group;            //每块组中节点表占用块数
    unsigned long s_db_per_group;             //每块组中描述符表占用块数
    unsigned long s_desc_per_block;           //一块中可存放的组描述符个数
    unsigned long s_groups_count;             //文件系统中的块组数
    structext2_super_block * s_es;            //指向缓存的原始超级块
    struct buffer_head * * s_group_desc;      //指向组描述符表的指针
    unsigned short  s_loaded_inode_bitmaps;   //装入缓冲区的 inode 位图块数
    unsigned short  s_loaded_block_bitmaps;   //装入缓冲区的块位图块数
    ... }
```

9.1.2.2 块组描述符结构分析

块组描述符描述一个块组的属性及状态，大小为 32 B。分区中所有块组描述符按顺序依次存放，构成块组描述符表，存放在超级块之后的一个块中。可用命令

$ sudo dd if=/dev/loop0 bs=1 count=1024 skip=2048 | od-tx1-Ax

列出从 800h 字节(B)偏移开始的块组描述符各字段参数，如图 9.3 所示。

```
000800   06  00  00  00    07  00  00  00    08  00  00  00    da 03        75 00
         Block bitmap at:6 Inode bitmap at:7 Inode table at:8  Free blocks  Free indoes
                                                               =986         =117
000810   02  00  00  00    00  00  00  00    00  00  00  00    00  00  00  00
         2 directories                       padding
```

图 9.3　与块组描述符对应的参数字段标注

块组描述符的参数结构定义如下：
```
struct ext2_group_desc {
    __le32 bg_block_bitmap;          //块组块位图所在的块 ID
    __le32 bg_inode_bitmap;          //块组 inode 位图所在的块 ID
    __le32 bg_inode_table;           //块组 inode 表所在的首个块 ID
    __le16 bg_free_blocks_count;     //块组中未使用的块数
    __le16 bg_free_inodes_count;     //块组中未使用的 inode 数
    __le16 bg_used_dirs_count;       //块组已分配的目录 inode 数
```

```
__le16 bg_pad;
__le32 bg_reserved[3];
}
```

9.1.2.3 块位图和 inode 位图

1. 块位图

块位图(block bitmap)中,每个 bit 标识本块组中一个块的状态。bit = 1 表示该块已用,bit = 0 表示该块空闲可用。

系统限制各组中的块位图仅占用 1 块,由这个限制可计算分区的块组数。若块大小为 1 024 B,单个块的总位数为 8 K,1 个块组最多允许 8 K(8 192)块。示例 xfs 只有 1 024 块,故只有 1 个块组。

> 因为只需要查看每个块组的块位图,所以,df 命令统计整个磁盘的已用空间非常快。相反,用 du 命令查看一个较大目录的已用空间往往很慢,因为它不可避免地要搜遍整个目录下的所有文件。

2. inode 位图

inode 位图的每一位分别指示块组中对应的 inode 是否被使用。每个块组中的 inode 位图也仅占用 1 块。

9.1.2.4 inode 与 inode 表

inode(索引节点)是 EXT2 的基本构件,用于存储描述、跟踪和定位一个文件的基本管理信息。在 EXT2 中,每个文件有且只有一个 inode 与之对应;一个块组中的所有 inode 按顺序保存,构成 inode 表。

在 EXT2 中,涉及一个具体文件相关信息的地方有三个:文件名存储在文件目录中;实际数据体存储在数据块中;其他基本管理或属性信息保存在 inode 中。文件基本管理信息包括类型、权限、拥有者、创建/修改/访问时间,以及其数据体大小、存放位置等信息。inode 结构 ext2_inode 定义如下:

```
struct ext2_inode {
    __le16 i_mode;          // 文件格式和访问权限
    __le16 i_uid;           // 文件所有者 ID 的低 16 位
    __le32 i_size;          // 文件大小(B)
    __le32 i_atime;         // 文件上次被访问的时间
    __le32 i_ctime;         // 文件创建时间
    __le32 i_mtime;         // 文件被修改的时间
    __le32 i_dtime;         // 文件被删除的时间(如果存在则为 0)
```

```
    __le16 i_gid;              // 文件所有组 ID 的低 16 位
    __le16 i_links_count;      // 此 inode 被连接的次数
    __le32 i_blocks[];         // 文件已使用和保留的总块数(以 512 B 为一块)
}
```

EXT2-inode 的内存映像

磁盘 inode 加载到内存后,将直接实例化为数据结构 ext2_inode。但这个结构不能满足内核的使用要求,内核需要建立一个包含 EXT2-inode 使用关键信息的扩展封装结构,即 inode 内存映像。EXT2-inode 内存映像数据结构(ext2_sb_info)定义如下:

```
struct ext2_inode_info {
    __u32 i_data[15];              //数据块指针数组
    __u32 i_flags;                 //文件标志(属性)
    __u16 i_osync;                 //同步标志
    ...
    __u32 i_file_acl;              //文件访问控制链表
    __u32 i_dir_acl;               //目录访问控制链表
    ...
    __u32 i_block_group;           // inode 所在块组号
    __u32 i_next_alloc_block;      //下一个要分配的块
    __u32 i_next_alloc_goal;       //下一个要分配的对象
    __u32 i_prealloc_block;        //预留块首地址
    __u32 i_prealloc_count;        //预留计数
}
```

图 9.4 给出了 inode 的参数信息结构。

EXT2 如何给文件分配数据块?

给文件分配数据块,首先要锁定超级块并检查是否有足够的空闲数据块。如果没有足够的空闲块,则数据写入失败,释放超级块锁并返回。如果有足够的空闲空间,则系统尝试分配新的数据块。

EXT2 具备数据块预分配功能。inode 中包含两个专用于数据预分配的域——prealloc_block 和 prealloc_count,分别代表第一个预分配数据块的编号和预分配数据块的数目。通过指定文件的预分配信息,可加速文件的数据块分配,并可保证在一定的文件大小范围内,更好地保持文件数据块的连续性。

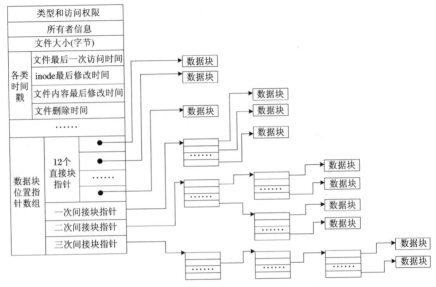

图 9.4　Ext2 中 inode 参数信息结构示意图

如果没有预分配的数据块,或者预分配功能选项被关闭,则 EXT2 必须分配新的数据块。EXT2 首先查看与文件最后一个数据块相邻的块(即理想块)是否空闲。如果理想块已被占用,则搜索加宽到与理想块相邻的 64 块范围。如果这个范围也没有空闲块,则在其他块组中寻找空闲块。

9.1.2.5　目录文件及其结构分析

EXT2 以一种特殊的文件实现了目录,将目录作为文件来管理,因此,目录也称为"目录文件"。与普通文件类似,每个目录文件也是有且只有一个 inode 和一个目录项。

目录项把文件的文件名和它的 inode 号联系在一起,是文件系统实现"按名检索"的关键数据结构。其结构如下:

```
struct ext2_dir_entry_2 {
    __le32  inode;          // inode 号,0 表示该项未使用
    __le16  rec_len;        // 本目录项总长度
    __u8    name_len;       // 文件名包含的字符数
    __u8    file_type;      // 文件类型
    char    name[255];      // 文件名
};
```

文件类型共有 7 种选项:0(未知)、1(普通文件)、2(目录文件)、3(字符设备)、4(块设备)、5(命名管道文件)、6(网络文件 socket)、7(符号链接文件)。

由于不同文件名长度不固定,不同目录项的总长度一般也是不同的,所以,目录项属于可变长记录。目录文件数据块存储它的所有各类(孩子)文件目录项记录所构成的记录集。

1. 各类文件的数据体

(1) 普通文件　数据体内容由用户给定,并存储在额外分配的数据块中。普通文件在刚创建时是空的,这时并不需要数据块。用 truncate() 系统调用可清空文件的数据体。

(2) 目录文件的数据体　是许多不定长的目录项记录,依次连续存储而形成的字节序列。每条记录分别对应一个其子文件的目录项。目录文件的大小总是分区块大小的整数倍。

这里,读者需注意辨析"目录文件"和"文件目录项"这两个概念。

(3) 文件　如果目标路径名较短(≤60 个字符),则直接保存在 inode 的 i_blocks 字段(该字段是 15 个 4 B 整数数组),以便更快地查找;如果目标路径名较长,则分配一个单独的数据块。

(4) 设备文件、FIFO 和 socket 等特殊文件　它们没有数据块(文件大小是 0),设备文件的主、次设备号保存在 inode 的文件大小域中。

由 inode 号定位 inode 结构

在整个 EXT2 文件系统中,inode 号是跨块组统一顺序编址的,因此,根据 inode 号可以快速定位 inode 结构地址。例如,对一个含多个组块系统,若每个组块有 128 个 inode,则编号 1~128 的 inode 在组块 0 的 inode 表中,编号 129~256 的 inode 在组块 1 中……

利用[inode 号/每组节点数]可定位 inode 所在的组,利用[inode 号%每组节点数]可定位 inode 在块组 inode 表中的偏移。

2. 根目录的 inode 分析

根目录 inode 在块组 0 中 inode 表的第 2 项。从 dumpfs xfs 输出信息中不难找到"Group 0: block bitmap at 6, inode bitmap at 7, inode table at 8",块组 0 的 inode 表在 8 号块,每个 inode 尺寸为 128 B,根目录 inode 的起始地址为 $8 \times 1024 + 128 = 8320$。利用如下命令:

$ dd if = /dev/loop0 bs = 1 count = 256 skip = 267 392 | od-tx1-Ax

可得到示例系统 xfs 的根目录 inode 各字段参数,对应标注如图 9.5 所示。

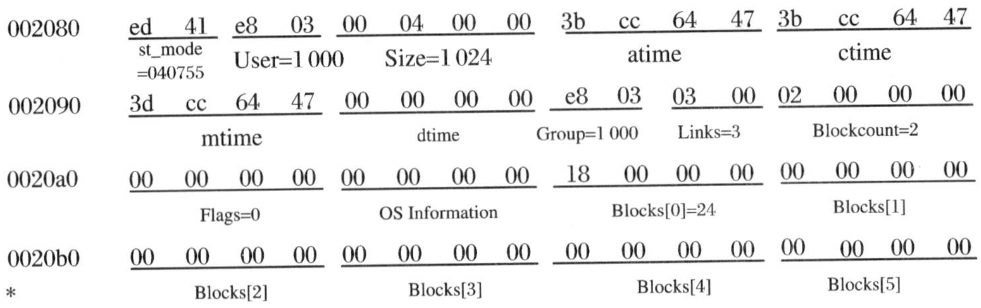

002080	ed	41	e8	03	00	04	00	00	3b	cc	64	47	3b	cc	64	47
	st_mode =040755		User=1 000		Size=1 024				atime				ctime			
002090	3d	cc	64	47	00	00	00	00	e8	03	03	00	02	00	00	00
	mtime				dtime				Group=1 000		Links=3		Blockcount=2			
0020a0	00	00	00	00	00	00	00	00	18	00	00	00	00	00	00	00
	Flags=0				OS Information				Blocks[0]=24				Blocks[1]			
0020b0	00	00	00	00	00	00	00	00	00	00	00	00	00	00	00	00
*	Blocks[2]				Blocks[3]				Blocks[4]				Blocks[5]			

图 9.5 示例系统 xfs 的根目录 inode 参数分析标注

这段参数记录了根目录文件的基本管理信息,包括:拥有者 uid = 1 000,gid = 1 000;文件权限 = 755;文件链接数 = 3;OS 类型 = 0(Linux)。Links = 3 表示根目录有三个硬链接,分别是根目录下的"."和"..",以及 lost + found 子目录下的".."。Blockcount 是以磁盘最小读写单位"扇区"计数的数据体大小,xfs 根目录数据体实际只占 1 个逻辑块,但以扇区块(512 B)计算的块数则为 2。

3. 根目录的数据体分析

从图 9.5 可看到,示例系统 xfs 根目录文件的数据体大小为 1 024 B,只有一个数据块,块号为 24。用 dd + od 命令组合列出从 24×0x400 = 0x6000 开始的 64 B,相关字段参数标注如图 9.6 所示。

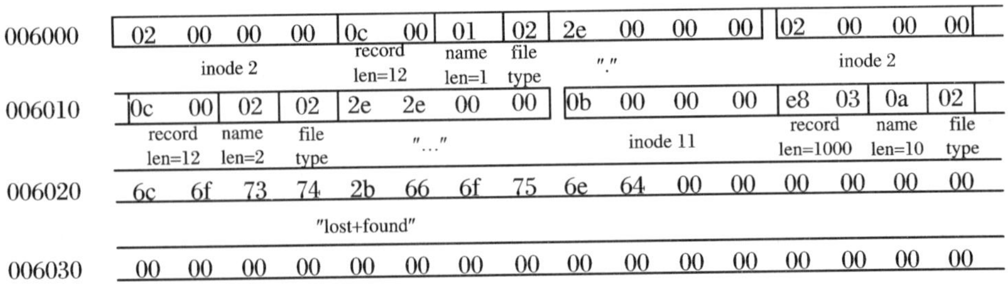

006000	02	00	00	00	0c	00	01	02	2e	00	00	00	02	00	00	00
	inode 2				record len=12		name len=1	file type	"."				inode 2			
006010	0c	00	02	02	2e	2e	00	00	0b	00	00	00	e8	03	0a	02
	record len=12		name len=2	file type	".."				inode 11				record len=1000		name len=10	file type
006020	6c	6f	73	74	2b	66	6f	75	6e	64	00	00	00	00	00	00
	"lost+found"															
006030	00	00	00	00	00	00	00	00	00	00	00	00	00	00	00	00

图 9.6 示例系统 xfs 根目录的数据体内容分析标注

根目录属于目录文件,其数据体内容是可变长的目录项记录序列。从图 9.6 展示的数据块中,可提取三条目录项记录信息,如表 9.1 所示。

表 9.1 从图 9.6 展示的数据块中提取的目录项记录

记录序号	inode 编号	记录总长	文件名长	文件类型	文件名
1	2	12	1	2（代表目录文件）	"."（代表根目录本身）
2	2	12	2	2	".."
3	11	1000	10	2	"lost+found"

例 9.1 在某 Linux 系统中,分析针对文件/home/xshxie/mfx 的搜索定位过程。

解 图 9.7 给出了搜索定位这个文件的大致过程,主要步骤如下:

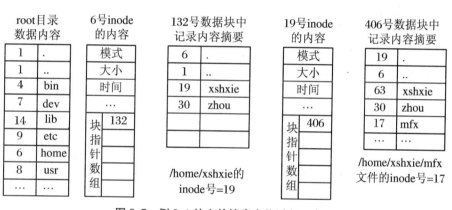

图 9.7 例 9.1 的文件搜索定位过程示意图

(1) 定位根目录 inode,获取根目录 inode 中的数据块 ID 号,找到根目录的数据体(子文件)目录项列表。

(2) 在根目录的目录项列表中,搜索名为 home 的目录项,得到编号为 6 的 inode(inode♯6)。

(3) 由 inode♯6 中的数据块号,定位/home 目录的(子)目录项列表。

(4) 在/home 目录项列表中搜索目录项 xshxie,得到 inode♯19。

(5) 根据 inode♯19 中的数据块号 406,定位/home/xshxie 的(子)目录项列表。

(6) 从/home/xshxie 的目录项列表,就可获得文件 mfx 对应的 inode(♯17)。

(7) 利用 inode♯17,访问文件 mfx 的数据体。

9.1.2.6 EXT2 文件系统创建过程

EXT2 文件系统是由 Linux 实用程序 mke2fs 创建的,通过选项可修改以下几个默认参数:

逻辑块大小,默认值:1 024 B。

每个块组的索引节点个数,默认值:块组总字数/8 192。

保留块的百分比,默认值:5%。

mke2fs 程序执行下列操作:

- 初始化超级块和组描述符;
- 对每个块组,保留存放超级块、组描述符、inode 表及两个位图所需要的所有逻辑块;
- 把每个块组的 inode 位图和每个块组的数据块位图都初始化为 0;
- 初始化每个块组的 inode 表;
- 创建/root 目录、lost + found 目录,创建完后,要更新相应块组中的 inode 位图和数据块位图;
- 把有缺陷的逻辑块(如果存在)组织起来,放在 lost + found 目录中。

9.2　VFS　接　口

Linux 最初采用 MINIX 文件系统。MINIX 只是一个教学用系统,功能不完备且大小受限于 64 MB。经多年改进并吸取 UNIX 文件系统的优点,Linux 在 1993 年才形成了自己的标准文件系统 EXT2。

Linux 是一个开放的操作系统,除了自己的文件系统 EXT2,还必须支持其他文件系统。在 EXT2 研发过程中,引入了一个非常重要的概念,即虚拟文件系统转换(Virtual Filesystem Switch,VFS),作为各种具体文件系统和操作系统之间的接口。在 VFS 的帮助下,Linux 实现了具体文件系统与操作系统的隔离,从而可以灵活挂接各类具体文件系统。

9.2.1　VFS 的工作原理

VFS 所提供的抽象界面,主要由一组标准的用户程序操作文件的接口函数,如 read()、write()、lseek() 等构成。无论访问哪种具体文件系统,用户程序中都是调用这组函数。Linux 内核中,VFS 与具体文件系统的关系如图 9.8 所示。

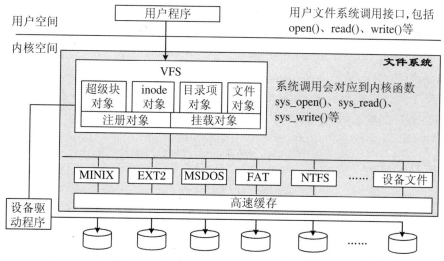

图 9.8 VFS 与具体文件系统的关系示意图

Linux 基于 EXT2/3 建立一个根目录为"/"的根文件系统,并在该根目录下建立包含 bin、dev、etc、home、lib、sbin、temp、root、mnt、proc、usr、var 等子目录的标准目录树。其他所有的文件系统都通过 mount 安装在根文件系统的某个子目录下。图 9.9 给出了这种挂载结构示意图。

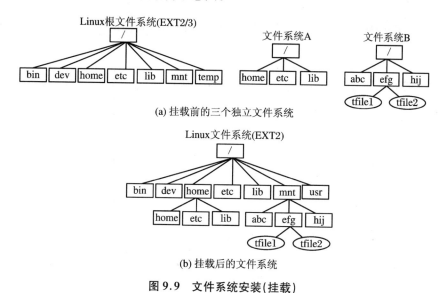

图 9.9 文件系统安装(挂载)

当一个具体的文件系统挂载到根文件系统后,用户就可像访问根文件系统文件一样使用其中的文件。例如,在图9.9中,用户将文件系统A挂载到/mnt目录后,输入命令:
$ cp /mnt/efg/tfile1 /tmp/test
就可将文件tfile1复制生成/tmp/test文件。cp程序并不需要知道文件tfile1、test是在哪个具体文件系统中,它只需通过标准的文件系统接口调用,就可以实现复制。cp程序的核心代码片段如下:

File inf = open("/mnt/efg/tfile1",O_RDONLY,0);
File outf = open("/tmp/test",O_WRONLY|O_CRATE|O_TRUNC,0600);
do {
    int i = read(inf, buf, 1);
    write(outf, buf, 1);
} while (1);

若应用调用某个标准接口函数,如read(),就会陷入内核,执行与之对应的系统调用函数sys_read(),
ssize_t vfs_read(struct file *file, char __user *buf, size_t count, loff_t *pos) {
    ssize_t ret;
    …
    ret = file->f_op->read(file,buf,count,pos);
}
它最终会导致对实际文件系统驱动程序中函数read()的调用。

VFS的主要技术特点可归纳如下:
• VFS并不是一个实际文件系统,仅存在于内存;它在系统启动时建立,在系统关闭时消失。而各类具体文件系统是长期存在于外存的。
• VFS中包含向具体文件系统转换的一系列数据结构,如VFS超级块、VFS inode和各种操作函数的转换入口。
• 存取某个具体文件系统,本质上是存取它的各类基本构件(如超级块、目录、inode、数据块)。为了存取这些基本构件,必须编写一组专门的处理函数,即所谓的文件系统驱动程序。

在前节中,我们详细分析了EXT2文件系统的磁盘存储卷布局结构,并进行了一些人工参数计算、构件参数结构分析和文件跟踪定位。驱动程序本质上就是将这些人工过程编程实现,是一组处理函数。

- 文件系统驱动程序通过注册,加载驱动程序代码到内核,向 VFS 登记文件系统类型。但注册过程并不读取任何具体文件系统信息。
- 没有预先注册驱动、未登记其类型的实际文件系统是无法安装(mount)的。mount 过程负责读取具体文件系统的一些关键信息,创建代表具体文件系统的超级块对象。

9.2.2 VFS 的四种基本对象

在 9.1 节,给出了 EXT2 文件卷的一些基本构件对象结构,包括:超级块 ext2_super_block 结构及其内存映像 ext2_sb_info,索引节点 ext2 inode 结构及其内存映像 ext2_inode_info,块组描述符结构 ext2_group_desc,目录项的记录结构 ext2_dir_entry_2。

VFS 在对各类实际文件系统构件结构进行抽象后,实现了以下四个更高层级的内核对象:

- 超级块对象,描述已安装的文件系统;
- 索引节点对象,描述一个已打开的文件;
- 目录项对象,描述一个目录,目录是文件路径的组成部分;
- 文件对象,为进程访问文件系统提供的标准对象。

9.2.2.1 VFS 超级块

VFS 超级块是文件系统描述所在分区整体组织和结构的信息体,其主要数据信息来自它所代表的具体文件系统超级块。它是在文件系统安装时,由系统在内存中建立的;对于每种已安装的文件系统,在内存中都有与其对应的 VFS 超级块。

VFS 超级块的数据结构为 super_block,主要域含义说明如下:

```
struct super_block {
    kdev_t s_dev;                         // 具体文件系统所在的块设备号
    unsigned long s_blocksize;            // 以字节(B)为单位的数据块大小
    unsigned char s_blocksize_bits;       // 描述数据块大小需要的位数
    unsigned char s_lock;                 // 超级块锁定标志,1 表示封锁
    unsigned char s_rd_only;              // 只读标志;若置位,则该超级块禁写
    unsigned char s_dirt;                 // 修改标志
    struct file_system_type * s_type;     // 指向 file_system_type 结构体
    struct super_operations * s_op;       // 指向该文件系统的超级块操作函数集
    ...
    struct inode * s_covered;             // 指向该文件系统安装目录 inode 的指针
```

```
        struct inode * s_mounted;          // 指向该文件系统第一个 inode 的指针
        struct wait_queue * s_wait;         // 指向该超级块等待队列的指针
        union { /* 联合体,其成员项是各种具体文件系统超级块的内存映像 */
            struct minix_sb_info minix_sb;
            struct ext2_sb_info ext2_sb;
            struct msdos_sb_info msdos_sb;
            struct isofs_sb_info isofs_sb;
            ...
        } u;
};
```

VFS 超级块的操作:VFS 要建立、撤销一些 VFS 索引节点,还要对 VFS 超级块本身进行一些必要的操作。这些操作由一系列操作函数实现。

不同文件系统的组织和结构不同,完成上述同样功能的操作函数代码会有所不同,故一般作为驱动程序的一部分操作函数来实现。VFS 通过其超级块中指向"一组操作函数集指针挂架"的超指针 s_op,提供挂接具体驱动操作函数的接口。super_operations 具体定义如下:

```
    struct super_operations {
        void ( * read_inode)(struct inode * );         //安装挂接读取 inode 函数
        int   ( * notify_change)(struct inode * , struct iattr * );
        void ( * write_inode)(struct inode * );        //安装挂接写 inode 函数
        void ( * put_inode)(struct inode * );
        void ( * put_super)(struct super_block * );
        void ( * write_super)(struct super_block * );  //安装挂接写超级块函数
        void ( * statfs)(struct super_block * , struct statfs * , int);
        int ( * remount_fs)(struct super_block * , int * , char * );
        //安装挂接文件系统函数
    };
```

值得注意的是,在 super_operations 结构中,没有挂接"创建并填充 VFS 超级块"的函数接口。这个函数必须挂接到 file_system_type 接口中,这样,在 VFS 超级块创建之前,执行 mount 过程时就可调用。

9.2.2.2 VFS 索引节点

为区别具体文件系统的 inode,VFS 中的 inode 称为 VFSinode。

实际文件系统的 inode(如 ext2_inode)是静态的,在外存中长期存在;而 VFSinode 是动态结构,仅在内存中存在。VFSinode 中没有直接指向读入内存的

ext2_inode 结构指针,只有指向 ext2_inode 内存映像结构 ext2_inode_info 的指针。

VFSinode 结构的一些主要域含义说明如下:

```
struct inode {
    kdev_t       i_dev, i_rdev;              // 主、次设备号
    unsigned     long i_ino;                 // 对应的外存 inode 标志号
    umode_t      i_mode;                     // 文件类型和访问权限
    nlink_t      i_nlink;                    // 该文件的链接数
    uid_t        i_uid;                      // 文件所有者用户标志
    gid_t        i_gid;                      // 义件的用户组标志
    off_t        i_size;                     //以字节(B)为单位的文件长度
    unsigned long i_blocks;                  // 文件的块数
    time_t i_atime,i_mtime,i_ctime;          // 文件创建、最后一次访问/修改时间
    ...
    unsigned long i_nrpages;                 // 在内存中占用页面数
    struct page * i_pages;                   // 指向文件占用内存页面结构体链表
    ...
    struct semaphore i_sem;                  // 文件同步操作信号量
    struct wait_queue * i_wait;              // 文件同步操作等待队列
    struct file_lock * i_flock;              // 指向文件锁定链表的指针
    unsigned long i_count;                   // 使用该 inode 的进程计数
    ...
    struct inode_operations * i_op;          // 指向 inode 操作函数入口表的指针
    struct super_block * i_sb;               // 指向 VFS 超级块指针
    struct vm_area_struct * i_mmap;          // 虚存区域
    ...
    struct inode * i_next, * i_prev;         // inode 链表指针
    struct inode * i_hash_next, * i_hash_prev;   // inode 散列链表指针
    struct inode * i_mount;                  // 指向该文件系统根目录 inode 的指针
    ...
    unsigned char i_lock;                    // 对该 inode 的锁定标志
    unsigned char i_dirt;                    // 该 inode 的修改标志
    union {  /*各种文件系统特有的信息 */
        struct minix_inode_info minix_i;
        struct ext_inode_info ext_i;
```

```
        struct ext2_inode_info ext2_i;
        ...
    } u;
};
```

内核中有三个不同的 inode 双向链表,即未使用 inode 链表、正在使用 inode 链表和脏 inode 链表。每个 inode 总是通过指针 i_next、i_prev 链接到其中一个链表中。对于"正在使用"或"脏"inode,还会通过 i_hash_next、i_hash_prev 指针同时链接到一个双向散列链表中。

VFSinode 中有三种关键指针,即指向 VFS 超级块的指针 i_sb、指向虚存区域指针 i_mmap(该指针仅用于建立文件与虚存映射的文件访问模式),以及指向 inode 操作函数入口表的指针。后者是挂接驱动程序中有关 inode 操作函数的关键接口指针。inode_operations 结构定义如下:

```
struct inode_operations {
    int (*create) (struct inode *,const char *,int,int,struct inode **);
    int (*lookup) (struct inode *,const char *,int,struct inode **);
    int (*link)(struct inode *,struct inode *,const char *,int);
    int (*unlink) (struct inode *,const char *,int);
    int (*symlink)(struct inode *,const char *,int,const char *);
    int (*mkdir)   (struct inode *,const char *,int,int);
    int (*rmdir)   (struct inode *,const char *,int);
    int (*mknod)   (struct inode *,const char *,int,int,int);
    int (*rename) (struct inode *,const char *,int,struct inode *,const char *,
               int, int);
    ...
}
```

除了 inode 基本读写函数被放置在 VFS 超级块的 super_operations 接口中外,其他关于 inode 的操作函数都集中在这里。

9.2.2.3 VFS 目录项

VFS 目录对象 dentry 对应磁盘上的目录项。一个目录项对应一个唯一的 inode,但由于存在软链接和硬链接,一个 inode 可以对应多个目录项。

VFSdentry 在磁盘目录项(如 ext2_dir_entry_2)基础上,增加了不少有助于目录搜索的各种链接关系指针,比如,父目录项、父目录的子目录所形成的链表,本目录项的所有子目录项所形成的链表等。

```
struct dentry {
```

```
    atomic_t              d_count;           // 目录项的引用计数
    struct inode *        d_inode;           // 与文件名关联的 inode
    struct super_block *  d_sb;              // 指向目录所在文件系统超级块
    struct dentry_operations * d_op;         //挂接目录项对象操作函数入口表指针
    ...
}
```

对目录项进行操作的一些相关驱动函数,通过 dentry_operations 结构的函数组指针 d_op 接口挂接。

9.2.2.4 VFS 文件对象

文件最终是由用户程序(进程)访问的。一个进程可以打开多个文件,一个文件也可以同时被多个进程访问。进程是通过 file 结构访问已打开的某个指定文件的。

Linux 在文件对象中保存打开文件的当前读写位置。一个文件只有一个 inode,因为多个进程可能并发访问一个 inode,而共享同一 inode 的不同进程读写不一定同步,即读写位置不止一个,因此,读写位置不能保存在 inode 中,只能保存在 file 中。允许多个 file 结构对应同一个 inode,每个 file 结构代表一个进程对一个 inode 的访问。file 结构定义如下:

```
struct file {
    mode_t f_mode;       // 文件的打开模式(FMODE_READ|FMODE_WRITE)
    loff_t f_pos;        // 文件的当前读写位置
    unsigned short f_flags; // 文件打开后的处理方式,有三种选项
        // O_RDONLY O_WRONLY O_RDWR
    struct file * f_next, * f_prev;    // file 结构的双链指针
        //内核全局变量 first_file 指向该链表的表头
    struct inode * f_inode;            // 指向文件对应的 inode
    unsigned short count;              // 使用该结构的进程数
    struct file_operations * f_op;     // 指向文件操作结构体的指针
    ...
}
```

文件打开后要进行各种操作,VFS 提供了面向文件操作的统一接口。file 中 f_op 指向的 file_operations 结构是面向文件进行操作的接口,是 VFS 提供的面向各种具体文件系统的文件操作函数(这些函数也是驱动的一部分)进行转换的统一接口。file_operations 结构定义如下:

```
    struct file_operations {
```

```
        loff_t（*lseek）(struct inode *，struct file *，off_t，int)；      //修改位置指针
        ssize_t（*read）(struct inode *，struct file *，char *，int)；    //读
        ssize_t（*write）(struct inode *，struct file *，const char *，int)；  //写
        int（*mmap）(struct file *，struct vm_area_struct *)；//映射文件到内存
        int（*open）(struct inode *，struct file *)；      //打开文件
        int（*release）(struct inode *，struct file *)；   //释放 file 对象(f_count=0)
        int（*flush）(struct file *)；                    //将 f_count 减1
        int（*fsync）(struct file *，struct dentry *，int datasync)；
        //将文件在缓冲区的数据写回磁盘
        …
}
```

9.2.3　与进程访问文件相关的数据结构

在每个进程 PCB(task_struct)中，包含一个指向 files_struct 结构的指针 files 和一个指向 fs_struct 结构的指针 fs。

9.2.3.1　用户打开文件表

```
struct files_struct {
        int count；          //共享该结构的计数值
        fd_set close_on_exec；
        fd_set open_fds；
        struct file * fd[256]；
}
```

说明：

• 进程所打开文件指针 *file 都记载在 fd[ ]数组中，fd[ ]数组下标称为文件标志号(即打开文件句柄号(file handle))。

• 进程使用文件名打开了一个文件，之后对文件识别就不再使用文件名，而是直接使用文件标志号。

• 打开文件时，建立 file 结构体，并将它加入系统打开文件表(双向链表)中，然后把该 file 结构体的首地址写入 fd[ ]数组的第一个空闲元素中。

• 系统启动时文件标志号 0、1、2 由系统分配；0 表示标准输入设备；1 表示标准输出设备；2 表示标准错误输出设备。

9.2.3.2　fs_struct 结构

fs_struct 结构记录着文件系统根目录和当前目录。其定义如下：

```
struct fs_struct {
```

```
    int count;              //共享此结构的计数值
    unsigned short umask;   //文件掩码
    struct inode * root, * pwd;   //根目录和当前目录 inode 指针
};
```

说明：

• root 指向当前目录所在的文件系统根目录 inode，按绝对路径访问文件时就从这个指针开始。

• pwd 是指向当前目录 inode 的指针，相对路径则从这个指针开始。

9.2.3.3 进程访问文件的主要数据结构关系

进程访问文件的主要数据结构关系如图 9.10 所示。

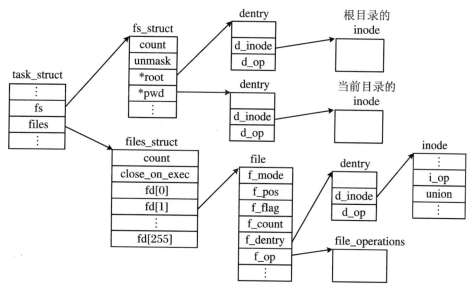

图 9.10　进程访问文件的主要数据结构关系示意图

打开一个文件，是通过内核提供的系统调用 sys_open 实现的。

```
asmlinkage long sys_open(const char_user * filename, int flags, int mode) {
    long ret;
    if (force_o_largefile()) flags | = O_LARGEFILE;
    /* AT_FDCWD 指示文件的查找位置,后面要用到 */
    ret = do_sys_open(AT_FDCWD, filename, flags, mode);
```

```c
        return ret;
}
long do_sys_open(int dfd, const char_user * filename, int flags, int mode) {
        char * tmp = getname(filename); //从进程地址空间读取该文件的路径名
        int fd = PTR_ERR(tmp);
        if (! IS_ERR(tmp)) {
                fd = get_unused_fd();    //获得一个未使用的文件号
                if (fd >= 0) {
                        // 调用 do_filp_open 执行文件打开的过程
                        struct file * f = do_filp_open(dfd, tmp, flags, mode);
                        if (IS_ERR(f)) {
                                put_unused_fd(fd);
                                fd = PTR_ERR(f);
                        } else {
                                fsnotify_open(f->f_dentry);
                                /*安装文件指针到 fd 数组*/
                                fd_install ( fd, f );
                        }
                }
                putname(tmp);
        }
        return fd;
}
```

9.3 文件系统注册、安装与卸载

9.3.1 文件系统注册

向系统内核注册文件系统的两种方式:
(1) 系统引导时在 VFS 中注册,在系统关闭时注销。当内核编译时,已确定可以支持的文件系统,采用这种方式注册。

（2）把文件系统作为可装卸模块,动态安装文件系统驱动时在 VFS 中注册,并在模块卸载时注销。非标准支持文件系统一般采用这种方式注册。

说明：

每个文件系统驱动程序都有一个初始化例程；基本注册语句就安排在初始化例程中执行。注册的主要任务是填写一个 file_system_type 结构,然后将该结构通过内核提供的专用注册函数 register_filesystem()向 VFS 进行注册登记。

file_system_type 结构体组成一个链表,称为注册链表；链表的表头由全局变量 file_systems 给出。

如果不再需要某类文件系统,还可以撤销之前的注册,即从注册链表中删除一个 file_system_type 结构。撤销注册通过调用内核的 unregister_filesystem()函数完成。

file_system_type 的结构定义如下：

```
struct file_system_type {
    struct super_block * ( * get_sb)(struct super_block * , void * ,int);
    void * ( * kill_sb)(struct super_block * );
    const char * name;
    int requires_dev;
    struct file_system_type * next;
};
```

图 9.11 给出了部分已注册文件系统形成的链表示意图。

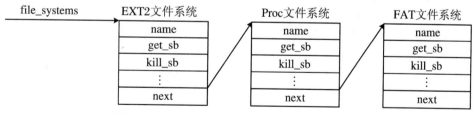

图 9.11 部分已注册文件系统形成的链表示意图

9.3.2 文件系统安装

文件系统除了要事先在 VFS 中注册类型外,还必须安装到系统中才能使用。

要安装的文件系统必须已驻留在一个独立的磁盘分区,并且具有自己的树形层次结构。另外，必须在之前已成功完成该文件系统类的相关驱动程序加载和文件系统类型注册。

EXT2 是 Linux 的标准文件系统，所以系统把 EXT2 文件系统的磁盘分区作为根文件系统。

EXT2 以外的文件系统安装挂载在根文件系统的某个目录下，成为系统树形结构中的一个分支。

用于安装其他文件系统的目录称为安装点或安装目录。

已安装的文件系统用一个 vfsmount 结构进行描述，该结构定义如下：

```
struct vfsmount {
    kdev_t mnt_dev;                        //文件系统所在设备的设备号
    char * mnt_devname;                    //设备名，如/dev/dsk/hda1
    char * mnt_dirname;                    //安装点的目录名
    unsigned int mnt_flags;                //设备标志
    struct semaphore mnt_sem;              //设备I/O操作时的信号量
    struct super_block * mnt_sb;           //指向超级块的指针
    struct file * mnt_quotas[MAXQUOTAS];
    time_t mnt_iexp[MAXQUOTAS];
    time_t mnt_bexp[MAXQUOTAS];
    struct vfsmount * mnt_next;
}
```

9.3.3 文件系统卸载

如果文件系统中的某个或多个文件当前正在使用，则 VFSinode 缓冲区中可能包含相应的 VFSinode，该文件系统是不能卸载的。内核根据文件系统所在的设备的标识符，检查在索引节点缓冲区中是否有来自该文件系统的 VFSinode。如果有且使用计数大于 0，则说明该文件系统正在被使用。

如果文件系统中当前没有正在被使用的文件，则允许卸载该文件系统。卸载逻辑会查看该文件系统对应的 VFS 超级块，如果超级块标志为"脏"，则必须将超级块信息写回磁盘。这个过程结束后，对应的 VFS 超级块被释放，对应的 vfsmount 数据结构将从 vfsmntlist 链表中断开并释放。

9.4 编写文件系统驱动程序

9.4.1 文件系统驱动程序实现的要素

编写某个文件系统驱动程序,本质上是为了存取该文件系统的各类基本信息构件(超级块、目录、inode),需要编写一组专门的处理函数。

例如,我们在 9.1 节中详细分析了 EXT2 文件系统的磁盘存储布局结构,并进行了一些人工参数计算、构件结构剖析和磁盘分区文件的跟踪定位;而驱动程序本质上就是将这些人工过程自动化,是由人工操作过程"提炼生成"的一组处理函数。当然,为能让内核文件系统高层 VFS 调用这些函数,我们首先必须将这些函数通过驱动程序加载方式带入内核,并将这些函数指针填写到 VFS 接口规定的一些操作函数入口表中。

具体来说,为了给某个具体文件系统编写驱动程序,需要建立如下的一个结构和四个操作函数表:

- 文件系统类型结构(file_system_types);
- 超级块操作函数表(super_operations);
- 索引节点操作函数表(inode_operations);
- 页缓冲区操作函数表(address_space_operations);
- 文件操作函数表(file_operations)。

这些结构体或操作函数表,必须在包含驱动程序的模块中定义并挂接勾连好指针。并在驱动程序模块初始化例程中,完成文件系统类型的注册。

超级块是一切文件操作的基础,是寻找具体文件系统构件的源头,无论是在 inode 对象还是在目录项对象中,都有指向超级块的指针。超级块是文件系统安装(mount)时,调用由 file_system_type 勾连的"创建/获取超级"函数"建立的。

为了提高文件系统的读写效率,Linux 内核设计了 I/O 缓存机制,即提供了页缓冲操作表,其中,包括读页、写页和提交脏页等操作。这些函数也是驱动程序的一部分。

图 9.12 是"一个结构"及"四个操作函数表"之间的勾连关系示意图。从图中可看出,作为访问文件的准备,打开文件操作 open()有一系列的操作,包括调用超

级块操作函数中"读/初始化 inode"函数（最终可能会引发读取磁盘分区信息），设置 inode 操作函数指针，设置缓存操作函数指针，以及创建 file 对象、dentry 对象、填写 files_struct 结构表项等。但当 open()"做好准备工作"后，随后的 read()、write()就可以"走捷径"，直接使用各种已设置好的指针进行操作就可以了。

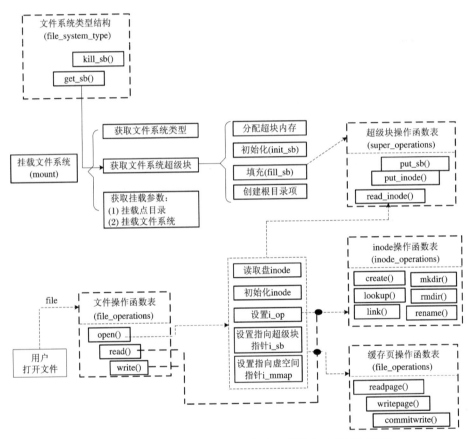

图 9.12　一个结构及四个操作函数表之间的勾连关系示意图

9.4.2　文件系统驱动程序实现框架示例

```
#define MYRAMFS_DEFAULT_MODE    0755

static const struct inode_operations myramfs_dir_inode_operations = {
    .create         = myramfs_create,
    .lookup         = simple_lookup,
```

```c
    .link       = simple_link,
    .unlink     = simple_unlink,
    .symlink    = myramfs_symlink,
    .mkdir      = myramfs_mkdir,
    .rmdir      = simple_rmdir,
    .mknod      = myramfs_mknod,
    .rename     = simple_rename,
};

static const struct super_operations myramfs_ops = {
    .statfs         = simple_statfs,
    .drop_inode     = generic_delete_inode,
    .show_options   = generic_show_options,
};

static struct file_system_type myramfs_fs_type = {
    .owner      = THIS_MODULE,
    .name       = "myramfs",
    .mount      = myramfs_mount,
    .kill_sb    = myramfs_kill_sb,
    .fs_flags   = FS_USERNS_MOUNT,
};

int __init init_myramfs_fs(void) {
    int err = register_filesystem(&myramfs_fs_type);
    return err;
}

void __exit exit_myramfs_fs(void) {
    unregister_filesystem(&myramfs_fs_type);
}
struct dentry *myramfs_mount(struct file_system_type *fs_type,
int flags, const char *dev_name, void *data){
    return mount_nodev(fs_type, flags, data, myramfs_fill_super);
}
    int myramfs_fill_super(struct super_block *sb, void *data, int silent) {
struct myramfs_fs_info *fsi;
    struct inode *inode;
```

```c
    int err;
    save_mount_options(sb, data);
    fsi = kzalloc(sizeof(struct myramfs_fs_info), GFP_KERNEL);
    sb->s_fs_info = fsi;
    if (!fsi) return-ENOMEM;
    sb->s_maxbytes = MAX_LFS_FILESIZE;
    sb->s_blocksize = PAGE_CACHE_SIZE;
    sb->s_blocksize_bits = PAGE_CACHE_SHIFT;
    sb->s_magic = MYRAMFS_MAGIC;
    sb->s_op = &myramfs_ops;
    sb->s_time_gran = 1;
    inode = myramfs_get_inode(sb, NULL, S_IFDIR | fsi->mount_opts.mode, 0);
    sb->s_root = d_make_root(inode);
    if (!sb->s_root) return-ENOMEM;
    return 0;
}

static void myramfs_kill_sb(struct super_block *sb) {
    kfree(sb->s_fs_info);
    kill_litter_super(sb);
}
struct inode *myramfs_get_inode(struct super_block *sb,
const struct inode *dir, umode_t mode, dev_t dev) {
    struct inode *inode = new_inode(sb);
    if (inode) {
        inode->i_ino = get_next_ino();
        inode_init_owner(inode, dir, mode);
        inode->i_mapping->a_ops = &myramfs_aops;
        inode->i_mapping->backing_dev_info = &myramfs_backing_dev_info;
        mapping_set_gfp_mask(inode->i_mapping, GFP_HIGHUSER);
        mapping_set_unevictable(inode->i_mapping);
        inode->i_atime = inode->i_mtime = inode->i_ctime = CURRENT_TIME;
        switch (mode & S_IFMT) {
            case S_IFREG:
```

```c
            inode->i_op = &myramfs_file_inode_operations;
            inode->i_fop = &myramfs_file_operations;
            printk (KERN_INFO "Created inode for regular file \n");
            break;
        case S_IFDIR:
            inode->i_op = &myramfs_dir_inode_operations;
            inode->i_fop = &simple_dir_operations;
            /* directory inodes start off with i_nlink == 2 (for "." entry) */
            inc_nlink(inode);
            printk (KERN_INFO "Created inode for directory \n");
            break;
        case S_IFLNK:
            inode->i_op = &page_symlink_inode_operations;
            printk (KERN_INFO "Created inode for symbolic link \n");
            break;
        }
    }
    return inode;
}

/* File creation. Allocate an inode */
static int myramfs_mknod(struct inode * dir, struct dentry * dentry, umode_t mode, dev_t dev) {
    struct inode * inode = myramfs_get_inode(dir->i_sb, dir, mode, dev);
    int error = -ENOSPC;
    if (inode) {
        d_instantiate(dentry, inode);
        dget(dentry);     /* Extra count—pin the dentry in core */
        error = 0;
        dir->i_mtime = dir->i_ctime = CURRENT_TIME;
    }
    return error;
}
static int myramfs_mkdir(struct inode * dir, struct dentry * dentry, umode_t mode)
{
```

```c
        int retval = myramfs_mknod(dir, dentry, mode | S_IFDIR, 0);
    if (! retval)   inc_nlink(dir);
        return retval;
    }
    static int myramfs_create(struct inode * dir, struct dentry * dentry, umode_t mode,
bool excl) {
        return myramfs_mknod(dir, dentry, mode | S_IFREG, 0);
    }
    static int myramfs_symlink(struct inode * dir, struct dentry * dentry, const char *
symname) {
        ...
        return 0;
    }
    struct myramfs_mount_opts {
        umode_t mode;
    };
    enum {
        Opt_mode,
        Opt_err;
    }
    static const match_table_t tokens = {
        {Opt_mode, "mode=%o"},
        {Opt_err, NULL};
    }
    struct myramfs_fs_info {
        struct myramfs_mount_opts mount_opts;
    };
    MODULE_LICENSE("GPL");
    MODULE_ALIAS_FS("myramfs");
    MODULE_ALIAS("myramfs");
    module_init(init_myramfs_fs)
    module_exit(exit_myramfs_fs)
```

习 题

选择题

1. 关于磁盘存储分区,以下说法不正确的是(　　)。
   A. 可通过 FDISK 等磁盘分区工具建立
   B. 磁盘分区在使用前必须先选用一种操作系统文件系统进行格式化
   C. 格式化选择的逻辑块大小,必须与分区块大小相同
   D. 格式化的任务主要是把分区进行逻辑划分,并建立管理控制信息

2. EXT2 中引入块组的主要目的是(　　)。
   A. 提高系统安全性　　　　　　B. 改善文件系统存取性能
   C. 提高磁盘空间的利用率　　　D. 减少分区管理控制信息

3. 在 EXT2 分区布局中,以下说法不正确的是(　　)。
   A. 各块组的组描述符表中只含有自己的组描述符
   B. 各块组的组描述符表中含分区所有块组的组描述符
   C. 各块组中都重复存储了超级块副本
   D. 各块组中块位图和节点位图大小、格式相同,但信息内容不一定相同

4. 以下哪些不属于超级块中记录的内容?(　　)
   A. 基本构件(块、索引节点、块组)尺寸大小/总数等
   B. 文件系统标志号、版本号等
   C. 磁盘的一些物理参数及引导信息
   D. mount 操作相关记录信息
   E. 一些读、写相关时间戳信息

5. 以下不属于具体文件系统存储内容的是(　　)。
   A. 文件系统基本控制信息　　　B. 文件
   C. 目录　　　　　　　　　　　D. 文件系统驱动程序副本

6. 一个 4 MB 的分区格式化为 EXT2 文件系统,若块大小为 1 024 B,则该分区将会被格式化为(　　)个块组。
   A. 1　　　　　B. 128　　　　　C. 256　　　　　D. 512

7. 关于 EXT2 磁盘 inode,以下描述不正确的是(　　)。
   A. 是 EXT2 的基本构件　　　　　B. 每个文件对应一个 inode
   C. 每个文件目录对应一个 inode　 D. 每个目录文件对应多个 inode

8. 对于一个 10 MB 大小分区块组,在默认情况下,EXT2 格式化程序会预留的 inode 总数是(　　)。
   A. 128　　　　B. 1 280　　　　C. 256　　　　D. 2 560

9. 关于目录文件,以下说法错误的是( )。
   A. 本身对应且只对应一个 inode 和一个目录项   B. 等效于文件目录
   C. 它的数据体存储若干不定长的目录项纪录   D. 是一种特殊的文件

10. (多选)若一个 EXT2 系统分区(物理)块大小为 4 096 B,逻辑块大小为 1 024 B,用 ls-l 命令查看文件大小,不可能出现的结果是( )。
   A. 一个目录文件的大小总是 1 024 的整数倍
   B. 一个目录文件的大小总是 4 096 的整数倍
   C. FIFO 和 socket 文件显示的大小为 0
   D. 设备文件显示的大小为 0
   E. 设备文件显示的大小为两个小数字

11. 关于创建/填充 VFS 超级块操作,以下说法正确的是( )。
   A. 在安装文件系统驱动程序时完成
   B. 由 VFS 超级块自我引导完成
   C. 由挂载文件系统的 mount 过程完成
   D. 由操作系统内核完成
   E. 由具体文件系统驻留分区的块设备驱动完成

12. 以下哪些信息域不是 VFS 超级块结构的一部分?( )
   A. 块设备号、数据块大小及指向具体文件系统超级块内存映像指针等
   B. 一些操作标志和相互链接指针
   C. 指向 file_system_type 结构体的指针
   D. 指向 inode 操作函数入口表指针
   E. 指向超级块操作函数入口表指针

13. 以下哪些信息域不是 VFSinode 结构的一部分?( )
   A. 对应的外存 inode 标志号
   B. 一些操作标志和相互链接指针
   C. 指向 inode 操作函数入口表的指针
   D. 指向 VFS 超级块指针
   E. 指向 file 操作函数入口表指针

14. 以下哪些信息域,不是 file 结构的一部分?( )
   A. 文件的打开模式、读写位置、引用计数等
   B. 一些操作标志和相互链接指针
   C. 指向所对应的 VFSinode 指针
   D. 指向 VFS 超级块指针
   E. 指向 file 操作函数入口表指针

15. (多选)以下哪些不是注册文件系统的基本任务?( )

A. 加载文件系统驱动程序 B. 加载块设备驱动程序
C. 创建并填写 VFS 超级块 D. 向 VFS 登记文件系统类型
16. （多选）以下哪些不是安装文件系统的基本任务？（　　）
A. 加载文件系统驱动程序
B. 向 VFS 登记文件系统类型
C. 创建并填写被安装文件系统的 VFS 超级块
D. 将指定的安装目录装配为被安装具体文件系统的最上层目录

判断题

1. 磁盘分区格式化生成的相邻逻辑块，对应到实际磁盘物理块后，物理块不一定连续。
（　　）
2. 不同的文件系统驱动程序是不同的，但对用户程序而言，访问已挂载的不同文件系统中的文件，相关程序语句基本相同。（　　）
3. VFS 是一种通用的具体文件系统，仅有很少的一部分信息在外存。（　　）
4. 存取某个具体文件系统，本质上是存取它的各类基本构件。（　　）
5. VFSinode 是动态结构，仅在内存中存在。（　　）
6. inode 基本读写函数被放置在 VFS 超级块的 super_operations 接口中，而不是在 inode 操作函数入口表 inode_operations 中。（　　）
7. 一个目录项对应一个 inode；反之，一个 inode 也对应唯一目录项。（　　）
8. 一个 file 对象对应一个 VFSinode；反之，一个 VFSinode 可以对应多个 file 结构对象。（　　）
9. 进程所打开文件返回的标志号，本质上是内存中 file 结构体数组的索引。（　　）
10. 一个具体文件系统对应一个 VFS 系统。（　　）

简答题

1. 简要说明格式化文件系统操作的主要任务。
2. 简述 EXT2 中搜索定位一个文件的大致过程。
3. 目录项结构和索引节点为什么不能合二为一？
4. VFS 中有哪些主要对象？各自存放什么信息？它们的共同特点是什么？
5. 结合用户打开表，说明什么是文件描述符。

综合题

结合图 9.10，说明图中各数据结构之间的关系。

上 机 实 践

1. 按本章 9.1 节的介绍，创建一个虚拟 EXT2 文件系统，并进行参数跟踪分析。
2. （选做）完善并调试 9.4 节的文件系统驱动程序实现框架示例。

参 考 文 献

［1］ Bryant R E,O'Hallaron D R.深入理解计算机系统［M］.龚奕利,雷迎春,译.北京:中国电力出版社,2004.
［2］ Godbole A S.操作系统［M］.狄东宁,战晓苏,侯彩虹,译.北京:清华大学出版社,2009.
［3］ Elmasri R,Carrick A G,Levine D. Operating System：A Spiral Approach［M］. McGraw-Hill Education,2010.
［4］ Deitel H M,Deitel P J,Choffnes D R. Operating System［M］.3d ed. Pearson Education Inc.,2004.
［5］ Nutt C.操作系统［M］.罗宇,吕硕,等,译.北京:机械工业出版社,2005.
［6］ 曾平,曾林,金晶,等. 操作系统习题与解析［M］.北京:清华大学出版社,2006.
［7］ 汤子嬴,哲凤屏,汤小丹. 计算机操作系统［M］.西安:西安电子科技大学出版社,1996.
［8］ 汤小丹,梁红兵,哲凤屏,等. 计算机操作系统［M］.西安:西安电子科技大学出版社,2007.
［9］ 尤晋元,史美林. Windows 操作系统原理［M］.北京:机械工业出版社,2001.
［10］ 史国川,李佐勇,陈帅,等.考研专业课真题必练:操作系统［M］.北京:北京邮电大学出版社,2013.
［11］ 曾平,郑鹏,金晶,等.操作系统教程［M］.北京:清华大学出版社,2008.
［12］ 郑鹏,曾平,丁建利. Linux 原理与应用［M］. 武汉:武汉大学出版社,2008.
［13］ 陈莉娟,康华,等. Linux 操作系统原理与应用［M］. 北京:清华大学出版社,2012.
［14］ 罗宇,邹鹏,邓胜兰,等.操作系统［M］.北京:电子工业出版社,2007.
［15］ 张丽芳,刘美华.操作系统原理教程［M］.北京:电子工业出版社,2009.